Werner Brecht

Theoretische Informatik

W0232336

Lehrbuch Informatik

Rechnerarchitektur
von John L. Hennessy and David A. Patterson

Aufbau und Arbeitsweise von Rechenanlagen
von Wolfgang Coy

Mehr als nur Programmieren ...
Eine Einführung in die Informatik
von Rainer Gmehlich und Heinrich Rust

Interaktive Systeme
Software-Entwicklung und Software-Ergonomie
von Christian Stary

Modernes Software Engineering
von Reiner Dumke

Management von Softwareprojekten
von Fritz Peter Elzer

Parallele Programmierung
von Thomas Bräunl

Konzepte und Praxis des Compilerbaus
von Volker Penner

Theoretische Informatik
von Werner Brecht

Formalisieren und Beweisen
von Dirk Siefkes

UNIX
von Werner Brecht

Verteilte Systeme unter UNIX
von Werner Brecht

Vieweg

Werner Brecht

Theoretische Informatik

Grundlagen und praktische Anwendungen

vieweg

CIP-Codierung angefordert

Alle Rechte vorbehalten
© Friedr. Vieweg & Sohn Verlagsgesellschaft mbH, Braunschweig/Wiesbaden, 1995

Der Verlag Vieweg ist ein Unternehmen der Bertelsmann Fachinformation GmbH.

Umschlaggestaltung: Klaus Birk, Wiesbaden
Druck und buchbinderische Verarbeitung: Langelüddecke, Braunschweig
Gedruckt auf säurefreiem Papier
Printed in Germany

ISBN 3-528-05462-X

Inhaltsverzeichnis

Vorwort

Die theoretische Informatik hat ihre Wurzeln in dem mathematisch-philosophischen Bereich der prinzipiellen Berechenbarkeit mathematischer Funktionen. Grundlegende Arbeiten sind im wesentlichen in den dreißiger Jahren dieses Jahrhunderts geleistet worden, also vor dem Erscheinen der ersten Rechenanlagen und lange bevor die Informatik den Rang eines eigenständigen Forschungs- und Lehrgebiets bekommen hat. Das mag einer der Gründe dafür sein, daß die theoretische Informatik in der Informatikausbildung meist der Mathematik und weniger den praktischen Anwendungen zugeordnet wird. Das schlägt sich in den Informatikstudiengängen an den Hochschulen entsprechend nieder. Im Bereich der (inner-) betrieblichen Aus- und Weiterbildung wird die theoretische Informatik fast vollständig ignoriert.

Eine stärkere Hinwendung zu den Anwendungsgebieten kann zum einen für die mathematisch orientierte theoretische Informatik eine sinnvolle Ergänzung sein, zum anderen können dadurch prinzipielle Gegebenheiten der Anwendungsgebiete auf einige wenige fundamentale Konzepte zurückgeführt werden. Dazu möchte das vorliegende Buch einen kleinen und bescheidenen Beitrag leisten. Es ist aus einem Vorlesungsmanuskript für Lehrveranstaltungen an der Technischen Fachhochschule in Berlin hervorgegangen. Der Autor, ein Informatiker und Mathematiker, ist dort Professor für Betriebssysteme und Systemprogrammierung und verfügt über eine langjährige Erfahrung als Rechenzentrumsleiter. Die Lehrveranstaltungen wurden Studierenden des Hauptstudiums der Studiengänge Allgemeine Informatik, Technische Informatik, Ingenieurinformatik und Mathematik angeboten.

Die Resonanz auf diese Angebote war ermutigend. Zum einen ist aus dem Kreis der Kolleginnen und Kollegen Zustimmung geäußert und auf einen grundsätzlichen Bedarf an theoretischer Informatik zur Unterstützung der eigenen Veranstaltungen hingewiesen worden. Zum anderen hat das Interesse der (zahlreichen) Studierenden zu stellenweise sehr tiefgehenden Diskussionen geführt. Beides hat das Buch inhaltlich mitgestaltet. Es beginnt mit einer kurzen Zusammenstellung des notwendigen mathematischen Werkzeugs, das im Bereich der *Mengen und Strukturen* angesiedelt ist. Danach wird der *Algorithmusbegriff* mit Hilfe von Turing-Maschinen und den ihnen äquivalenten Produktionssystemen eingeführt. Die Behandlung der Turing-Maschinen schließt mit dem Bau einer Experimentiermaschine, die das fundamentale Algorithmenkonzept anfaßbar machen soll.

Eine solche Experimentiermaschine ist prinzipiell in jeder Programmiersprache realisierbar, und interessierte Leser(innen) sind aufgerufen, eine entsprechende Implementierung vorzunehmen. Um möglichst schnell zu einem funktionsfähigen Prototypen zu kommen, ist für das Buch eine Realisierung mit UNIX-Kommandoprozeduren, sogenannten Shell-Scripts, gewählt worden. Ziel bei dieser Realisierungsform war nicht nur eine schnelle Anwendungsentwicklung, sondern auch das Vorhaben, in dem Anwendungsgebiet, das sich mit Nebenläufigkeit beschäftigt, die Multitaskingfähigkeit des UNIX-Betriebssystems auszunutzen. Die Experimentiermaschine kann mit wenigen Befehlen so erweitert werden, daß mit ihr auch praktische Experimente mit nebenläufig arbeitenden Programmen durchgeführt werden können.

Damit ist bereits zu den Anwendungskapiteln übergeleitet worden. Vorher jedoch und für das Buch zentral wird die *Berechenbarkeit* mathematischer Funktionen und die Grenzen dieser (algorithmischen) Berechenbarkeit beschrieben. Dazu wird an dafür geeigneten Stellen eine höhere Programmiersprache als Formulierungshilfe für die algorithmischen Betrachtungen benutzt. Dies ist in der theoretischen Informatik durchaus üblich, und meist bedient man sich Pascal-ähnlicher Sprachen. Wegen der großen Verbreitung der Programmiersprache C und auch (das war der Hauptgrund) um den Anwendungsbezug hervorzuheben, wird als höhere Sprache ein C-ähnlicher Pseudocode verwendet. Die Beschränkung auf ganz wenige und intuitiv verständliche Sprachkonstrukte bewirkt, daß auch Leser(innen) ohne C-Kenntnisse die Programmbeispiele problemlos nachvollziehen können.

An die Berechenbarkeitsüberlegungen schließen sich beispielhaft drei Anwendungsgebiete an. Das erste und für die theoretische Informatik traditionelle Gebiet *Komplexität* hat eine sehr tiefgehende mathematische

Dimension, auf deren Beschreibung zugunsten praktischer Aufwandsanalysen konkreter Algorithmen verzichtet worden ist. Statt dessen ist versucht worden, das zugehörige theoretische Konzept praktisch greifbar zu machen und auf bekannte Sortierverfahren anzuwenden.

Im dem Kapitel über *Nebenläufigkeit* werden unter Zugrundelegung der Turing-Maschinen und nichtdeterministischer Programme grundlegende Konzepte der sogenannten *Parallelprogrammierung* aufgezeigt. Dabei werden Prozesse untersucht, die auf einer (einzigen) Maschine beziehungsweise in einem Netzwerk nebenläufig durchgeführt werden. Unter anderem wird dargestellt, welche Erweiterungen an den üblichen Programmiersprachen vorgenommen werden müßten, um mit ihnen nebenläufige Prozesse formulieren zu können.

Das letzte Kapitel schließlich befaßt sich mit der Arbeitsweise *selbstmodifizierender und selbstreproduzierender Algorithmen.* Anwendungen dieses Gebiets sind unter dem Schlagwort *Computerviren* bekannt. Es wird gezeigt, wie ein grundlegendes, auf dem Konzept der Turing-Maschinen beruhendes Verständnis dieser Algorithmen den Umgang mit ihnen praktikabel werden läßt. Das wird soweit getrieben, daß plakativ eine Handlungsanleitung für den Fall einer Virusinfektion angegeben wird, die durch Empfehlungen abgerundet ist, die dazu dienen, einem Befall durch Viren vorzubeugen.

Zu diesem Buch haben nicht nur die vielen Studierenden mit ihren Diskussionsbeiträgen beigetragen, sondern insbesondere meine beiden Kollegen an der Technischen Fachhochschule Berlin, Prof. Dr. Ulrich Grude und Prof. Dr. Andreas Solymosi, die das Manuskript gelesen und konstruktiv kritisiert haben. Beiden verdanke ich viele Anregungen. Besonders zu erwähnen ist in diesem Zusammenhang auch Hans-Christian Brecht, der als fortgeschrittener Student der Physik und Informatik Testleser war und viele didaktische Ungeschicklichkeiten entdeckt hat. Ihnen allen gebührt mein Dank. Danken möchte ich auch dem Vieweg-Verlag für die Möglichkeit der Realisierung dieses Buchprojekts und für die unbürokratische Begleitung.

1

Mathematische Grundlagen

1.1 Mengen

Konventionen

Im folgenden werden in aller Kürze einige grundlegende Begriffe aus dem Bereich der strukturellen Mathematik zusammengestellt. Sie werden in den weiteren Kapiteln ständig verwendet, und es wird von ihnen angenommen, daß sie nicht allen Lesern geläufig sind. Begriffe der mehr traditionellen Mathematik, wie Polynome, Folgen, Reihen, Ableitungen und Integrale, werden als bekannt vorausgesetzt. Bei der Beschreibung mathematischer Sachverhalte werden Formulierungen der Umgangssprache meist den prädikatenlogisch korrekten Ausdrücken vorgezogen. Damit soll den Lesern entgegenkommen werden, die im Umgang mit mathematisch-logischen Ausdrücken weniger geschult sind. So wird zum Beispiel für den Ausdruck `(∀x)[H(x)]` die Formulierung `Es gilt H(x) für alle x` oder `H(x) gilt für alle x` oder meist `H(x) für alle x` geschrieben. An der Logik und ihrer korrekten Schreibweise interessierte Leser(innen) werden auf die Literatur, beispielsweise auf das Buch *Symbolic Logic and Mechanical Theorem Proving* von Chang und Lee [CHA73], verwiesen.

Mengenbegriff

Der Begriff *Menge* wird im Sinne der naiven Mengenlehre verwendet, so wie er von dem deutschen Mathematiker Georg Cantor (1845-1918) eingeführt worden ist. Leser(innen), die an einer Präzisierung des Mengenbegriffs interessiert sind, finden zum Beispiel in dem Buch *Mengenlehre* von Schmidt [SCH66] eine axiomatische Darstellung. Die naive Mengenlehre versteht unter einer Menge eine Zusammenfassungen wohlunterschiedener Objekte. Dabei muß präzise genug beschreibbar sein, was ein Objekt ist. Beispielsweise ist eine Objektbeschreibung wie *Alle Leser dieses Buchs* nicht präzise genug. Der Begriff *Leser* ist unklar. Dagegen sind mathematische Objekte, wie zum Beispiel *Alle natürlichen Zahlen*, in der Regel präzise beschreibbar. Die Objekte, die eine Menge bilden, nennt man *Elemente* der Menge. Gehört ein Element a zu einer Menge M, so schreibt man a∈M. Oft wird anstelle von a∈M und b∈M kurz a,b∈M verwendet. Um auszudrücken, daß ein Objekt a nicht zu einer Menge M gehört, wird a∉M geschrieben.

Eine Menge kann durch die explizite Angabe ihrer Elemente gebildet werden. Dafür gibt es eine Klammerschreibweise. So beschreibt M={1,7,a} eine Menge namens M, die genau die drei angegebenen Elemente enthält. Die Begriffsbildung von Cantor läßt zu, daß eine Menge auch gebildet werden kann, ohne ihre Objekte konkret zu benennen. Dann muß eine die zugehörigen Objekte definierende Eigenschaft angegeben werden. Sei dazu H(x) eine Aussage über ein Objekt x, die für jedes x entweder wahr oder falsch ist. Dann kann eine Menge M gebildet werden, die genau aus den Objekten x besteht, für die H(x) wahr ist. Man schreibt dann M={x|H(x)}. Beispielsweise beschreibt

```
M={x|x ist eine natürliche Zahl und (x mod 2)=0}
```

die Menge der geraden natürlichen Zahlen. Derartig einfache Aussagen werden oft implizit formuliert. Das führt zu Mengenangaben wie M={0,2,4,...}. Die Aussage H(x) ist häufig zusammengesetzt wie in dem Beispiel x ist eine natürliche Zahl und (x mod 2)=0. Um die zugehörige Mengenangabe möglichst kurz zu halten, wird M häufig verkürzt angegeben, wie bei M={x∈N|(x mod 2)=0}. Dabei bezeichnet N die Menge der natürlichen Zahlen. Weitere häufig verwendete Mengen mit feststehenden Namen sind

die ganzen Zahlen	**Z**,
die rationalen Zahlen	**Q**,
die reellen Zahlen	**R** und
die leere Menge, die als	∅ oder {} angegeben wird.

Basisoperationen mit Mengen

Die Anzahl der Elemente einer Menge M wird als ihre *Kardinalität* bezeichnet. Als Schreibweise wird |M| benutzt. |M| ist immer größer oder gleich Null. So ist |{a,b}|=2 und |∅|=0. Ist |M| größer als jede natürliche Zahl, heißt M *unendliche Menge*. Eine Menge M_1 heißt *Teilmenge* einer Menge M_2 und man schreibt $M_1 \subseteq M_2$, falls jedes Element aus M_1 auch Element von M_2 ist. Offensichtlich enthält jede Menge sich selbst als Teilmenge, und die leere Menge ist Teilmenge jeder Menge. M_1 ist eine *echte Teilmenge* von M_2 und man schreibt $M_1 \subset M_2$, falls $M_1 \subseteq M_2$ ist und ein $x \in M_2$ existiert, das nicht in M_1 liegt. Zwei Mengen M_1 und M_2 sind *gleich* ($M_1 = M_2$), wenn sie sich gegenseitig als Teilmengen enthalten ($M_1 \subseteq M_2$ und $M_2 \subseteq M_1$). Die Menge $M_1 \cap M_2 = \{x \mid x \in M_1 \text{ und } x \in M_2\}$ heißt der *Durchschnitt* und die Menge $M_1 \cup M_2 = \{x \mid x \in M_1 \text{ oder } x \in M_2\}$ die *Vereinigung* von M_1 und M_2. Das *Komplement* einer Menge M relativ zu einer Menge A besteht aus allen Elementen aus A, die nicht zu M gehören:

$$C_A(M) = \{x \mid x \in A \text{ und } x \notin M\}$$

Statt $C_A(M)$ wird oft $A \backslash M$ geschrieben und als *A ohne M* gelesen. Beispielsweise ist jede der beiden folgenden Mengen das Komplement der jeweils anderen relativ zu $\mathbf{N}$.

$$G = \{0, 2, 4, 6, \ldots\} = C_{\mathbf{N}}(U)$$
$$U = \{1, 3, 5, 7, \ldots\} = C_{\mathbf{N}}(G)$$

Die Menge aller Teilmengen einer Menge M bildet ihre *Potenzmenge* $P(M) = \{A \mid A \subseteq M\}$. So ist $P(M) = \{\varnothing, \{a\}, \{b\}, \{a, b\}\}$ die Potenzmenge der Menge $M = \{a, b\}$.

Relationen

$M_1 \times M_2$ (gelesen als M_1 *kreuz* M_2) wird *kartesisches Produkt* der Mengen M_1 und M_2 genannt. Es ist die Menge der geordneten Paare, die aus M_1 und M_2 gebildet werden können. Genauer gesagt, ist

$$M_1 \times M_2 = \{(x_1, x_2) \mid x_1 \in M_1 \text{ und } x_2 \in M_2\}$$

Das kartesische Produkt $\mathbf{R} \times \mathbf{R}$ (das ist die Menge der geordneten Paare reeller Zahlen) kann als die Ebene der reellen Zahlen verstanden werden, weil jedes Element dieser Menge eindeutig als Koordinatendarstellung eines Punktes der Ebene aufgefaßt werden kann. Eine Paarmenge ist ein *zweistelliges* kartesisches Produkt. Allgemeiner gilt für ein n-stelliges kartesisches Produkt:

$$M_1 \times M_2 \times \ldots \times M_n = \{(x_1, x_2, \ldots, x_n) \mid x_i \in M_i \text{ für alle } i = 1, 2, \ldots\}$$

Seine Elemente heißen n-Tupel. Sind alle Mengen M_i gleich einer Menge M, wird eine Potenzschreibweise verwendet. $MxMx...xM$ wird als M^n geschrieben. So steht R^2 für RxR. Jede Teilmenge eines n-stelligen kartesischen Produktes heißt n-stellige **Relation**. $B \subseteq M_1 x M_2$ ist eine zweistellige Relation. Bei zweistelligen Relationen wird oft $x_1 B x_2$ für $(x_1, x_2) \in B$ geschrieben. Beispielsweise kann aus $M_1 = \{a, b, c, d\}$ und $M_2 = \{1, 2, 3\}$ die Relation $B = \{(b, 1), (b, 3), (c, 3)\}$ gebildet werden. Damit gilt $bB1$, $bB3$ und $cB3$. Relationen können, wie in Abbildung 1-1 gezeigt, anschaulich durch Pfeildiagramme dargestellt werden.

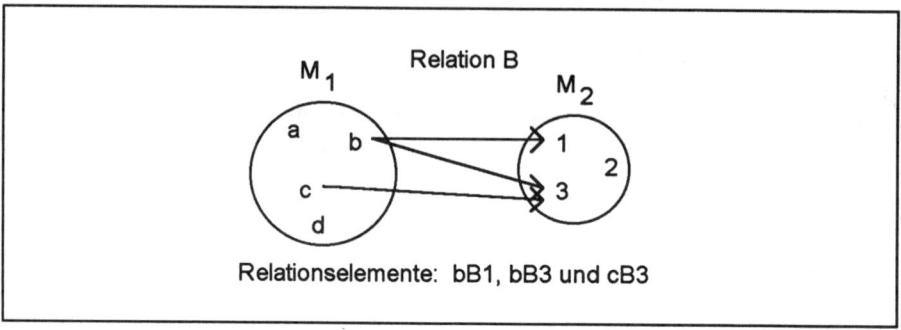

Abb. 1-1: Relation als Pfeildiagramm

Zu jeder Relation $B \subseteq M_1 x M_2$ gibt es eine **inverse Relation** $B^{-1} \subseteq M_2 x M_1$, die dadurch entsteht, daß in jedem Paar aus B die beiden Komponenten vertauscht werden.

$$B^{-1} = \{(x_2, x_1) \mid x_1 B x_2\}$$

Anschaulich wird in dem zu B gehörenden Pfeildiagramm die Richtung aller Pfeile umgekehrt. Unter dem **Definitionsbereich** $D(B)$ einer Relation B versteht man die Teilmenge von M_1, deren Elemente zu der gegebenen Relation gehören. Anschaulich sind das die Elemente, von denen ein Pfeil ausgeht.

$$D(B) = \{x_1 \in M_1 \mid \text{es gibt ein } x_2 \in M_2 \text{ mit } x_1 B x_2\}$$

In dem in der Abbildung 1-1 dargestellten Beispiel ist $D(B) = \{b, c\}$. Als **Wertebereich** $W(B)$ einer Relation B wird die Teilmenge von M_2 bezeichnet, deren Elemente zu einer gegebenen Relation gehören.

```
W(B)={x₂∈M₂|es gibt ein x₁∈M₁ mit x₁Bx₂}
```

Das sind genau die Elemente, bei denen anschaulich ein Pfeil mündet. Im Beispiel aus der Abbildung 1-1 ist `W(B)={1,3}`.

Abbildungen

Eine *Abbildung*, synonym wird der Begriff *Funktion* gebraucht, ist eine spezielle Relation. Eine Relation `f⊆M₁xM₂` heißt Abbildung von `M₁` in `M₂`, falls es zu jedem `x∈D(f)` genau ein `y∈W(f)` mit `xfy` gibt. Anschaulich geht dann im Pfeildiagramm von jedem `x∈D(f)` genau ein Pfeil aus. Die Abbildung 1-2 zeigt links eine Relation, die keine Abbildung ist, weil von `d∈M₁` zwei Pfeile ausgehen. Hingegen wird rechts eine Abbildung beschrieben.

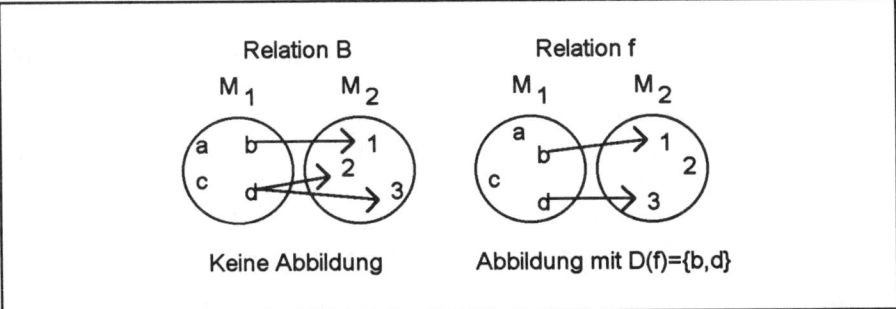

Abb. 1-2: Relation und Abbildung

Gebräuchlich ist eine Funktionsschreibweise, bei der `y=f(x)` anstelle von `xfy` und

$$f:M_1 \rightarrow M_2$$
$$x \rightarrow y=f(x)$$

für `f⊆M₁xM₂` geschrieben wird. Ist `A` eine Teilmenge von `M₁`, dann heißt

```
f(A)={y∈M₂|es gibt ein x∈A mit y=f(x)}
```

Menge der *Bilder* von `A`. Ist `A=M₁`, dann ist `f(A)=f(M₁)=W(f)`. Umgekehrt heißt

```
f⁻¹(B)={x∈M₁|es gibt ein y∈B mit y=f(x)}
```

Menge der *Urbilder* von $B \subseteq M_2$. Für $B=M_2$ ist $f^{-1}(B)=f^{-1}(M_2)=D(f)$. Abbildungen unterscheiden sich in der Art und Weise, wie Elemente einander zugeordnet werden. Eine Abbildung f von M_1 in M_2 heißt

total, falls $D(f)=M_1$ ist. Bei totalen Abbildungen ist der potentielle Urbildbereich ausgeschöpft.

partiell, falls $D(f) \subset M_1$ und damit der potentielle Urbildbereich nicht ausgeschöpft ist. Wird allgemein von einer *Abbildung* gesprochen, ist immer eine eventuell partielle Abbildung gemeint.

surjektiv, falls $f(M_1)=M_2$ ist. Man sagt dann, f sei eine Abbildung von M_1 **auf** M_2. Der potentielle Bildbereich ist ausgeschöpft.

injektiv, (oder *umkehrbar eindeutig* beziehungsweise *eineindeutig*) falls verschiedene Urbilder verschiedene Bilder haben. Das heißt, daß aus $x_1 \neq x_2$ folgt, daß $f(x_1) \neq f(x_2)$ für alle $x_1, x_2 \in M_1$ ist. Eine logisch äquivalente Formulierung lautet: Eine Abbildung ist injektiv, falls aus $f(x_1)=f(x_2)$ folgt, daß $x_1=x_2$ für alle $x_1, x_2 \in M_1$ ist. Das heißt anschaulich, daß auf jedem Bild genau ein Pfeil mündet.

bijektiv, falls f surjektiv und injektiv ist. Bei bijektiven Abbildungen ist $|M_1|=|M_2|$.

Zu jeder injektiven Abbildung f gibt es eine **Umkehrabbildung** g von einer Teilmenge M_3 von M_2 in M_1.

$$g: \quad M_3 \quad \rightarrow \quad M_1$$
$$f(x)=y \quad \rightarrow \quad x=g(y)$$

Meist wird, um auf die Ausgangsfunktion f hinzuweisen, f^{-1} für g geschrieben. Man beachte, daß die oben benutzte Schreibweise $f^{-1}(B)$ für eine Urbildmenge keinen Hinweis auf Injektivität enthält. Ein Beispiel für eine injektive Abbildung $f: \mathbf{R} \rightarrow \mathbf{R}$ ist $y=f(x)=2x$. Ihre Umkehrabbildung ist $x=f^{-1}(y)=0.5y$ bzw. nach der üblichen Umbenennung der Variablen $y=0.5x$.

Abzählbarkeit

Eine Menge M heißt **abzählbar**, falls es eine injektive Abbildung von M in **N** gibt. Anderenfalls heißt M **überabzählbar**. Jede endliche Menge M ist abzählbar, denn sei beispielsweise M={a,b,c}, dann kann eine injektive Abbildung f von M in **N** durch die expliziten Zuordnungen f(a)=0, f(b)=1 und f(c)=2 definiert werden. Auch die Menge der ganzen Zahlen **Z** ist abzählbar, denn f:**Z**→**N** mit f(0)=0 und f(a)=2|a|-(a+|a|)/2|a| für alle a≠0 ist injektiv (|a| ist der Betrag von a). Dagegen ist die Menge der reellen Zahlen **R** überabzählbar. Der Beweis für diese Behauptung ist als Übungsaufgabe (Übung 1.3) gestellt worden.

I=f(M) heißt **Indexmenge** der Menge M. Abzählbar zu sein bedeutet anschaulich, daß eine Anordnung (eine Reihenfolge) der Elemente angebbar ist. Jedem Element von M kann ein Index angehängt werden. Insbesondere kann jede endliche Menge als {$a_1, a_2, a_3, \ldots, a_n$} mit geeignetem n∈**N** geschrieben werden. Die Umkehrfunktion f^{-1}:I→M ist surjektiv, weil f total ist. f^{-1} läßt sich leicht zu einer totalen Funktion g von **N** in M erweitern, indem jedem Element von **N**\I (**N** ohne I) durch g ein und dasselbe Element (z.B. das erste) von M zugeordnet wird. Auf I stimmt g mit f^{-1} überein. Das heißt aber, daß eine Menge M abzählbar ist, wenn es eine surjektive Abbildung g von **N** auf M gibt. Es ist noch festzustellen, daß f^{-1} auch injektiv ist, was daran liegt, daß f eine Abbildung ist und damit ein Urbild höchstens ein Bild haben kann. Deshalb ist eine Menge M auch dann abzählbar, wenn es eine bijektive Abbildung zwischen ihr und einer Indexmenge gibt.

Ist die Indexmenge unendlich, dann heißt M *abzählbar unendlich*. **N** selbst ist, wie die identische Abbildung id(n)=n zeigt, abzählbar unendlich. Eine Teilmenge M von **N** ist entweder endlich und damit abzählbar, oder sie ist abzählbar unendlich, was wiederum durch die identische Abbildung von M in **N** offensichtlich wird. Zwischen einer unendlichen Teilmenge A⊆**N** und **N** läßt sich eine bijektive Abbildung f durch folgende Überlegung angeben: Alle a∈A sind größer oder höchstens gleich Null und voneinander verschieden. Dann gibt es darunter eine kleinste Zahl k_0. Sie wird auf 0 abgebildet. Dann wird A\{k_0} betrachtet. Alle a∈A\{k_0} sind größer als k_0. Das heißt daß es darunter erneut eine kleinste Zahl k_1 gibt, die auf 1 abgebildet wird usw. Als Folgerung aus der Bijektivität zwischen **N** und jeder ihrer unendlichen Teilmengen ist eine Menge M abzählbar unendlich, wenn es eine bijektive Abbildung zwischen ihr und **N** gibt.

Z ist abzählbar unendlich, denn die oben angegebene Abbildung von Z in N ist bijektiv. Zu zeigen, daß auch die Menge der rationalen Zahlen Q abzählbar unendlich ist, ist als Übungsaufgabe (Übung 1.2) gestellt worden.

Der Abzählbarkeitsbegriff ist für den Rest des Buches wichtig und soll den Leserinnen und Lesern durch einige charakteristische Beispiele vertraut gemacht werden. Sei M_1 die Menge aller endlichen Folgen aus Nullen und Einsen (01-Folgen). $(0,0,1,0,1)$ ist eine solche Folge. Wird eine endliche 01-Folge ohne Klammern und Kommata geschrieben, dann kann sie als Dualzahl aufgefaßt werden. $(0,0,1,0,1)$ wird zu 00101 und entspricht der Dezimalzahl 5. Bei dieser Schreibweise entstehen durch führende Nullen Mehrdeutigkeiten. Hingegen sind Dualzahlen mit führenden Einsen eindeutig. Die Abbildung f von M_1 in N, die jeder Folge $m \in M_1$ eine Eins voranstellt und das Ergebnis f(m) als $n \in N$ interpretiert, ist injektiv, denn aus $m_1, m_2 \in M_1$ und $m_1 \neq m_2$ folgt $1m_1 \neq 1m_2$ und $f(m_1) \neq f(m_2)$. Das heißt, daß die Menge aller endlichen 01-Folgen abzählbar unendlich ist. Das gilt nicht mehr, wenn die Beschränkung auf endliche Folgen aufgehoben wird. Die Menge M_2 aller 01-Folgen ist überabzählbar. Der Beweis dafür wird indirekt geführt. Angenommen M_2 sei abzählbar, dann können anschaulich alle 01-Folgen jeweils in einer Zeile untereinander angegeben werden. Manche Zeilen enthalten eine endliche, andere eine unendliche Folge. Das folgende Schema beschreibt eine Abzählung von M_2:

Erste Folge:	a_{11}	a_{12}	a_{13}	$\cdots$
Zweite Folge:	a_{21}	a_{22}	a_{23}	$\cdots$
Dritte Folge:	a_{31}	a_{32}	a_{33}	$\cdots$
$\cdots$	$\cdots$			

Bei endlichen 01-Folgen ist a_{ik} ab einer Stelle $k>1$ unbelegt, sonst ist für alle i ($i=1,2,\ldots$) und alle k ($k=1,2,\ldots$) a_{ik} entweder 0 oder 1. Unter Verwendung dieses Schemas kann eine unendliche 01-Folge $B=b_1 b_2 b_3 \ldots$ folgendermaßen gebildet werden:

```
Ist a₁₁=0,                 dann wird b₁ zu 1, sonst zu 0;
ist a₂₂=0 oder unbelegt,   dann wird b₂ zu 1, sonst zu 0;
ist a₃₃=0 oder unbelegt,   dann wird b₃ zu 1, sonst zu 0;
...
```

Die 01-Folge B kommt in der obigen Abzählung von M_2 jedoch nicht vor, denn sie unterscheidet sich wegen $b_i \neq a_{ii}$ ($i=1,2,3,\ldots$) von jeder der abgezählten Folgen. Das heißt daß M_2 nicht abgezählt werden kann. Die Überabzählbarkeit der Menge aller 01-Folgen kann verwendet werden, um die Überabzählbarkeit von zwei weiteren Mengen zu zeigen. Sei wieder M_1 die Menge aller endlichen 01-Folgen. Ihre Potenzmenge P(M_1) ist überabzählbar. Um dies zu zeigen wird ihre Abzählbarkeit angenommen und jede Teilmenge von M_1 anschaulich in einer eigenen Zeile aufgeführt:

```
P(M₁) = { ∅,
           {0},
           {1},
           ...
         }
```

Dieses Schema enthält alle endlichen und unendlichen Mengen endlicher 01-Folgen. Läßt man in jeder Zeile die Mengenklammern und die Kommata zwischen den Nullen und Einsen weg, dann enthält das Schema alle 01-Folgen, einige davon mehrfach. Eine solche Abzählung ist aber wie gerade gezeigt nicht möglich, d.h. P(M_1) ist überabzählbar.

Ganz ähnlich kann man zeigen, daß es überabzählbar viele Abbildungen von N in N geben muß. Dazu betrachtet man die Menge F aller Funktionen von N in {0,1}, die eine Teilmenge der Menge aller Funktionen von N in N darstellt.

```
F = {f | f: N → {0,1}}
```

Zu jeder Abbildung f∈F gehört die 01-Folge ihrer Bilder f(N). Wenn es eine Abzählung von F gäbe, dann könnten anstelle der Funktionen ihre Bilder abgezählt werden. Das so entstandene Schema enthielte alle 01-Folgen, was jedoch nicht möglich ist. F und damit die Menge aller Abbildungen von N in N ist demnach überabzählbar.

1.2 Strukturen

Verknüpfungen

Eine Abbildung (namens *Kringel*) $\circ$:MxM→M heißt **Verknüpfung** in M. Beispielsweise ist die Addition natürlicher Zahlen eine Verknüpfung in N.

$$+:NxN \rightarrow N$$
$$(7,2) \rightarrow 9$$

Ist $\circ$ eine Verknüpfung in M, dann schreibt man xoy für o(x,y). So steht 7+2 anstelle von +(7,2). Steht die Verknüpfung eindeutig fest, dann ist es üblich, das Verknüpfungszeichen wegzulassen. Man schreibt xy für xoy, wodurch die Lesbarkeit erleichtert wird. Eine Verknüpfung heißt **assoziativ**, wenn (xy)z=x(yz) für alle x,y,z∈M ist. Addition und Multiplikation natürlicher Zahlen sind assoziative Verknüpfungen in N. Dagegen ist die Division rationaler Zahlen (Divisor ungleich Null) nicht assoziativ, denn für

$$/:QxQ\backslash\{0\}\rightarrow Q \qquad \text{ist } (16/2)/2=4 \text{ und } 16/(2/2)=16$$

Eine Verknüpfung heißt **kommutativ**, wenn xy=yx für alle x,y∈M ist. Addition und Multiplikation natürlicher Zahlen sind kommutative Verknüpfungen in N. Die Subtraktion ganzer Zahlen ist nicht kommutativ, denn für

$$-:ZxZ\rightarrow Z \qquad \text{ist } 2-3\neq3-2$$

Halbgruppen, Monoide und Gruppen

Eine Menge mit (wenigstens) einer Verknüpfung wird als **Struktur** bezeichnet. Je nach Art und Anzahl der Verknüpfungen ergeben sich unterschiedliche Strukturen. So heißt eine Menge H zusammen mit einer assoziativen Verknüpfung o **Halbgruppe**. Als Schreibweise wird (H,o) verwendet. Ist bezüglich der Verknüpfung keine Verwechslung möglich, schreibt man H statt (H,o) und spricht von der Halbgruppe H. Ist o zusätzlich noch kommutativ, dann heißt die Halbgruppe kommutativ. (N,+) und (N,*) sind kommutative Halbgruppen. Eine endliche Halbgruppe liegt vor, wenn |H| endlich ist. Die Menge {0,1,2} mit der Addition modulo 3 als Verknüpfung ist ein Beispiel für eine endliche Halbgruppe. Sei (H,o) Halbgruppe mit F⊆H und F≠∅. (F,o) heißt **Unterhalb-gruppe** von (H,o), falls (F,o) Halbgruppe ist. Man sagt dazu, daß F bezüglich o abgeschlossen sei. (N,+) ist Unterhalbgruppe von (Z,+), denn N ist bezüglich der Addition abgeschlossen. Halbgruppen ermöglichen die Formulierung eines **Komplexproduktes**. Darunter versteht man folgendes: Sei (H,o) Halbgruppe und seien F und G zwei nichtleere Teilmengen von H, dann heißt die Menge

FG={z∈H|z=xoy mit x∈F und y∈G}

das Komplexprodukt von F und G. Als Beispiel betrachte man die Halbgruppe (N,+) mit den Teilmengen G={0,2,4,...} und U={1,3,5,...}. Das Komplexprodukt GU ist dann identisch mit U, denn die Summe aus einer geraden und einer ungeraden Zahl ist ungerade. Für den Fall, daß F und G gleich sind und die Produktbildung mehrfach wiederholt wird, gibt es eine Potenzschreibweise, die optisch mit der des kartesischen Produktes verwechselt werden kann, aber aus dem Zusammenhang heraus eindeutig wird. Allgemein können für eine nichtleere Teilmenge F⊆H einer Halbgruppe (H,o) folgende Potenzen gebildet werden:

$$F^1 \ = \ F$$
$$F^2 \ = \ FF^1$$
$$F^3 \ = \ FF^2$$
$$\ldots$$
$$F^{n+1} \ = \ FF^n$$

Eine Halbgruppe H (die Verknüpfung soll eindeutig festliegen) hat ein **neutrales Element**, wenn es ein e∈H gibt mit eh=he=h für alle h∈H. (N,+) hat die Zahl 0 und (N,*) die Zahl 1 als neutrales Element. Eine Halbgruppe H mit neutralem Element e heißt **Monoid**. (N,+) und (N,*) sind Monoide. Es ist leicht zu sehen, daß das neutrale Element in einem Monoid eindeutig ist, denn angenommen, es gebe zwei neutrale Elemente e_1 und e_2. Dann kann $e_1 h = h e_1 = h$ gebildet werden, und zwar für alle h∈H. Da e_2 ein solches h ist, ergibt sich $e_1 e_2 = e_2 e_1 = e_2$. Andererseits ist $e_2 h = h e_2 = h$ für alle h∈H und e_1 ist ein solches h, so daß sich auch $e_2 e_1 = e_1 e_2 = e_1$ ergibt. Daraus folgt, daß $e_1 = e_2$ sein muß.

Bei einem Monoid H heißt ein Element a'∈H **invers** zu a∈H, falls a'a=aa'=e ist. Beispielsweise ist in (Z,+) die Zahl -5 das inverse Element zur Zahl 5. Ein Monoid, bei dem zu jedem Element ein Inverses existiert, heißt **Gruppe**. (Z,+) ist eine Gruppe, denn zu jedem z∈Z ist -z inverses Element. Dagegen ist $(N,+)$ keine Gruppe. Gilt in einer Gruppe zusätzlich das Kommutativgesetz, so heißt sie kommutativ. $(Z,+)$ ist eine kommutative Gruppe. In einer Gruppe sind die inversen Elemente eindeutig. Um das einzusehen, wird angenommen, daß zu einem Element a zwei Inverse a' und a'' vorhanden seien. Dann wird gezeigt, daß diese identisch sind. Sind a' und a'' invers zu a, dann ist a'a=aa'=a''a=aa''=e. Das heißt:

```
e   =   a''a
ea' =   (a''a)a'
a'  =   a''(aa')
a'  =   a''e
a'  =   a''
```

Strukturen wie **Ringe** und **Körper**, bei denen mit mehr als einer Verknüpfung gearbeitet wird, werden im Rahmen dieses Buchs nicht benötigt und deshalb nicht weiter betrachtet. Interessierte Leser(innen) werden auf die mathematische Literatur [DOE88] verwiesen.

Isomorphismen

Eine Abbildung $f:H \rightarrow G$ zwischen zwei Halbgruppen (H,o) und $(G,\&)$ heißt **Homomorphismus** (strukturerhaltende Abbildung), falls für alle Elemente $a,b \in H$ die Beziehung f(aob)=f(a)&f(b) gilt. Als Beispiel betrachte man die beiden Halbgruppen $(N,+)$ und $(\{0,1,2\}$, Addition modulo 3) zusammen mit der Funktion $f:N \rightarrow \{0,1,2\}$, die jedes $x \in N$ auf f(x)=(x mod 3) abbildet. f ist ein Homomorphismus, weil für alle Elemente $a,b \in N$ die Summe (a+b) auf $(f(a)+f(b)$ mod 3$) \in \{0,1,2\}$ abgebildet wird und (f(a)+f(b) mod 3) gleich (f(a) mod 3 + f(b) mod 3) ist. Auch die linearen Abbildungen von R in R (das sind Funktionen der Form y=ax) sind Homomorphismen. Affine Abbildungen von R in R dagegen (das sind Funktionen der Form y=ax+b) sind keine Homomorphismen (vgl. Übung 1.4).

Von einem **Isomorphismus** wird gesprochen, wenn ein Homomorphismus bijektiv ist. Sind zwei Strukturen isomorph, dann sind sie bis auf die Schreibweise der Elemente und der Verknüpfung nicht voneinander (strukturell) unterscheidbar. Als Beispiel betrachte man alle endlich langen Pfeile in der Ebene R^2, die die gleiche, vorgegebene Richtung haben. Alle gleich langen Pfeile sollen durch einen von ihnen repräsentiert werden. Sei M die Menge dieser Repräsentanten. Zwei Repräsentanten werden miteinander verknüpft, indem durch Parallelverschiebung die Spitze des einen an den Anfang des anderen gebracht wird. Wie man sich leicht überzeugt, bildet die Menge der Repräsentanten zusammen mit dieser Verknüpfung eine kommutative Halbgruppe. Die Abbildung f von R in M, die jeder Zahl $r \in R$ genau den Repräsentanten zuordnet, der die Länge r hat, beschreibt einen Isomorphismus zwischen $(R, +)$ und der Halbgruppe der Pfeilrepräsentanten. Das bedeutet unter anderem, daß reelle Zahlen addiert werden können, indem man Pfeile gleicher Richtung und entsprechender Länge aneinanderfügt. Dies ist die Arbeitsweise von *Rechenschiebern*, die heute selten geworden sind, aber in der Zeit vor der Verbreitung von Taschenrechnern das Arbeitsleben der Ingenieure begleitet haben.

Alphabete und Wörter

Eine endliche, nichtleere Menge A heißt **Alphabet**. Zum Beispiel ist A={a,b,c} ein Alphabet. Die Elemente eines Alphabets heißen **Zeichen**. {a,b,c} hat die Zeichen a, b und c. Eine endliche Folge von Elementen aus A heißt **Wort** (über A). Bei Wörtern sind Wiederholungen der Zeichen zulässig. Beispielsweise ist 01001 ein Wort über dem Alphabet {0,1}. Die leere Folge über einem Alphabet heißt **leeres Wort** und wird mit E (*Empty Word*) bezeichnet. Unter der **Länge** eines Worts versteht man die Anzahl der Zeichen (einschließlich der eventuell vorhandenen Wiederholungen), aus denen das Wort besteht. Ist w ein Wort, dann steht |w| für seine Länge. Für alle Wörter w ist $|w| \geq 0$. Sind a, b und c Zeichen, dann ist zum Beispiel |aacbb|=5. E hat die Länge Null. Ein Wort w der Form W=aa...a mit |w|=n wird gewöhnlich als $W=a^n$ geschrieben.

Bei gegebenem Alphabet A wird mit A* die Menge aller Wörter über A bezeichnet, und A*\{E} (A* ohne das leere Wort) wird A+ genannt. Beispielsweise gehören zu dem Alphabet A={a,b} die beiden Mengen:

A*={E,a,b,aa,ab,ba,bb,aaa,...}
A+={a,b,aa,ab,ba,bb,aaa,...}

Unter einer **Konkatenation** versteht man das Aneinanderfügen (ohne Trenner) von Wörtern. Es ist eine Verknüpfung in A* und A+. Sind w_1 und w_2 Wörter über A, dann ist $w=w_1 w_2$ (das Ergebnis der Konkatenation) ein Wort über A mit den Teilwörtern w_1 und w_2. So entsteht zum Beispiel durch eine Konkatenation aus w_1=aab und w_2=abbbb das Wort $w_1 w_2$= aababbbb.

Die Konkatenation ist assoziativ, jedoch nicht kommutativ. E (das leere Wort) ist neutrales Element. Das heißt, daß A* mit der Konkatenation als Verknüpfung und E als neutralem Element ein Monoid bildet. A+ dagegen ist lediglich eine Halbgruppe.

Wird jedes Zeichen aus dem Alphabet A als Wort der Länge 1 aufgefaßt, dann kann außer dem leeren Wort jedes Wort W als Konkatenation einzeichiger Wörter verstanden werden. Mit einer reellen Zahl r ($r \neq 0$) ist $B = \{r^0, r^1, r^2, \ldots\}$ zusammen mit der Multiplikation ein Monoid, denn das Produkt zweier r-Potenzen ist wieder eine r-Potenz, und r^0 (das ist 1) ist neutrales Element. Zu diesem Monoid ist die Menge der Wörter über einem einzeichigen Alphabet isomorph, wodurch im Nachhinein die Potenzschreibweise für solche Wörter gerechtfertigt wird. Um die Isomorphie zwischen $(\{r^0, r^1, r^2, \ldots\}$, Multiplikation) und $(\{a\}$, Konkatenation) zu zeigen, ist eine homomorphe, bijektive Abbildung von $\{a\}*$ in B anzugeben. Die Abbildung f, die jeder n-elementigen a-Folge ($n = 0, 1, 2, \ldots$) die Zahl r^n zuordnet, ist homomorph: Für $W_1, W_2 \in \{a\}*$ ist:

$$f(W_1 W_2) = r^{|W_1 W_2|} = r^{|W_1| + |W_2|} = r^{|W_1|} * r^{|W_2|} = f(W_1) * f(W_2)$$

Die Abbildung f ist injektiv, weil zu je zwei Wörtern $W_1 \neq W_2$ zwei Zahlen $r^{|W_1|} \neq r^{|W_2|}$ gehören, und sie ist surjektiv, weil jede Zahl aus B die Form r^n hat, zu der es eine n-elementige Folge aus $\{a\}*$ gibt.

Kodierung

Eine bijektive Abbildung zwischen zwei Alphabeten A_1 und A_2 wird als **Kode** bezeichnet. Von einer **Kodierung** spricht man, wenn ein nichtleeres Wort über A_1 gemäß eines Kodes als Wort über A_2 geschrieben wird. Ist beispielsweise $A_1 = \{a, b\}$ und $A_2 = \{x, y\}$ mit f(a)=x und f(b)=y, dann kann W=aabaa als W=xxyxx kodiert werden. Eine elementare (binäre) Kodierung erhält man, wenn man jedes Zeichen aus A_1 durch seinen Index (im einfachsten Fall durch seine laufende Nummer) ersetzt und diesen Index als Dualzahl fester Länge schreibt. Die Länge wird dabei von der Länge des größten Indexes bestimmt. In dem Beispiel mit $A_1 = \{a, b, c, d, e\} = \{1, 2, 3, 4, 5\}$ bestimmt der Index 5 (das ist dual 101) die Länge 3 und damit $A_2 = \{001, 010, 011, 100, 101\}$. Jetzt kann jedes Wort über A_1 (wie zum Beispiel W=aab) als Wort über A_2 (W=001001010) kodiert werden. ASCII (American Standard Code for Information Interchange) und EBCDIC (Extended Binary Coded Decimal Interchange Code) sind weit verbreitete, praktische Kodierungen.

Zu einer endlichen Menge A (einem Alphabet) gehört eine unendliche
Menge A* von endlichen Zeichenfolgen. Als der Abzählbarkeitsbegriff
vorgestellt worden ist, ist für das Alphabet {0,1} gezeigt worden, daß
{0,1}* abzählbar unendlich und P({0,1}*) überabzählbar ist. Die
Beweisführung läßt sich leicht auf A und A* bzw. P(A*) übertragen, indem
auf eine binäre Kodierung zurückgegriffen und dann mit den 01-Folgen
argumentiert wird. Das heißt, daß A* abzählbar unendlich und P(A*)
überabzählbar ist.

Thue-Systeme

Seien w_1, w_2, P, Q, X und Y Wörter über einem Alphabet A, und sei $w_1 = XPY$.
Wenn das Wort P als Teilwort von w_1 durch das Wort Q ersetzt wird, entsteht ein Wort $w_2 = XQY$. Ein Ausdruck der Form P~Q soll bedeuten, daß in
allen Wörtern, in denen P als Teilwort vorkommt, P durch Q ersetzt werden
darf und umgekehrt. P~Q heißt *Thue-Relation* nach dem norwegischen
Mathematiker A. Thue (1863-1922). Ist beispielsweise zu dem Alphabet
{a,b,c} die Thue-Relation aa~b gegeben, dann kann aus abaab unter
anderem das Wort abbb entstehen, indem das Teilwort aa durch b ersetzt
wird. Aus abaab können auch die Wörter aaaaab und abaaaa entstehen,
je nach dem, welches b durch aa ersetzt wird. Ein Alphabet A zusammen
mit endlich vielen Thue-Relationen heißt **Thue-System**.

Zwei Wörter w_1 und w_2 eines Thue-Systems heißen **äquivalent** und man
schreibt $w_1 \approx w_2$, falls w_2 durch schrittweise Anwendung von Thue-Relationen nach endlich vielen Schritten aus w_1 entstehen kann. Bei dem Beispiel
mit dem Alphabet {a,b} und der Thue-Relation aa~b sind unter anderem
die Wörter aba und bb äquivalent. Folgende Zeilen zeigen die Ersetzungs-
schritte:

aba≈aaaa   (b wird durch aa ersetzt)
aaaa≈baa   (aa (links) wird durch b ersetzt)
baa≈bb   (aa wird durch b ersetzt)

Mit diesem Äquivalenzbegriff ist eine fundamentale Fragestellung verbunden, die als **Wortproblem** bekannt ist: Läßt sich für ein beliebiges Thue-
System für je zwei Wörter zeigen, ob sie äquivalent sind oder nicht? Man
betrachte zunächst ein Beispiel mit dem Alphabet {a,b,c} und den beiden
Thue-Relationen aa~b und aba~a. In diesem Thue-System sind die beiden
Wörter aaa und abcba sicher nicht äquivalent, denn in aaa kommt kein c
vor und keine Thue-Relation läßt ein Wort mit einem c entstehen.

Für spezielle Thue-Systeme und spezielle Wörter ist das Wortproblem demnach lösbar. Aber ist es auch allgemein lösbar? Gibt es ein allgemeines Verfahren, das für beliebige Thue-Systeme und beliebige Wörter gilt? Es wird später gezeigt werden, daß diese Frage zu verneinen ist. Anschaulich liegt das daran, daß Thue-Relationen im allgemeinen Verlängerungen und Verkürzungen der Ausgangswörter zur Folge haben, so daß man, allein durch Argumentation mit der Wortlänge, nie sicher sein kann, daß das Zielwort, wenn es noch nicht erreicht ist, nicht schließlich doch noch erreicht wird.

Sprachen

Jede Teilmenge $S \subseteq A*$ zu einem Alphabet A heißt *formale Sprache* (über A). Auf das Adjektiv *formale* wird verzichtet, wenn keine Verwechslung mit natürlichen Sprachen möglich ist. Endliche Sprachen können im Prinzip immer durch eine explizite Angabe ihrer Wörter angegeben werden, auch wenn das bei sehr großen Sprachen praktisch schwierig oder gar nicht machbar ist. Im Zentrum des Interesses stehen unendliche Teilmengen von $A*$, deren Wörter nach ganz bestimmten Regeln aufgebaut sind. Sie werden als *Regelsprachen* bezeichnet und im Abschnitt 2.2 behandelt.

Der Sprachbegriff soll zunächst durch einige Beispiele erläutert werden. Die Menge der Wörter w (über einem Alphabet A), für die $|w|$ gerade ist, ist eine Sprache. Sie ist abgeschlossen bezüglich der Konkatenation. Auch die Menge der *Palindrome* (das sind spiegelsymmetrische Wörter wie z.B. aaabaaa) bildet eine Sprache, die jedoch bezüglich der Konkatenation nicht abgeschlossen ist. Als drittes Beispiel werden sogenannte *Klammersprachen* vorgestellt. Ihre Wörter sind Klammerausdrücke, wie sie beispielsweise in der Elementarmathematik vorkommen, wobei nur die Klammern geschrieben werden. So steht zum Beispiel der Ausdruck `(()())` für `((a+b)*(c+d))`. Sei dazu A ein Alphabet aus Zeichenpaaren `{a,a',b,b',...,x,x'}` mit den folgenden Thue-Relationen (E ist das leere Wort):

```
aa'~E          a'a~E
bb'~E          b'b~E
...            ...
xx'~E          x'x~E
```

Durch diese Relationen wird eine Sprache beschrieben, die aus allen Wörtern über A besteht, die zu dem leeren Wort äquivalent sind. Beispielsweise gehören bei dem Alphabet { (,), [,] } und den Thue-Relationen

()~E,   )(~E,   []~E   und   ][~E

die Wörter [()()], ([[]]) und])([zur zugehörigen Klammersprache. [[()] gehört dagegen nicht dazu.

Eingeschränkte Klammersprachen liegen vor, wenn die Thue-Relationen die Reihenfolge der Klammerpaare festlegen. Das Alphabet { (,), [,] } mit den Thue-Relationen ()~E und []~E beschreibt eine eingeschränkte Klammersprache. Ein Wort wie])([gehört jetzt nicht mehr zur Sprache. Dadurch werden nur auch anschaulich richtig geklammerte Ausdrücke beschrieben.

Sprachen sind Wortmengen. Damit können Vereinigungen, Durchschnitte und Komplemente von Sprachen gebildet werden. Das Komplexprodukt, das mit Hilfe der Konkatenation gebildet werden kann, ist manchmal bei der Beschreibungen von Wortmengen hilfreich. Seien zum Beispiel A={a,b,c} und B={a}. Die Menge B kann als Sprache über A verstanden werden. Damit beschreibt {a}A* die Menge aller Wörter, die mit a beginnen. AA* ist dann die Menge aller nichtleeren Wörter, d.h. A+=AA*.

1.3 Übungen

1.1   Man zeige, daß eine totale Abbildung $f:M_1 \to M_2$ genau dann injektiv (surjektiv bzw. bijektiv) ist, wenn für jedes Element $y \in M_2$ die Menge $f^{-1}(\{y\})$ höchstens (mindestens bzw. genau) ein Element enthält.

1.2   Zeigen Sie, daß die Menge der rationalen Zahlen abzählbar ist. Hinweis: Rationale Zahlen sind Brüche der Form a/b mit $a,b \in \mathbf{N}$ und $b \neq 0$. Sie sind in einem zweidimensionalen Schema angebbar.

1.3   Man zeige, daß die Menge der reellen Zahlen überabzählbar ist. Hinweis: Es genügt zu zeigen, daß die reellen Zahlen zwischen 0 und 1 (ohne 0 und 1) nicht mehr abgezählt werden können.

1.4   Zeigen Sie, daß die Abbildung $y=5x+2$ nicht homomorph ist.

1.5   Seien w_1, w_2, w_3 und w_4 Wörter über einem Alphabet A mit den Bedingungen $w_1 w_2 = w_3 w_4$ und $|w_1| \leq |w_3|$. Man zeige, daß ein Wort x existiert mit $w_3 = w_1 x$ und $w_2 = x w_4$.

1.6   Sei $A = \{a,b,c\}$ ein Alphabet mit den Thue-Relationen $aa \sim E$, $bb \sim E$ und $ab \sim ba$. Ist in diesem Thue-System das Wortproblem lösbar?

2

Algorithmen

2.1 Turing-Maschinen

Algorithmische Aufgabenstellungen

Etwa um 1930 entwickelte der englische Mathematiker Alan Turing (1912-1954) ein mechanisch orientiertes Gedankenmodell zur Untersuchung von prinzipiellen Berechnungsproblemen. Später sind weitere derartige *Maschinen* entwickelt worden, von denen einige eine größere Ähnlichkeit mit realen Computern haben, als die, die im folgenden vorgestellt wird. Für das ursprüngliche und hier verwendete Turing-Modell spricht seine große Einfachheit, die es erlaubt, Probleme sehr schnell auf ihre wesentlichen Gesichtspunkte zu reduzieren. Eine *höhere* Maschine, RAM (Random-Access-Machine) oder Registermaschine genannt, wird z.B. von Wegener [WEG93] beschrieben. Er zeigt auch die Äquivalenz (im Sinne einer gegenseitigen Simulierbarkeit) von Turing- und anderen Maschinen unter bestimmten Voraussetzungen.

Mit dem Gedankenmodell von Turing kann der intuitiv als *detailliertes Berechnungsverfahren* verständliche Begriff *Algorithmus* präzisiert und formalisiert werden. Eine Berechnung beginnt mit einer Anfangskonstellation. Das sind ihre *Anfangswerte*, die auch *Startparameter* oder *Eingaben* heißen. Ist die Berechnung zu Ende, so ist eine Endkonstellation entstanden, die *Ergebnis* oder *Ausgabe* genannt wird.

Ein mechanisch orientiertes Verfahren, das Berechnungen Schritt für Schritt durchführt, schränkt durch dieses schrittweise Arbeiten die prinzipiell von ihm bearbeitbaren Aufgabenstellungen ein. Eine Aufgabenstellung heißt *algorithmisch*, wenn zu jeder ihrer Eingaben eine Ausgabe gehört und dabei

1.   endlich oder abzählbar unendlich viele Eingaben zugelassen sind,
2.   jede Ein- und jede Ausgabe von endlicher Länge ist und
3.   eine Lösbarkeit für jede einzelne Eingabe (im Einzelfall) vorliegt.

Eine endliche Beschreibung eines Lösungswegs, der alle Eingaben umfaßt, heißt *Algorithmus*. Ein Algorithmus bezieht sich notwendigerweise auf elementare Operationen oder *Grundoperationen*. Die Multiplikation natürlicher Zahlen ist ein Beispiel für eine algorithmische Aufgabenstellung. In der Abbildung 2-1 werden dazu an einem Zahlenbeispiel zwei unterschiedliche Berechnungsverfahren vorgestellt. Das erste Verfahren wird meist beim Rechnen mit Bleistift und Papier verwendet und bezieht sich auf das *kleine Einmaleins*, gefolgt von einer Addition. Das zweite Verfahren kommt mit Additionen aus. In beiden Fällen werden diese Grundoperationen nicht weiter präzisiert.

```
       Erstes Verfahren für 25*13    Zweites Verfahren für 25*13

              25 * 13                25 * 13 = 25+25+25+25+25
              ────────                         +25+25+25+25+25
                25                             +25+25+25
            +   75                           = 125+125+75
              ────────                       = 325
               325
```

Abb. 2-1: Multiplikationsbeispiele

Die beiden angegebenen Verfahren behandeln einen Einzelfall. Ein Algorithmus beschreibt jedoch einen Lösungsweg für alle Eingaben. Er läßt sich für das zweite Verfahren kürzer formulieren als für das erste. Dabei wird hier eine Schreibweise benutzt, die erst im Abschnitt 2.3 gerechtfertigt wird und vorerst als verkürzt geschriebene Umgangssprache aufgefaßt werden soll. Die Schreibweise lehnt sich an die Syntax der weit verbreiteten Programmiersprache C [DEI94] an, wobei einige Sprachkonstruktionen vereinfacht werden. Sie kann ohne C-Kenntnisse verstanden werden, jedoch wird ein elementares Verständnis für das Programmieren in einer Standardprogrammiersprache (C, Pascal, Ada, FORTRAN, ...) vorausgesetzt. Die folgende Formulierung sagt, daß zwei natürliche Zahlen n und m miteinander multipliziert werden, indem man zuerst das Ergebnis erg auf Null setzt und dann n-mal die Zahl m auf erg addiert. Wert der *Funktion* mul() wird erg (durch return(erg)). Dadurch wird der Wert eines Ausdrucks wie `mul(7,5)` zu `35` und `a=mul(7,5)` bedeutet, daß a der Funktionswert von `mul()`, das ist `35`, zugewiesen wird.

```
mul(n,m) {
   erg=0;
   for(i von 1 bis n) erg = erg + m;
   return(erg);
}
```

Für eine bestimmte algorithmische Aufgabenstellung gibt es in der Regel mehrere Lösungsverfahren. Um beispielsweise den größten gemeinsamen Teiler `ggt(x,y)` von zwei natürlichen Zahlen x und y, die beide größer als Null sind, zu bestimmen, kann der Weg über eine Primfaktorenzerlegung von x und y oder alternativ der nach dem griechischen Mathematiker Euklid (um 300 v.u.Z.) benannte Weg über die folgenden drei Regeln (der Doppelpfeil steht für eine Wenn-dann-Beziehung) gewählt werden.

```
(1)     x = y  ⇒      ggt(x,y) = x   (oder y)
(2)     x < y  ⇒      ggt(x,y) = ggt(y,x)
(3)     x > y  ⇒      ggt(x,y) = ggt(x-y,y)
```

Der Beweis für die Korrektheit dieser drei Regeln ist als Übungsaufgabe (Übung 2.1) gestellt worden. Als Beispiel ergibt sich `ggt(9,6)` auf dem ersten Weg durch die Zerlegung von `9` in `3*3` und von `6` in `2*3`, Bestimmung der gemeinsamen Teiler und Auswahl des größten daraus als `3`. Dieser Wert wird auch auf dem euklidischen Weg, man spricht vom *euklidischen Algorithmus*, festgestellt:

`ggt(9,6) = ggt(3,6) = ggt(6,3) = ggt(3,3) = 3`

Mit der bereits beim Multiplikationsbeispiel verwendeten C-ähnlichen Sprache kann der euklidische Algorithmus folgendermaßen formuliert werden:

```
ggt(x,y) {
   while(x≠y) {
      if(x>y)    x=x-y;
         else    { z=x; x=y; y=z; }
   }
   return(x);
}
```

Umgangssprachlich ist damit formuliert worden, daß solange, wie x von y verschieden ist, geprüft wird, ob x größer als y ist. Ist dies der Fall, wird x durch x-y ersetzt (Regel 3), anderenfalls werden die Werte von x und y vertauscht (Regel 2). Unterscheiden sich x und y nicht (mehr) voneinander, wird x (Regel 1) zum Wert der Funktion ggt().

Abbrechende und nichtabbrechende Algorithmen

Reichen endlich viele Schritte aus, um einen Algorithmus durchzuführen, so sagt man, daß er abbricht (terminiert). Der euklidische Algorithmus terminiert. Der Beweis dafür ist der Leserin bzw. dem Leser als Übungs-aufgabe (Übung 2.2) überlassen worden. Ein Beispiel für einen nichtab-brechenden Algorithmus liefert die Berechnung der Exponentialfunktion über eine Reihenentwicklung. Bekanntlich ist

$$e^x \;=\; 1 \;+\; x \;+\; x^2/2! \;+\; x^3/3! \;+\; \ldots$$

Ein Algorithmus zur Berechnung ihrer Werte lautet:

```
exp(x) {
      erg = 1;
      z = 1;
      while(1==1) {
             erg = erg + x^z/z!;
             z = z + 1;
             }
      return(erg);
      }
```

Die Stelle, an der der Funktion exp() ihr Wert (mit return(erg)) zuge-wiesen werden soll, wird nie erreicht werden, weil die Bedingung (1==1) immer wahr ist und deshalb die while-Schleife nie abbricht. In der hier verwendeten C-ähnlichen Sprache stellt == (zwei Gleichheitszeichen) einen Vergleichsoperator dar, während = eine Wertzuweisung beschreibt. In der mathematischen Umgangssprache sind Wertzuweisungen und Vergleichs-operationen nicht gebräuchlich. Dort bedeutet = soviel wie *es sei* oder *es bezeichne*. Die Reihenangabe für die Exponentialfunktion (e^x=1+x+...) ist dafür ein Beispiel.

Architektur und Arbeitsweise einer Turing-Maschine

Das mechanisch orientierte Gedankenmodell von Turing zur Untersuchung von prinzipiellen Berechnungsproblemen besteht aus einem unendlich langen, in Felder eingeteilten Band, einem Lese-Schreibkopf und einem Schaltwerk. Eine derartige, in der Abbildung 2-2 anschaulich dargestellte *Turing-Maschine* arbeitet taktgesteuert.

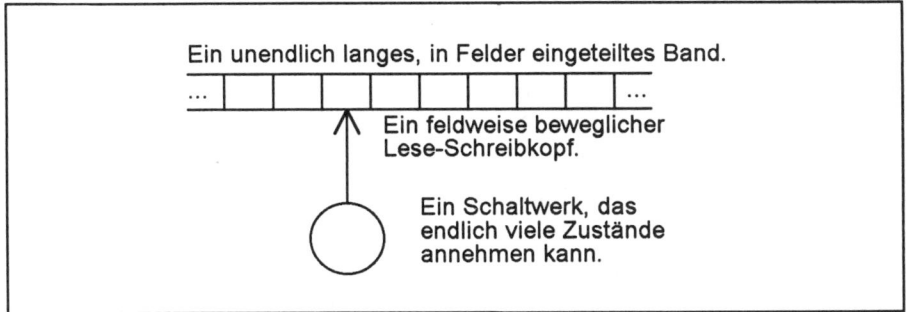

Abb. 2-2: Turing-Maschine

Das Band ist beidseitig unendlich lang. Es ist in Felder eingeteilt, wobei jedes Feld genau ein Zeichen eines vorgegebenen Alphabets aufnehmen kann. Ein häufig benutztes Alphabet ist { | , # }, bei dem mit dem Nummernzeichen # ein leeres Feld bezeichnet wird. Man sagt, das Band sei leer, wenn jedes Feld ein Nummernzeichen trägt. Der Lese-Schreibkopf befindet sich immer über genau einem Feld des Bandes. Er ist in der Lage, das zugehörige Zeichen zu lesen und es entweder durch ein anderes Zeichen (aus dem Alphabet) zu ersetzen (zu überschreiben) oder sich zu genau einem der beiden benachbarten Felder des Bandes zu bewegen. Das Band wird als unbeweglich, der Lese-Schreibkopf als beweglich angesehen.

Das Schaltwerk befindet sich immer in genau einem von endlich vielen vorgegebenen Zuständen. Meist werden für diese Zustände natürliche Zahlen verwendet, um Verwechslungen mit den Zeichen des Alphabets zu erschweren. Die Maschine ist taktgesteuert. Das heißt, sie arbeitet in einer Folge von gleich aufgebauten Arbeitsschritten. Zu Beginn eines Taktes befindet sich das Schaltwerk in einem Zustand q_1, und der Lese-Schreibkopf liest vom Band das Zeichen z_1. Zu dem Paar (q_1, z_1) gehört eine Aktion und ein Folgezustand. Die Maschine führt die Aktion durch und setzt dann das Schaltwerk auf den Folgezustand. Man sagt, sie gehe in den Folgezustand über. Jetzt beginnt ein neuer Takt. Die Maschine kann folgende Aktionen durchführen:

1. Sie kann das Zeichen unter dem Lese-Schreibkopf ersetzen oder
2. alternativ den Lese-Schreibkopf um ein Feld nach links oder nach rechts verschieben.

Der Folgezustand kann gleich dem Zustand zu Beginn des Taktes sein. Was genau in einem bestimmten Takt geschehen soll, wird der Maschine in Form von *Befehlen* mitgeteilt. Ein Turing-Befehl ist ein Maschinenbefehl der Turing-Maschine. Er wird durch vier Angaben bestimmt, die folgendermaßen geschrieben werden:

$(q_1 \; z_1 \; A \; q_2)$

Die vier Angaben bedeuten, daß die Maschine, wenn sie im Zustand q_1 ist und das Zeichen z_1 liest, die Aktion A ausführt und in den Zustand q_2 übergeht. Als Aktion A kann angegeben werden:

z_2 : überschreibe z_1 mit z_2 ($z_2 = z_1$ ist zulässig) oder
L : bewege den Lese-Schreibkopf um ein Feld nach links oder
R : bewege den Lese-Schreibkopf um ein Feld nach rechts.

Turing-Programme und Algorithmen

Ein *Turing-Programm* ist eine Sammlung von Turing-Befehlen. Die Reihenfolge der Befehlsabarbeitung wird durch das Paar (Aktueller Zustand, Zeichen unter dem Lese-Schreibkopf) bestimmt und nicht wie bei praktischen Programmiersprachen durch die Reihenfolge des Hinschreibens der Befehle. Die Bedienung der Maschine wird nicht präzisiert. Eine *höhere Instanz* wählt den nächsten Befehl aus (wenn es einen solchen gibt) und veranlaßt die Maschine, ihn auszuführen. Gibt es zu einem Paar (*Aktueller Zustand, Zeichen unter dem Lese-Schreibkopf*) keinen Befehl, dann ist das Turing-Programm beendet. Ist keine Verwechslung möglich, wird kurz von Programmen anstelle von Turing-Programmen gesprochen. Jedes Turing-Programm beschreibt einen *Algorithmus*. Die Umkehrung ist keineswegs offensichtlich. Vielleicht gibt es Algorithmen, die nicht durch ein Turing-Programm realisierbar sind. Die Unsicherheit an dieser Stelle kommt zustande, weil der Begriff Algorithmus intuitiv eingeführt worden ist. Als Vorgriff auf den Abschnitt 3.4 sei hier angemerkt, daß nach einer These des amerikanischen Mathematikers Alonzo Church (1936) der intuitive Algorithmusbegriff (auch) durch Turing-Programme abgedeckt wird, die angesprochene Umkehrung also richtig ist.

Programmbeispiele

Zur Verbesserung der Lesbarkeit eines Turing-Programms sollen rechts neben einem Turing-Befehl und zwischen zwei (vollständigen) Turing-Befehlen Kommentare zulässig sein. Kommentar kann jeder Text sein, der nicht mit einem Turing-Befehl verwechselt werden kann. Damit ein Programm sinnvoll durchgeführt werden kann, sind folgende Vorbereitungen zu treffen:

[a]   Das Band ist unter Verwendung eines vorgegebenen Alphabets geeignet zu beschriften. Der Vorgang des Beschriftens wird als unproblematisch angesehen und nicht präzisiert.

[b]   Der Lese-Schreibkopf wird so verschoben, daß er über einem bestimmten Anfangsfeld steht.

[c]   Das Schaltwerk wird in einen bestimmten Anfangszustand gebracht.

Ein Programmlauf ist zu Ende und die Maschine bleibt stehen, wenn zu dem aktuellen Zustand des Schaltwerkes für das aktuelle Zeichen auf dem Band kein Nachfolgebefehl mehr vorhanden ist. Anstelle von Programmlauf wird der Begriff *Prozeß* verwendet. Wenn eine Turing-Maschine beginnt, ein Programm abzuarbeiten, entsteht ein Prozeß, der solange existiert, bis die Programmabarbeitung beendet ist. Für das erste Programmbeispiel sei das Band mit Zeichen des Alphabets { | , # } beliebig und vollständig beschriftet. Der Lese-Schreibkopf stehe über irgendeinem Feld des Bandes. Das Schaltwerk soll Zustände aus der Menge { 1 , 2 } annehmen können und den Anfangszustand 1 erhalten. Dann soll die Turing-Maschine das folgende Programm abarbeiten:

```
(1 # R 1)        Strich rechts suchen
(1 | | 2)        Strich gefunden
```

Der zugehörige Prozeß sucht ab dem Startfeld nach rechts nach einem Strich. Wird einer gefunden, überschreibt ihn die Maschine mit sich selbst und bleibt stehen. Der Prozeß terminiert jedoch nicht immer. Wenn rechts von der Startposition des Lese-Schreibkopfes keine Striche auf dem Band stehen, läuft er endlos lange. Der Prozeß zu dem Programm

```
(1 # R 1)              Strich rechts suchen
(1 | # 1)              Strich löschen
```

überschreibt bei den gleichen Anfangsbedingungen wie beim ersten alle Striche rechts von seiner Startposition mit Nummernzeichen. Wenn man das Schreiben eines Nummernzeichens als *Löschen* bezeichnet, dann löscht der Prozeß das Band rechts von der Startposition des Lese-Schreibkopfes. Er terminiert bei keiner Bandbeschriftung. Es ist nicht so ohne weiteres möglich, ein Programm, das zum Löschen des rechten Bandteils dient, mit einem zu kombinieren, das zum Löschen des linken dient. Das Problem besteht darin zu verhindern, daß der Prozeß auf einer Bandseite endlos lange verweilt, wenn dort keine Striche (mehr) sind. Eine Lösungsidee (noch in diesem Abschnitt wird eine zweite vorgestellt) besteht darin, an der Startposition zwei durch ein Nummernzeichen getrennte Striche zu erzwingen und dann die beiden Striche abwechselnd nach links und rechts auseinanderzuschieben. Das folgende Programm realisiert diese Idee. Die Leerzeilen zwischen einigen Befehlen dienen einer optischen Zusammenfassung inhaltlich zusammengehörender Befehle.

```
(1 # | 1)              Strich erzwingen
(1 | R 2)
(2 | # 2)              Nummernzeichen erzwingen
(2 # R 3)
(3 # | 3)              Strich erzwingen
(3 | L 4)

(4 # L 4)              Nummernzeichen nach links überlesen
(4 | # 5)              Linken Strich versetzen
(5 # L 6)
(6 # | 6)
(6 | R 7)

(7 # R 7)              Nummernzeichen nach rechts überlesen
(7 | # 8)              Rechten Strich versetzen
(8 # R 9)
(9 # | 9)
(9 | L 4)
```

Im nächsten Beispiel soll ein Programm angegeben werden, mit dem eine endliche, nichtleere Strichfolge auf einem sonst leeren Band verdoppelt werden kann. Der Lese-Schreibkopf wird vor Prozeßbeginn auf den ersten Strich (von links) der Folge gesetzt, Anfangszustand wird 1 aus $\{1,2,\ldots,n\}$ mit geeignetem $n \in \mathbb{N}$. Ein Problem bei der Strichverdopplung liegt darin, daß man sich merken muß, welche Striche bereits transportiert worden sind und welche noch zu transportieren sind. Dazu wird das Alphabet um zwei Zeichen erweitert, die sich noch nicht auf dem Band befinden. Sie dienen als Merke- oder Markierungszeichen. Im vorliegenden Fall werden a und b verwendet. Vor dem Verdopplungsprogramm ist seine Arbeitsmethode in C-ähnlicher Schreibweise angegeben.

```
verdopple(Strichfolge) {
    while (Strichfolge ist nicht leer) {
        suche den am weitesten links stehenden Strich;
        überschreibe ihn mit a;
        suche rechts nach dem ersten Nummernzeichen;
        überschreibe es mit b;
    }
    wandle alle a und b in Striche zurück;
    return(neue Strichfolge);
}
```

```
( 1 | a  2)        Start auf dem linken Strich
( 1 b b 10)        Gehe zur Zurückwandlung der a,b
( 2 a R  2)
( 2 | R  2)        Rechts erstes Nummernzeichen suchen
( 2 b R  2)
( 2 # b  3)        Strich kopiert

( 3 b L  3)        Links nach erstem Strich suchen
( 3 | L  3)
( 3 a R  1)
(10 b R 10)        Rückwandlung der a und b
(10 # L 11)
(11 b | 11)
(11 a | 11)
(11 # R 12)        Stop
```

Numerik und Nichtnumerik

Das Verdoppeln einer endlichen, nichtleeren Strichfolge kann naiv als
Kopieren von Zeichen verstanden werden. Aber man könnte die Strichfolge
auch als Darstellung einer natürlichen Zahl auffassen, bei der $n \in N$ durch n
Striche angegeben wird. Dann realisiert das Verdopplungsprogramm eine
Multiplikation mit 2. Um diesen Gedanken weiter auszuführen, sollen auf
dem sonst leeren Band zwei, durch genau ein Nummernzeichen getrennte,
endliche und nichtleere Strichfolgen stehen. Der Lese-Schreibkopf stehe
auf dem ersten Strich (von links) der linken Folge, und die Maschine sei im
Zustand 1 aus $\{1,2,3,4\}$. Der Prozeß zu dem Programm

```
(1  |  R  1)            Nach rechts zum Nummernzeichen
(1  #  |  2)            Nummernzeichen überschreiben
(2  |  R  2)            Nach rechts zum Ende der Striche
(2  #  L  3)
(3  |  #  4)            Rechts verkürzen
```

sucht das trennende Nummernzeichen und überschreibt es mit einem
Strich. Danach nimmt er am rechten Ende der Strichfolge einen Strich
weg. Der Prozeß hat offensichtlich zwei natürliche Zahlen addiert, indem
er Strichfolgen manipuliert hat. Die Turing-Maschine weiß nicht, ob der
Programmierer mit Strichfolgen eine bestimmte Bedeutung verbindet. Insbesondere kann sie nicht wissen, welche Bedeutung dies ist. Eine Turing-
Maschine kennt keine Bedeutung der Zeichen auf dem Band. Bedeutung ist
etwas, das ein Programmierer mit einer Zeichenfolge verbindet und in
einem Programm entsprechend berücksichtigt. Das heißt, daß eine Turing-
Maschine keinen Unterschied zwischen Numerik und Nichtnumerik kennt.
Eine Turing-Maschine und mit ihr jeder Computer ist eine Zeichenmanipu-
lationsmaschine, bei der Rechenvorgänge auf das Verändern von Zeichenfolgen zurückgeführt werden.

Die im Additionsbeispiel benutzte naive Darstellung natürlicher Zahlen als
Strichfolgen führt zu einem Erkennungsproblem bei der Zahl Null, die als
0 Striche dargestellt wird. Deshalb wird häufig $n \in N$ durch $n+1$ Striche
angegeben. Im nächsten Beispiel soll ein Programm vorgestellt werden, mit
dessen Hilfe zwei natürliche Zahlen größenmäßig miteinander verglichen
werden können. Dazu sollen sich auf dem sonst leeren Band zwei durch ein
Nummernzeichen getrennte natürliche Zahlen a und b in der $(n+1)$-Strich-
darstellung befinden. Sind sie gleich groß, soll der zugehörige Prozeß j
schreiben, sonst n. Die Maschine soll im Zustand 1 aus $\{1,2,\ldots,n\}$ mit

geeignetem $n \in N$ auf dem ersten Strich der ersten Folge (von links) starten. Ein Lösungsverfahren besteht darin, paarweise Striche zu löschen, je einen in jeder Zahl. Sind die Zahlen gleich groß, bleibt ein leeres Band zurück. Das Problem mit diesem Verfahren liegt im Erkennen der Endebedingung. Das Suchen nach einem Strich terminiert bei einem leeren Band nicht mehr. Es ist deshalb angebracht, mit einer Markierung zu arbeiten. Wird der Trenner zwischen den beiden Strichfolgen z.B. durch ein M (für Mitte) ersetzt, dann ergeben sich folgende Möglichkeiten für eine Prozeßbeendigung:

1.   ... # M # ...   Die Folgen sind gleich lang: a=b
2.   ... | M # ...   Die Folgen sind ungleich lang: a>b
3.   ... # M | ...   Die Folgen sind ungleich lang: a<b

Ist keine dieser drei Bedingungen erfüllt, kann stets in jeder Strichfolge ein Strich entfernt werden. Ist eine der Bedingungen erreicht, soll der Prozeß den Trenner M durch j oder n überschreiben und das Band von Zahlenresten säubern. Das folgende Programm realisiert das beschriebene Verfahren:

```
( 1 | R  1)        Start ganz links auf erstem Strich
( 1 # M  2)        Trenner markieren

( 2 M L  2)        Endebedingungen prüfen
( 2 | R  3)        | M gefunden
( 2 # R  4)        # M gefunden
( 3 M R  3)
( 3 | R  5)        | M | gefunden, d.h. weitermachen
( 3 # L 40)        | M # gefunden, d.h. Stop mit n
( 4 M R  4)
( 4 | L 20)        # M | gefunden, d.h. Stop mit n
( 4 # L 30)        # M # gefunden, d.h. Stop mit j

( 5 | R  5)        nächstes Strichpaar entfernen
( 5 # L  6)
( 6 | #  6)        rechts verkürzen
( 6 # L  7)
( 7 | L  7)        nach links
( 7 M L  7)
( 7 # R  8)

                   weiter auf der nächsten Seite
```

```
( 8 | #  8)              links verkürzen
( 8 # R  9)              Mitte suchen
( 9 | R  9)
( 9 M M  2)              zur Prüfung der Endebedingungen

(20 M n 20)              rechts ist länger
(20 n R 20)
(20 | # 21)
(21 # R 20)
(20 # #  0)              Stop


(30 M j  0)              beide sind gleich lang: Stop

(40 M n 40)              links ist länger
(40 n L 40)
(40 | # 41)
(41 # L 40)
(40 # #  0)              Stop
```

Determinismus und Nichtdeterminismus

Ein Programm ist eine Sammlung von Turing-Befehlen, die alle die Form $(q_1\ z_1\ A\ q_2)$ haben. Wenn in den Befehlen eines Programms durch jedes Paar (q_1, z_1) eindeutig ein Paar (A, q_2) bestimmt ist, dann heißt das Programm *deterministisch*, sonst *nichtdeterministisch*. Alle bisherigen Programmbeispiele waren deterministisch. Kommen beispielsweise in einem Programm die beiden Befehle (1 | L 3) und (1 | R 4) zusammen vor, dann ist es nichtdeterministisch. Mit einem nichtdeterministischen Programm läßt sich das Löschen des ganzen Bandes, ohne Begrenzer zu benutzen, sehr elegant formulieren:

```
(1 | # 2)                # erzwingen
(1 # # 2)


(2 # R 3)                Nichtdeterminismus
(2 # L 4)


(3 | # 3)                Nach rechts löschen
(3 # R 3)
(4 | # 4)                Nach links löschen
(4 # L 4)
```

Nichtdeterminismus bedeutet nicht etwa, daß durch einen Zufallsprozeß eine der vorhandenen Möglichkeiten ausgewählt wird, sondern daß alle Möglichkeiten gemeinsam weiterverfolgt werden. Es findet eine Prozeßvervielfachung statt, bei der jeder Prozeß eine der Programmalternativen bearbeitet. Nichtdeterministische Programme können im Gegensatz zu deterministischen zu unbestimmten Bandbeschriftungen führen. Angenommen auf dem sonst leeren Band stehe ein einziger Strich. Der Lese-Schreibkopf befinde sich genau über ihm, und die Maschine sei im Zustand 1 aus {1,2}. Der Prozeß zu dem Programm

```
(1 |   | 2)
(1 | # 2)
```

endet mit einem Maschinenzustand 2 auf einem Feld, dessen Inhalt unbestimmt ist. Unbestimmt heißt hier nicht, daß dort irgend etwas zwischen | und # steht, sondern daß nicht bekannt ist, ob dort ein Strich oder ein Nummernzeichen steht. Diese Überlegungen werden im Zusammenhang mit nebenläufigen Prozessen im fünften Kapitel wieder aufgenommen und vertieft.

Universelle Turing-Programme

Bei allen bisherigen Programmbeispielen befanden sich die Daten, die mit einem Programm bearbeitet werden sollten, auf dem Band. Das Programm selbst war während seiner Abarbeitung integraler Bestandteil der Turing-Maschine. Auf konkrete Computer bezogen entspricht dies einem fest verdrahteten Programm. Solche Computer gibt es; sie werden jedoch nur für sehr spezielle Zwecke, zum Beispiel im Bereich der Steuerungs- und Regelungstechnik, verwendet. Offensichtlich kann bei einer solchen Maschine kein Programm angegeben werden, das sich selbst verändert, denn kein Turing-Befehl $(q_1 \ z_1 \ A \ q_2)$ kann auf den Maschinenteil zugreifen, in dem sich das Programm befindet. Im sechsten Kapitel werden diese Überlegungen auf *Computerviren* bezogen und fortgeführt.

Angenommen, ein Programm diene der Aufgabe, eine endliche Zeichenfolge zu manipulieren, dann kann es mit Hilfe eines geeigneten Alphabets samt seiner Daten auf das Band geschrieben werden. Wenn es möglich ist, ein Programm anzugeben, das ein beliebiges, auf dem Band stehendes, Programm liest und Befehl für Befehl mit den Daten auf dem Band interpretiert, dann ist man wesentlich flexibler geworden als im fest verdrahteten Fall. Für die Existenz solcher Programminterpreter gibt es mehrere

Ansätze, darunter auch konstruktive. Ein solches *universelles Turing-Programm* wird während seiner Abarbeitung integraler Bestandteil einer Turing-Maschine und macht sie zu einer *universellen Turing-Maschine*. Leserinnen und Leser, die an mathematisch exakten Beweisen für die Existenz universeller Turing-Programme interessiert sind, werden auf die Literatur, zum Beispiel auf Wegener [WEG93] oder auf Schöning [SCH92], verwiesen. Im Rest dieses Abschnitts wird die Existenz universeller Turing-Programme durch die Angabe eines konkreten Programms für reale Computer plausibel gemacht. Mit dieser *praktischen* Turing-Maschine können dann Experimente durchgeführt werden.

Experimentiermaschine

Die Turing-Maschine ist als Gedankenmodell entwickelt worden und formalisiert das Rechnen mit Papier und Bleistift, wobei das Papier zu einem endlosen eindimensionalen Band geworden ist. Um die Lösbarkeit bestimmter algorithmischer Problemstellungen zu zeigen, genügt es im Prinzip, entsprechende Turing-Programme zu entwerfen. Eine Realisierung ist nicht verlangt und würde bei vielen Algorithmen an räumliche oder zeitliche Grenzen stoßen. Andererseits steht mit der Turing-Maschine ein sehr elementares Rechnermodell zur Verfügung, mit dem fundamentale Einsichten über Computersysteme, Programme und Programmabläufe (Prozesse) gewonnen werden können. Im vorliegenden Abschnitt soll ein Programm für einen realen Rechner skizziert und angegeben werden, das eine universelle Turing-Maschine nachbildet. Diese Nachbildung bringt Einschränkungen mit sich. Beispielsweise kann das Band der Maschine zwar sehr groß werden, weil es als Datei realisiert wird, aber es ist endlich. Auch kommen für praktische Experimente nur Programme in Frage, deren Abarbeitungsdauer für Experimentierer und Experimentierumgebung akzeptabel sind. Ein (positiver) Seiteneffekt der Angabe einer Experimentiermaschine besteht darin, daß ein konstruktives Plausibelmachen der Existenz universeller Turing-Maschinen erfolgt.

Das Band der Maschine wird als einseitig unendlich aufgefaßt. Das ist keine wirkliche Einschränkung, weil eine bijektive Abbildung zwischen der Menge der Felder eines beidseitig unendlichen Bandes und der Menge der Felder eines einseitig unendlichen Bandes angebbar ist. Zum Beispiel kann bei einem beidseitig unendlichen Band, wie in der Abbildung 2-3 gezeigt, irgendein Feld mit Null indiziert und dann abwechselnd nach rechts und links (positiv) weitergezählt werden.

```
           ...6 4 2 0 1 3 5...
```

Abb. 2-3: Feldzählung als einseitig unendliches Band

Auf dem Band der Experimentiermaschine steht vor ihrem Start auf dem
ersten Feld die Programmlänge (Zahl der Felder, die für das Programm
benötigt werden), das zu interpretierende Turing-Programm und die Daten.
Der Rest das Bandes ist leer, wobei das Zeichen # als Leerzeichen dient.
Die Abbildung 2-4 zeigt den Aufbau einer Bandbeschriftung.

```
        ProgrammlängeProgrammDaten # # # . . .
```

Abb. 2-4: Band mit Beschriftung

Die Turing-Befehle stehen ohne Trenner (und ohne die runden Klammern)
nebeneinander auf dem Band. Jeder Befehl besteht aus genau vier atomaren, nicht weiter zerlegbaren Einheiten (eine Zerlegung würde zu einem
Sinnverlust führen). Die atomaren Einheiten sind ein Zustand, ein Zeichen,
eine Aktion und ein Folgezustand, wobei die zulässigen Zustands- und
Zeichenvorräte durch Konvention festgelegt sind.

Das Anfertigen einer Bandbeschriftung muß sehr sorgfältig erfolgen, weil
die Maschine nur einen sehr eingeschränkten Funktionsumfang hat. Sie
kann ein Feld lesen, ein Feld mit einem Zeichen überschreiben oder den
Lese-Schreibkopf um genau ein Feld nach rechts oder links bewegen. Bei
einer Realisierung als Programm für reale Computer ist es naheliegend,
eine großzügigere Eingabeform zuzulassen und daraus eine korrekte Bandbeschriftung automatisch zu erzeugen. Eine Textdatei ist beispielsweise
eine sehr einfach zu handhabende Eingabeform. Mit einem Texteditor kann
das Turing-Programm in der aus den Beispielen gewohnten Schreibweise
erstellt und durch einen Trenner (hier wird @ benutzt) von den Daten abge-
setzt werden. Die Abbildung 2-5 zeigt ein Beispiel für eine derartige Eingabedatei, aus der das eigentliche Turing-Band erzeugt wird. Es wird bei
jeder Realisierungsform endlich sein, was eine tatsächliche Einschränkung
gegenüber der universellen Turing-Maschine bedeutet.

```
                    ( 1 | R 1 )
                    ( 1 # | 2 )
                    @
                    | | # # # # #
```

Abb. 2-5: Eingabedatei

Eine universelle Turing-Maschine simuliert für das Turing-Programm auf
ihrem Band einen Zustandszähler und einen Lese-Schreibkopf. Die Experimentiermaschine muß dies wiederum nachbilden. Sie führt einen
Zustandszähler, die Nummer des aktuellen Feldes und dessen Inhalt. Mit
Hilfe der Feldnummer kann die Bewegung des für das Turing-Programm
simulierten Lese-Schreibkopfes kontrolliert werden. Beim Start der Experimentiermaschine muß ein Anfangszustand gegeben sein. Am einfachsten
ist es, ihn als Konvention für das Erstellen von Turing-Programmen fest-
zuschreiben. In allen bisherigen Beispielen ist so verfahren worden. Alle
Programme wurden in einem Maschinenzustand 1 gestartet. Auch für das
Startfeld des zu simulierenden Programms bietet sich eine Lösung per
Konvention an. Es ist naheliegend, das zu simulierende Turing-Programm
auf dem ersten Datenfeld direkt hinter dem Programm zu starten. Das ist
ein Feld, das die Experimentiermaschine bei der Banderstellung mit Hilfe
des Trennzeichens @ leicht selbst ermitteln kann.

Es gibt Turing-Programme, die sich selbst verändern, indem sie beispiels-
weise Befehle anfügen oder entfernen. Dadurch verändern sie die Stelle auf
dem Band, an der die Daten beginnen bzw. wo das Programm zu Ende ist.
Das erste Feld des Bandes der Experimentiermaschine enthält deshalb die
Programmlänge, damit sie von dem Programm angesprochen werden kann.
Die Abbildung 2-6 zeigt die Umsetzung des Beispiels der Abbildung 2-5.

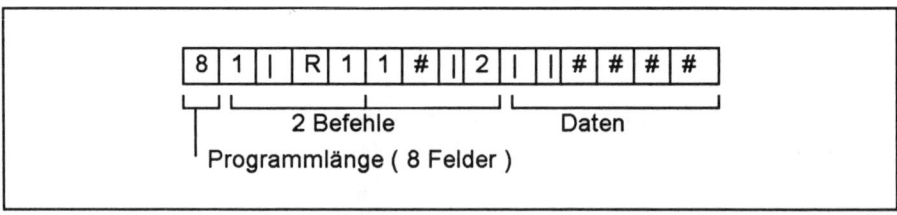

Abb. 2-6: Konkrete Bandbeschriftung

Zu dem aktuellen Zustand und dem Inhalt des aktuellen Feldes muß die Experimentiermaschine auf ihrem Band einen Turing-Befehl suchen und seine Ausführung simulieren. Die Suche nach einem Befehl kann mehrere Ausgänge haben, die zu jeweils anderen Konsequenzen führen. Ist die Suche erfolglos, ist das zu simulierende Turing-Programm beendet. Werden zwei oder mehr Befehle gefunden, liegt Nichtdeterminismus vor, und der Programmlauf der Turing-Maschine wird vorläufig abgebrochen. Nichtdeterministische Programme werden erst im fünften Kapitel behandelt. Wird genau ein Befehl gefunden, so muß die Experimentiermaschine seine Ausführung simulieren, das heißt die in ihm enthaltene Aktion durchführen und die simulierte Maschine in den Folgezustand versetzen. Der Grobablauf der Experimentiermaschine, funktional realisiert durch die beiden Programme utm und stp, kann folgendermaßen beschrieben werden:

```
utm() {                        /* Universelle Turing-Maschine */
    Anfangszustand A festlegen;
    Aus der Eingabedatei ein Band erstellen;
    Startposition S des Lese-Schreibkopfes kennzeichnen;
    Turing-Programm mit den Parametern Anfangszustand A und
    Startposition S simulieren: stp(A,S);
}


stp(Zustand Z, Position P) {    /* Simulation eines */
    while(1==1) {               /* Turing-Programms */
        Feldwert W an der Position P ermitteln;
        Befehl(e) zu (Z,W) suchen;
        if(kein Befehl gefunden) {
            Simulation ist beendet;
            exit();
        }
        if(zwei oder mehr Befehle gefunden) {
            Simulation (vorläufig) abbrechen;
            exit();
        }
        Aktion (aus dem Befehl) durchführen, wodurch die
        Position P verändert werden kann;
        Zustand Z auf den Folgezustand setzen;
    }
}
```

Die hier skizzierte Experimentiermaschine kann in Abhängigkeit von den Programmierkenntnissen und der Rechnerausstattung der programmier-interessierten Leser(innen) praktisch umgesetzt werden. Um möglichst schnell zu einem funktionsfähigen Prototypen zu kommen, ist im vorlie-genden Fall eine Realisierung mit Hilfe der UNIX-Werkzeugkiste und einer Ablaufsteuerung durch UNIX-Kommandoprozeduren, sogenannten Shell-Scripts, erfolgt. Eine Realisierung unter einem multitaskingfähigen Betriebssystem eröffnet darüber hinaus eine einfache Umsetzung nicht-deterministischer Turing-Programme, wovon dann im fünften Kapitel Gebrauch gemacht wird.

Von den UNIX-Werkzeugen werden grep, sed, awk, tr und ed verwendet. Die ersten drei enthalten als Kern einen Pattern-Matcher, das ist ein Programm, mit dessen Hilfe Textdateien nach bestimmten Text-mustern durchsucht werden können. Sie unterscheiden sich in den Behand-lungsmöglichkeiten für die gefundenen Textstellen. tr ersetzt in Dateien bestimmte Zeichen durch bestimmte andere, und ed ist ein zeilenorientier-ter Texteditor, der sehr einfach in Kommandoprozeduren eingebunden werden kann. Die Entwicklung nicht allzu großer Programme kann mit Hilfe eines Interpreters (hier ist es ein Kommandointerpreter) sehr zügig durchgeführt werden. Eine Vorstellung der Werkzeuge und der UNIX-Kommandoprozedursprache geht weit über den Rahmen dieses Buchs hin-aus. Als einführende Literatur kann unter anderem auf das Buch *Einfüh-rung in UNIX* von Brecht [BRE93] hingewiesen werden.

Leser(innen), die im Arbeiten mit der UNIX-Werkzeugkiste ungeübt sind, wird die Realisierung der Experimentiermaschine stellenweise wie eine Geheimsprache vorkommen. Das ist sicher ein Nachteil. Der Vorteil, den man beim Arbeiten mit den UNIX-Werkzeugen hat, liegt in der Program-mierung auf einer sehr hohen Ebene mit Programmen, die mächtig und ausgereift sind und die durch die UNIX-Kommandosprache baukasten-ähnlich miteinander verknüpft werden können. Leser(innen), die diese Realisierung nicht übernehmen wollen oder können, haben immer noch die Möglichkeit, die oben angegebene funktionale Beschreibung in eine der üblichen höheren Programmiersprachen wie C, Pascal oder Ada zu über-tragen.

Besteht der Wunsch, die Experimentiermaschine ohne Kenntnisse der UNIX-Werkzeuge auf eine UNIX-Anlage zu übernehmen, dann ist auf zwei Dinge zu achten. Erstens ist als Kommandointerpreter (unter UNIX spricht man von einer Shell) eine Bourne-Shell zu starten. In vielen Fällen wird das bereits die voreingestellte Shell sein, so daß keine Aktion erforderlich ist. Bei fehlender Information über die voreingestellte Shell empfiehlt sich eine Rücksprache mit dem Systemverwalter. In der Regel kann mit dem Kommando /bin/sh eine Bourne-Shell gestartet werden. Zweitens sollten die Kommandoprozeduren zeichengetreu übertragen werden, insbesondere was Leerzeichen angeht. Manche Programmzeilen enden mit einem Backslash-Zeichen (\). Auf dieses Zeichen muß unmittelbar ein NEWLINE-Zeichen folgen, das im Texteditor durch Betätigen der Return-Taste erzeugt wird. Dazu muß man wissen, daß viele Werkzeuge und auch die Shell ihre Parameter in ganzen Zeilen erwarten. Manche Zeilen können sehr lang und dadurch sehr unübersichtlich werden, so daß man sie gerne umbrechen möchte. Ein Backslash entwertet das auf ihn direkt folgende NEWLINE-Zeichen, so daß die nächste Zeile als zur vorangehenden Zeile gehörend aufgefaßt wird.

Mit dem Arbeiten unter UNIX vertrautere Leser(innen) können leicht in die Abläufe eingreifen. Ein möglicher Eingriff besteht darin, sich Zwischenergebnisse anzuschauen. UNIX stellt zwar mit seinen *Pipelines* ein elegantes Verfahren zur Zusammenarbeit der Werkzeuge zur Verfügung, wobei allerdings Zwischenergebnisse nicht sichtbar werden. Es ist deshalb bei der Experimentiermaschine weitgehend auf Pipelines verzichtet worden. An ihre Stelle sind Dateien getreten, wobei jede dieser Dateien genau einem Zwischenergebnis dient. Sie heißen hlp.???, wobei für ??? ein dreizeichiges Kürzel für den Verwendungszweck steht. Das aus der Eingabedatei automatisch erzeugte Turing-Band hat den Dateinamen tape. In dem Shell-Script, das die Experimentiermaschine realisiert, werden diese Dateien gelöscht, sobald sie nicht mehr gebraucht werden. Die entsprechenden Befehlszeilen sind einfach zu lokalisieren, denn sie beginnen alle mit dem Dateilöschkommando rm (für *Remove*). Für jede Datei, deren Inhalt nach einem Lauf der Experimentiermaschine studiert werden soll, kann das Löschen durch Schreiben eines Nummernzeichens (es dient hier als Zeichen zur Einleitung eines bis zum Zeilenende reichenden Kommentars) vor den entsprechenden rm-Befehl unterbunden werden. Die Beschreibung der Experimentiermaschine soll mit den zulässigen Zeichen und den Konventionen für das Erstellen einer Eingabedatei beginnen.

1. Leerzeichen, Tabulatorzeichen, NEWLINE-Zeichen, (,) und @ dienen in der Eingabedatei (nicht auf dem Band) als Trenner. Aus der Eingabedatei wird durch die Experimentiermaschine ein Band erzeugt, das keine Trenner mehr enthält. Die Eingabedatei ist in der Form Programm@Daten aufzubauen. Von Leer-, Tabulator-

und NEWLINE-Zeichen darf ausgiebig Gebrauch gemacht werden. Aus optischen Gründen wird empfohlen, die Trenner folgendermaßen zu verwenden:

```
(Befehl₁)
(Befehl₂)
...
(Befehlₙ)
@
Daten
```

Das Zeichen @ darf in der Eingabedatei nur genau einmal vorkommen. Mit seiner Hilfe wird die Anfangsposition des simulierten Lese-Schreibkopfes bestimmt.

2.   Es ist zugelassen, für die Bandbeschriftung Zustandsmengen wie `{zst1,zst2,anf,end}` und Alphabete wie `{a,ab1,c47,abcd}` zu verwenden. Die Elemente dieser Mengen sind atomar, das heißt daß sie nicht ohne ihren Sinn zu verlieren zerlegt werden können. Empfohlen wird, für Zustände Ziffernfolgen zu wählen, um eine optische Unterscheidung zu den Daten zu unterstützen. Festgelegt ist lediglich der Anfangszustand für das zu simulierende Programm. Er ist als 1 vereinbart, jedoch leicht zu ändern. Das Shell-Script namens `utm` enthält in der achten Zeile (von oben) den Befehl `zustand=1`. Statt 1 kann der gewünschte Wert eingesetzt werden. Für Alphabete werden Mengen wie `{a,b,c}` oder `{|,+}` empfohlen. Zusammengesetzte Zeichen führen leichter zu Mißverständnissen als Einzelzeichen. Um ein leeres Feld zu bezeichnen, wird wie in allen bisherigen Beispielen ein Nummernzeichen benutzt. Es ist implizit Element eines jeden Alphabets.

3.   Die Zustandsmengen und Alphabete werden nicht explizit sondern implizit (durch Hinschreiben) definiert. In der Eingabedatei sind die einzelnen Zustände und Alphabetzeichen zu trennen. Nur so können beispielsweise bei einem Alphabet wie `{a,b,ab}` die einzelnen Zeichen erkannt werden. Die Abbildung 2-5 gibt dafür ein Beispiel. Man beachte die Leerzeichen auch im Datenteil.

4.   Mit der Eingabedatei wird implizit durch das Programm und die Daten (und das erste Feld) die jeweilige, für einen Programmlauf feste, Länge des Bandes bestimmt. Das heißt, daß im Datenteil

ausreichend viele Nummernzeichen, getrennt durch Leerzeichen anzugeben sind. Das Programm aus der Abbildung 2-5 fügt an eine Strichfolge rechts einen Strich an. Das heißt, daß rechts neben der Strichfolge mindestens ein Nummernzeichen explizit vorhanden sein muß.

Das Shell-Script, das die Experimentiermaschine realisiert, heißt utm. Es enthält als Kern die Simulation eines Turing-Programms als Script stp und verwendet zwei weitere Scripts namens mktape und bndaus. stp bildet den Befehlsabarbeitungszyklus nach, der solange wiederholt wird, wie Befehle (eindeutig) gefunden werden. Es wird mit dem Startzustand, der Startposition des Lese-Schreibkopfes und der Bandlänge (für eine Überschreitungsabfrage) parametrisiert. Die aktuelle Position des Lese-Schreibkopfes wird markiert, indem die zugehörige Feldnummer registriert wird.

Das Script mktape erzeugt aus der Eingabedatei ein Band mit durchnumerierten Feldern für die Experimentiermaschine und bestimmt die Anzahl der Felder, die für das Programm und für die Daten gebraucht werden. Das Band wird in der Datei tape und die Daten- und Bandlängen in der Datei hlp.vrw an utm übergeben. In der Datei tape entspricht jede Zeile genau einem Feld des Bandes. Jede Zeile hat dabei die Form Feldnummer:Feldwert. Das Script bndaus bereitet das Band optisch etwas für eine Ausgabe auf dem Bildschirm auf. Die Programmlänge wird in einer eigenen Zeile, der Rest in Vierergruppen (wegen der Befehlslänge) ausgegeben. bndaus wird von utm vor und nach einem Programmlauf aufgerufen. Jedesmal, bevor stp einen Turing-Befehl ausführt, gibt es ihn in der Form

```
Befehl -> (Zustand [Feldnr Zeichen] Aktion Folgezustand)
```

auf dem Bildschirm aus. Die laufende Nummer des aktuellen Feldes wird zur leichteren Kontrolle der Arbeitsweise des Programms mit angegeben. Bei langen Programmläufen stört diese Ausgabe. Sie läßt sich leicht dadurch abschalten, daß in dem Script stp die zugehörigen zwei Befehlszeilen mit einem einleitenden Nummernzeichen zu Kommentarzeilen gemacht werden. Die beiden echo-Befehle sind leicht zu finden. Sie stehen ziemlich am Ende des Scripts, unmittelbar vor der einzigen case-Anweisung. Es folgen jetzt die Programmlistings von utm, stp, mktape und bndaus.

```
# utm      Ein Shell-Script zur Nachbildung einer universellen
#          Turing-Maschine
#          Aufruf: --->$ utm [Eingabedateiname]
#          Unter-Scripts: stp        Simulation des Turing-Programms
#                         mktape     Erstellung des Bandes
#                         bndaus     Ausgabe des Bandinhalts
#
Zustand=1                                              # Anfangszustand
#
# Ist beim Aufruf eine Eingabedatei angegeben worden?
if [ $# -ne 1 ]
    then echo "Vor dem Start ist eine Eingabedatei anzulegen."
         echo "Sie ist so aufzubauen, wie im Buch beschrieben."
         echo "Programmaufruf: --->$ utm Eingabedateiname"
         exit
    fi
#
# Aus der Eingabedatei das interne Turing-Band erstellen
mktape $1
#
# Kontrollausgabe des Bandes
bndaus
#
# Laengeninformationen lesen; hlp.vrw loeschen
read Pl < tape
Programmlaenge=`echo $Pl | sed -e 's/.*://'`
read Datenlaenge Bandlaenge < hlp.vrw
rm hlp.vrw
#
# Startposition (Feldnr) bestimmen
Feldnr=`expr 2 + $Programmlaenge`
#
# Die Simulation starten
stp $Zustand $Feldnr $Bandlaenge
#
# Kontrollausgabe und Ende
bndaus
rm tape
#
# Ende des utm-Scripts
```

```
# stp         Shell-Script zur Simulation eines Turing-Programms
#             Aufruf: --->$ stp Zustand Feldnummer Bandlaenge
Zustand=$1
Feldnr=$2
Bandlaenge=$3
echo "Das Programm startet im Zustand \c"
echo "$Zustand auf dem Feld Nummer $Feldnr."
#
# Der Befehlsabarbeitungszyklus (wiederhole endlos lange)
while :
do
    #
    # Wert des aktuellen Feldes ermitteln
    Feldwert=`grep $Feldnr: tape | sed -e 's/.*://'`
    #
    # Aktion und Folgezustand zu (Zustand,Feldwert) suchen
    # Die Programmlaenge koennte veraendert worden sein
    # Programmlaenge+2 bilden fuer die Endabfrage
    read Pl < tape
    Pl=`echo $Pl | sed -e 's/.*://'`
    Plp2=`expr $Pl + 2`
    awk 'BEGIN { FS=":"; zaehler=0; treffer=0; ende=0 }
         { ende=ende+1; zaehler=zaehler+1
           if(ende=='$Plp2') exit
           if(zaehler==2 && $2=="'$Zustand'") treffer=treffer+1
           if(zaehler==3 && $2=="'$Feldwert'") treffer=treffer+1
           if(zaehler==4 && treffer==2) print $2
           if(zaehler==5 && treffer==2) print $2
           if(zaehler==5) { treffer=0; zaehler=1 }
         }' tape > hlp.flg
    #
    # Ist kein Befehl mehr gefunden worden?
    if [ ! -s hlp.flg ]
       then echo "Kein Befehl zu ( $Zustand $Feldwert ) gefunden."
            echo "Das Turing-Programm endet normal."
            # Hilfsdatei loeschen und Ende
            rm hlp.flg
            exit
       fi
    #
    # Weiter auf der nächsten Seite
```

```
      # Es ist wenigstens ein Befehl gefunden worden. Aktion und
      # Folgezustand ermitteln. Hilfsdateien loeschen.
      set `cat hlp.flg`
      Aktion=$1
      Folgezustand=$2
      rm hlp.flg
      #
      # Sind zwei oder mehr Befehle gefunden worden?
      # Falls Ja: Script vorlaeufig beenden
      if [ "$3" != "" ]
         then echo "Das Programm ist nichtdeterministisch"
               exit
         fi
      #
      # Gefundenen Befehl auf dem aktuellen Feld interpretieren
      echo "Befehl -> \c"
      echo "( $Zustand [$Feldnr $Feldwert] $Aktion $Folgezustand)"
      case $Aktion in
      R)  if [ $Feldnr -eq $Bandlaenge ]
             then echo "Die Bandlaenge wird ueberschritten"
                   exit
             fi
          Feldnr=`expr $Feldnr + 1`
          ;;
      L)  if [ $Feldnr -eq 1 ]
             then echo "Band wird links verlassen"
                   exit
             fi
          Feldnr=`expr $Feldnr - 1`
          ;;
      *)  ed tape > /dev/null <<+
          $Feldnr s/:$Feldwert/:$Aktion/
          w
          q
+
      esac
#
# Naechsten Befehl holen und interpretieren
Zustand=$Folgezustand
done
# Ende des stp-Scripts
```

```
# mktape    Shell-Script fuer die automatische Erstellung des Bandes
#           Aufruf:  --->$ mktape Eingabedateiname
#           Wird aufgerufen von: utm
echo "Aus der Eingabedatei $1 wird ein Turing-Band erstellt."
#
# (, ), Blank und TAB werden durch NEWLINE ersetzt; @ wird durch
# @NEWLINE ersetzt; Leerzeilen werden entfernt; Ergebnis: hlp.ein
#
cat $1 | tr '()\040\011' '\012\012\012\012'\
       | sed -e 's/@/@\
/'      | grep '.'          > hlp.ein
#
# hlp.ein wird auf Grund von @ in einen Programmteil und einen
# Datenteil zerlegt; @ wird entfernt; Ergebnis: hlp.prg und hlp.dat
awk 'BEGIN { trenner=0 }
           { if($0=="@") { trenner=1; next }}
           { if(trenner==0) print > "hlp.prg"
                      else print > "hlp.dat"}' hlp.ein
#
# Programmlaenge, Datenlaenge und Bandlaenge bestimmen; Das Band
# ist um 1 Feld groesser als Programm+Daten; Im ersten Feld steht
# die Programmlaenge
Programmlaenge=`cat hlp.prg | wc -l`
Datenlaenge=`cat hlp.dat | wc -l`
Bandlaenge=`expr $Programmlaenge + $Datenlaenge + 1`
#
# Die Laengen (Band, Daten) werden in hlp.vrw gespeichert
echo $Datenlaenge $Bandlaenge > hlp.vrw
#
# Jetzt wird das Band zusammengesetzt, und die Feldnummern werden
# angebracht
echo $Programmlaenge > hlp.bnd
cat hlp.prg hlp.dat >> hlp.bnd
grep -n '.' hlp.bnd > tape
#
# Loeschen der Hilfsdateien ausser hlp.vrw
rm hlp.ein hlp.prg hlp.dat hlp.bnd
echo "Das Turing-Band ist erstellt worden."
#
# Ende des mktape-Scripts
```

```
# bndaus      Shell-Script zur Bandausgabe
#             Aufruf: --->$ bndaus         Wird aufgerufen von: utm
#             Das Band ist die Datei tape
awk 'BEGIN { FS=":"; anf=0; zaehler=0; gruppe=0 }
           { if(anf==0) { printf "%-5s\n", $2
                          anf=1; next }
             zaehler=zaehler+1; gruppe=gruppe+1
             if(gruppe==4) { printf "%-10s", $2
                             gruppe=0
                             if(zaehler==16) { zaehler=0
                                               printf "\n" }
                             next }
             printf "%-4s", $2 }
      END  { printf "\n"    }' tape
# Ende des bndaus-Scripts
```

Experimentierbeispiele

Es folgen drei Beispiele für das Arbeiten mit der Experimentiermaschine, die zum einen ihre Arbeitsweise zeigen und zum anderen die Leser(innen) zu eigenen Experimenten anregen sollen. Im ersten wird eine Eingabedatei namens a.b (der Name kann beliebig gewählt werden) für ein Programm erstellt, mit dem an eine eventuell leere Strichfolge genau ein Strich angefügt werden kann. Man beachte, daß in der Eingabedatei keine Kommentare zulässig sind, daß Trenner auch zwischen den (atomaren) Zeichen im Datenteil verwendet werden müssen und sonst mit Trennern großzügig umgegangen werden kann. So sind im Datenteil einige (überflüssige) Leerzeichen und ein (überflüssiges) NEWLINE-Zeichen gesetzt worden.

a.b

```
( 1 | R 1 )
( 1 # | 2 )
@   | |
| # #     #
```

Aus dieser Datei wird von utm mit Hilfe von mktape ein internes Band aus 15 Feldern mit folgendem Aussehen erstellt:

15	1			R	1	1	#		2				#	#	#
01	02	03		04	05	06	07	08	09	10	11	12	13	14	15

Das Protokoll eines Programmlaufs von utm zeigt die prinzipielle Arbeitsweise der Experimentiermaschine. In der ersten Zeile steht jeweils der Aufruf der Kommandoprozedur. Nach der Banderstellung und am Programmende wird die Programmlänge (hier 8) und das Band ab dem zweiten Feld zur Kontrolle ausgegeben. Um das Startfeld optisch besser erkennen zu können, ist in der Ausgabe im Nachhinein per Hand (genauer per Editor) eine Zeile eingefügt worden, die das Startfeld durch ein Sternchen markiert.

```
utm a.b
Aus der Eingabedatei a.b wird ein Turing-Band erstellt.
Das Turing-Band ist erstellt worden.
8
1 | R 1    1 # | 2    | | | #    # #
                    *
Das Programm startet im Zustand 1 auf dem Feld Nummer 10.
Befehl -> ( 1 [10 |] R 1)
Befehl -> ( 1 [11 |] R 1)
Befehl -> ( 1 [12 |] R 1)
Befehl -> ( 1 [13 #] | 2)
Kein Befehl zu ( 2 | ) gefunden.
Das Turing-Programm endet normal.
8
1 | R 1    1 # | 2    | | | |    # #
```

Wie erwartet ist an die Strichfolge rechts ein Strich (durch Überschreiben eines Nummernzeichens) angefügt worden. Im nächsten Beispiel wird eine Eingabedatei a.c angelegt.

```
a.c
( 1 |  # 1 )
( 1 #  L 1 )
( 1 1  # 1 )
@
|
```

Sie enthält ein Programm, mit dem das einzige Datum und danach der letzte Befehl (teilweise) mit Nummernzeichen überschrieben (gelöscht) werden kann. Das ist ein erster Hinweis auf selbstmodifizierende Programme und zeigt recht eindrucksvoll, daß bei einer universellen Turing-Maschine Programme sich selbst als Daten verstehen können. Es ergibt sich folgendes Ablaufprotokoll, bei dem das Startfeld wieder mit einem Sternchen markiert worden ist:

```
utm a.c
Aus der Eingabedatei a.c wird ein Turing-Band erstellt.
Das Turing-Band ist erstellt worden.
12
1 | # 1     1 # L 1     1 1 # 1     |
                                   *
Das Programm startet im Zustand 1 auf dem Feld Nummer 14.
Befehl -> ( 1 [14 |] # 1)
Befehl -> ( 1 [14 #] L 1)
Befehl -> ( 1 [13 1] # 1)
Befehl -> ( 1 [13 #] L 1)
Befehl -> ( 1 [12 #] L 1)
Befehl -> ( 1 [11 1] # #)
Kein Befehl zu ( # # ) gefunden.
Das Turing-Programm endet normal.
12
1 | # 1     1 # L 1     1 # # #     #
```

Die Dokumentation zeigt die Zerstörung des dritten Befehls und damit des Programms. Das letzte hier angegebene Programm dient der Verdopplung einer Strichfolge. Originalstriche werden mit a markiert, Duplikate mit b. Um die Dokumentation nicht zu umfangreich werden zu lassen, ist auf eine Rückwandlung der Hilfszeichen a und b in Striche verzichtet worden. Die Eingabedatei heißt a.d. Auch hier markiert wieder ein Sternchen das Startfeld.

```
a.d
( 1 | a 2 )
( 1 b b 4 )
( 2 a R 2 )
( 2 | R 2 )
( 2 b R 2 )
( 2 # b 3 )
( 3 b L 3 )
( 3 | L 3 )
( 3 a R 1 )
@ | | | # #   #
```

```
utm a.d
Aus der Eingabedatei a.d wird ein Turing-Band erstellt.
Das Turing-Band ist erstellt worden.
36
1 | a 2     1 b b 4      2 a R 2     2 | R 2      2 b R 2      2 # b 3
3 b L 3     3 | L 3      3 a R 1     | | | #      # # #
                                        *
Das Programm startet im Zustand 1 auf dem Feld Nummer 38.
Befehl -> ( 1 [38 |] a 2)
Befehl -> ( 2 [38 a] R 2)
Befehl -> ( 2 [39 |] R 2)
Befehl -> ( 2 [40 |] R 2)
Befehl -> ( 2 [41 #] b 3)
Befehl -> ( 3 [41 b] L 3)
Befehl -> ( 3 [40 |] L 3)
Befehl -> ( 3 [39 |] L 3)
Befehl -> ( 3 [38 a] R 1)
Befehl -> ( 1 [39 |] a 2)
Befehl -> ( 2 [39 a] R 2)
Befehl -> ( 2 [40 |] R 2)
Befehl -> ( 2 [41 b] R 2)
Befehl -> ( 2 [42 #] b 3)
Befehl -> ( 3 [42 b] L 3)
Befehl -> ( 3 [41 b] L 3)
Befehl -> ( 3 [40 |] L 3)
Befehl -> ( 3 [39 a] R 1)
Befehl -> ( 1 [40 |] a 2)
Befehl -> ( 2 [40 a] R 2)
Befehl -> ( 2 [41 b] R 2)
Befehl -> ( 2 [42 b] R 2)
Befehl -> ( 2 [43 #] b 3)
Befehl -> ( 3 [43 b] L 3)
Befehl -> ( 3 [42 b] L 3)
Befehl -> ( 3 [41 b] L 3)
Befehl -> ( 3 [40 a] R 1)
Befehl -> ( 1 [41 b] b 4)
Kein Befehl zu ( 4 b ) gefunden.
Das Turing-Programm endet normal.
36
1 | a 2     1 b b 4      2 a R 2     2 | R 2      2 b R 2      2 # b 3
3 b L 3     3 | L 3      3 a R 1     a a a b      b b #
```

2.2   Produktionssysteme

Produktionen

Turing-Maschinen sind ein sehr elementares Mittel, um Zeichenfolgen zu manipulieren, allerdings nicht das einzige. Aus dem Bereich der Sprachforschung (Linguistik) stammt ein deskriptiver, regelorientierter Ansatz, der im folgenden vorgestellt werden soll. Dazu sei an die im Abschnitt 1.2 eingeführten Thue-Relationen erinnert, die eine gegenseitige Ersetzbarkeit von Wörtern über einem Alphabet A erklären. So bedeutet $w_1 \sim w_2$, daß in jedem Wort x, das w_1 als Teilwort enthält, w_1 durch w_2 ersetzt werden darf. Umgekehrt darf auch in jedem Wort y, das w_2 als Teilwort enthält, w_2 durch w_1 ersetzt werden. Im Gegensatz zu Thue-Relationen erklärt eine *Produktion* oder *Semi-Thue-Relation* eine einseitige Ersetzbarkeit. Für Wörter w_1 und w_2 über einem Alphabet A bedeutet (w_1, w_2), daß in jedem Wort, das w_1 als Teilwort enthält, w_1 durch w_2 ersetzt werden darf.

Hat ein Wort $x \in A^*$ die Form $x = Pw_1Q$ und ein $y \in A^*$ die Form $y = Pw_2Q$, dann heißt y aus x *direkt ableitbar*, wenn es eine Produktion (w_1, w_2) gibt. Man schreibt dafür $x \to y$ und sagt, die Produktion (w_1, w_2) sei auf x angewendet worden. Wegen des Spezialfalls $x = Ew_1E$ und $y = Ew_2E$ (mit dem leeren Wort E) schreibt man Produktionen in der Form $w_1 \to w_2$ anstelle von (w_1, w_2). Ein Wort y heißt *ableitbar* aus dem Wort x, wenn es eine Folge $x_1, x_2, \ldots, x_n$ von Wörtern gibt, bei denen jedes (außer x_1) von seinem Vorgänger direkt ableitbar und $x = x_1$ und $y = x_n$ ist. Man schreibt dafür $x \Rightarrow y$ und wegen des Spezialfalls $n = 2$ meist $x \to y$ statt $x \Rightarrow y$.

Formale Systeme

Ein *formales System* oder *Produktionssystem*, besteht aus einem Alphabet A, zusammen mit einem ausgezeichneten Wort, das *Axiom* heißt und bei dem die Ableitungen beginnen. Dazu gehören endlich viele Produktionen $w \to v$ mit $w, v \in A^*$. Anschaulich stellt man sich vor, daß man am Anfang lediglich das Axiom besitzt. Seinen Besitzstand kann man nur dadurch vermehren, daß man eine Produktion auf ein Wort anwendet, das einem bereits gehört. Das Wort, das man dadurch erhält, erweitert den Besitzstand.

Einige Beispiele sollen diese Vorstellung veranschaulichen. Das erste formale System möge aus dem Alphabet $\{a, b\}$, dem Axiom aa und den beiden Produktionen aaa→b und b→bb bestehen. Der anfängliche Besitzstand {aa} kann nicht vermehrt werden, denn auf aa ist keine der beiden Produktionen anwendbar. Im zweiten Beispiel sei {a,b,c} das Alphabet und c das Axiom. Als Produktionen seien c→aca und c→b gegeben. Der anfängliche Besitzstand {c} kann in einem ersten Schritt auf {c,aca} oder auf {c,b} erweitert werden. Dann kann beispielsweise {c,aca}, indem aus c das Wort b produziert wird, zu {c,aca,b} erweitert werden usw.

Das Beispiel zeigt, daß Produktionen einen nichtdeterministischen Charakter haben. Durch ein Wort ist nicht festgelegt, welche Regel darauf anzuwenden ist. Es bietet sich eine graphische Darstellung der Besitzstandserzeugung an. Man spricht von *Ableitungsgraphen*. Die Abbildung 2-7 zeigt einen Teil des zum letzten Beispiel gehörenden baumförmigen Ableitungsgraphen.

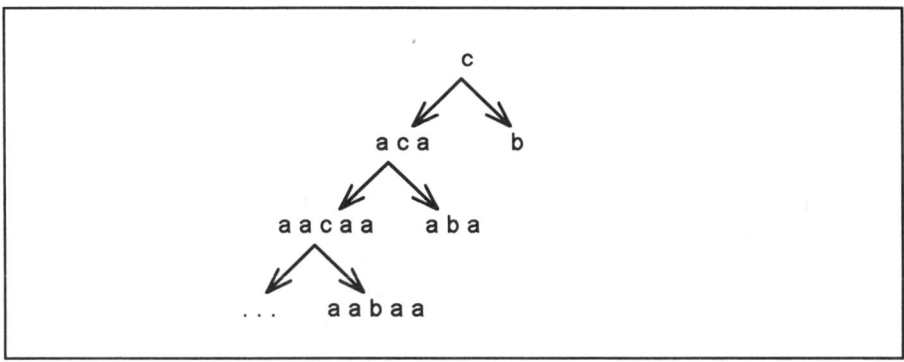

Abb. 2-7: Baumförmiger Ableitungsgraph

Ein Ableitungsgraph ist keineswegs immer ein Baum. Er kann im Gegenteil sehr komplex und unübersichtlich werden. Für das nächste Beispiel soll {a,b,c} Alphabet und bac Axiom sein. ba→ac, ac→ba und b→aa seien die Produktionen. Die Abbildung 2-8 zeigt einen Ausschnitt aus dem zugehörigen komplexeren Ableitungsgraphen. Es ist übrigens keine Einschränkung, mit nur einem Axiom zu arbeiten. Sind mehrere (endlich viele) Axiome $A_1, A_2, \ldots, A_n$ vorhanden, kann das formale System durch ein Wort A und n Produktionen A→A_i (i=1,...,n) wirkungsgleich erweitert werden. Wirkungsgleich heißt hier, daß alle Wörter, die vorher abgeleitet werden konnten, auch jetzt abgeleitet werden können.

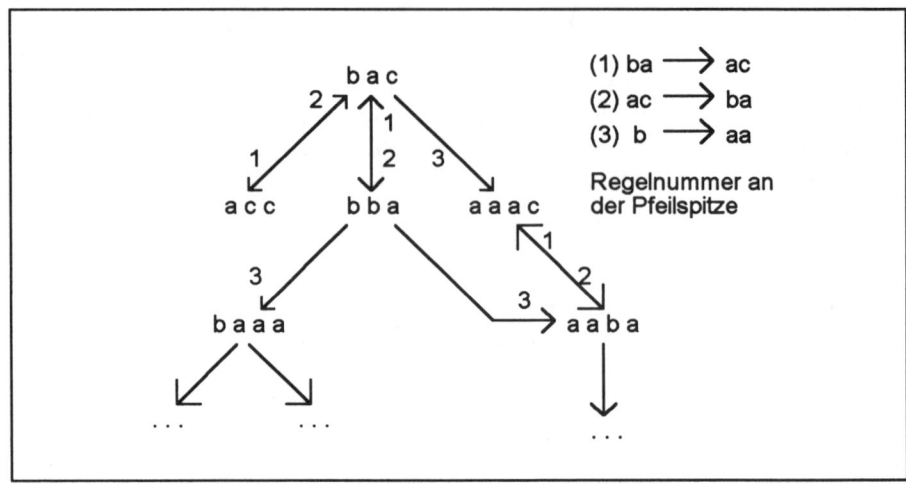

Abb. 2-8: Komplexer Ableitungsgraph

Regelgrammatiken

Im Abschnitt 1.2 ist jede Teilmenge von A* eines Alphabets A als (formale) Sprache bezeichnet worden. Ist diese Teilmenge endlich, kann sie prinzipiell durch eine explizite Angabe ihrer Elemente beschrieben werden. In allen anderen Fällen muß dies implizit, zum Beispiel durch ein formales System, erfolgen. So ist bei einem gegebenen Produktionssystem mit dem Alphabet A, dem Axiom S und bestimmten Produktionen die Menge der aus dem Axiom ableitbaren Wörter {W∈A* | S→W} eine Sprache. Allerdings ist nicht jede Sprache durch ein formales System beschreibbar, was durch folgende Überlegung deutlich wird. Jedes formale System ist ein Wort über einem bestimmten Alphabet. Die Menge aller Wörter über einem Alphabet (einer endlichen, nichtleeren Menge) ist, wie im Abschnitt 1.2 gezeigt, abzählbar unendlich. Eine Sprache dagegen ist ein Element der Potenzmenge der Menge der Wörter über einem Alphabet. Diese Potenzmenge aber ist, wie ebenfalls im Abschnitt 1.2 gezeigt worden ist, überabzählbar. Es muß demnach Sprachen geben, die nicht durch formale Systeme beschreibbar sind. Erst im Abschnitt 3.5 wird dafür ein Beispiel angegeben werden können.

Es ist vorteilhaft, für die Beschreibung unendlicher Sprachen mit Hilfe von (endlich vielen) Produktionen Hilfszeichen zu verwenden, die lediglich dem Erzeugungsprozeß von Wörtern dienen, in den Wörtern der Sprache jedoch nicht vorkommen. Man hat dann ein (endliches) *Vokabular* v, das aus einem Alphabet T und einem dazu disjunkten Hilfsalphabet N besteht.

$$V = T \cup N \text{ und } T \cap N = \emptyset$$

Die Elemente aus T werden *terminale* Zeichen genannt. Die aus ihnen (und nur aus ihnen) gebildeten Wörter heißen terminale Wörter. Aus ihnen besteht die zu beschreibende Sprache. Ein terminales Wort ist nicht weiter ableitbar. N enthält *nichtterminale* (grammatikalische) Zeichen, die ausschließlich der Erzeugung terminaler Wörter dienen. Das folgende Beispiel soll diese Begriffe verdeutlichen. Es benutzt ein Vokabular v, das aus T={a,b} und N={s} besteht, wobei s Axiom sein soll. Dazu sollen die Produktionen s→asa und s→b vorliegen. Sie zeigen die Verwendung terminaler und nichtterminaler Zeichen und führen unter anderem zu folgenden Ableitungen terminaler Wörter.

```
s  →   b
s  →   asa   →   aba
s  →   asa   →   aasaa   →   aabaa
. . .
```

Die jeweils ganz rechts stehenden Wörter können nicht weiter abgeleitet werden. Das Produktionssystem liefert die Sprache {b,aba,aabaa,...}, die auch in der Form {$a^n b a^n \mid n \geq 0$} angegeben werden kann.

Formale Systeme werden auf eine Art und Weise eingeschränkt und klassifiziert, die auf den amerikanischen Mathematiker und Sprachforscher (Linguist) Noam Chomsky (geb. 1928) zurückgeht und nach ihm benannt worden ist. Diese speziellen Produktionssysteme werden *Grammatiken* genannt und unterscheiden sich im Aufbau ihrer Produktionen voneinander. Am wenigsten einschränkend sind *allgemeine Regel-* oder *Chomsky-0-Grammatiken*. Sie bestehen aus einem endlichen Vokabular v=T∪N mit T∩N=∅, einem Axiom s∈N und endlich vielen Produktionen der Form $w_1 n w_2 \rightarrow w_3$ mit n∈N und $w_1, w_2, w_3 \in V^*$. Bei einer allgemeinen Regelgrammatik enthält die linke Seite der Produktionen wenigstens ein nichtterminales Zeichen und kann demnach nicht leer sein. Die zu einer allgemeinen Regelgrammatik gehörende Sprache heißt *allgemeine Regelsprache*. Es ist die Menge der aus dem Axiom ableitbaren terminalen Wörter.

Das folgende formale System ist eine allgemeine Regelgrammatik. Sein Vokabular besteht aus $T=\{a,b,c\}$ und $N=\{s,u\}$. Sein Axiom ist s. Dazu gibt es die folgenden Produktionen:

```
s   →  E              (E: Leeres Wort)
s   →  asuc
cu  →  uc
au  →  ab
bu  →  bb
```

Mit ihnen kann man unter anderem folgende Ableitungen vornehmen:

```
s  → E
s  → asuc  →  auc      →  abc
s  → asuc  →  aasucuc  →  aaucuc  → aabcuc  →  aabucc  →
                                                aabbcc
...
```

Durch diese Grammatik wird die Sprache $\{a^n b^n c^n \mid n \geq 0\}$ beschrieben, wobei $a^0 b^0 c^0$ für das leere Wort steht.

Eine Regelgrammatik heißt *kontextsensitiv* oder vom Typ *Chomsky-1*, falls alle Produktionen die Form $w_1 n w_2 \to w_1 w_3 w_2$ haben. Dabei ist $n \in N$ ein nichtterminales Zeichen, $w_1, w_2 \in V^*$ sind Wörter über dem gesamten Vokabular, und $w_3 \in V+$ ist ein nichtleeres Wort. Man sagt, n werde im Kontext (in der Umgebung) von w_1 und w_2 ersetzt. Im folgenden Beispiel ist eine kontextsensitive Grammatik angegeben:

```
Vokabular:      V=N∪T={a,b}∪{s}
Axiom:          s
Produktionen:   s    →  aasbb
                asb  →  assb
                aas  →  aab
```

Dadurch, daß w_1 und w_2 (der Kontext) bei einer Produktionsanwendung erhalten bleiben und genau ein nichtterminales Zeichen durch $w_3 \in V+$ ersetzt wird, haben alle kontextsensitiven Produktionen die Form $w_1 n w_2 \to w$ mit $|w_1 n w_2| \leq |w|$ und $w \in V+$. Das heißt, daß keine kontextsensitive Produktion zu einer Verkürzung eines Wortes führt.

Offensichtlich ist eine kontextsensitive Grammatik auch eine allgemeine Regelgrammatik, aber nicht jede Regelgrammatik ist kontextsensitiv. Man betrachte dazu das folgende Beispiel:

```
Vokabular:        V=N∪T={a,b}∪{s}
Axiom:            s
Produktionen:     s    →    E
                  s    →    asb
```

Das ist eine Regelgrammatik, die nicht kontextsensitiv ist. Die erste Produktion verletzt die Definition. Eine Sprache heißt kontextsensitiv, wenn sie durch eine kontextsensitive Grammatik beschrieben werden kann.

Eine Regelgrammatik heißt *kontextfrei* oder vom Typ *Chomsky-2*, wenn alle Produktionen die Form n→w mit n∈N und w∈V+ haben. Das sind kontextsensitive Regeln mit jeweils leerem Kontext. Das heißt, daß jede kontextfreie Grammatik auch kontextsensitiv ist. Das Umgekehrte gilt nicht. Bei einer kontextfreien Grammatik besteht jede Produktion aus genau einem nichtterminalen Zeichen auf der linken Seite. Nach der hier gegebenen Definition ist bei einer kontextfreien Grammatik das leere Wort nicht ableitbar. Läßt man das leere Wort zu, was manchmal erwünscht ist, dann gilt die Aussage, daß jede kontextfreie Grammatik auch kontextsensitiv ist, nicht mehr. Maurer zeigt in seinem Buch *Theoretische Grundlagen der Programmiersprachen* [MAU77], daß dies auch die einzige Komplikation ist, die dann auftritt. Das erlaubt einen pragmatischen Umgang mit dem leeren Wort. Eine Sprache heißt kontextfrei, wenn sie durch eine kontextfreie Grammatik beschrieben werden kann.

Eine kontextfreie Grammatik heißt *regulär* oder vom Typ *Chomsky-3*, wenn alle Produktionen die Form n→w mit n∈N und w∈T+ oder n→wm mit n,m∈N und w∈T* haben. Produktionen der Form n→wm heißen *rechtslinear*. Jede reguläre Grammatik kann sowohl rechts- als auch linkslinear formuliert werden. Ein Beispiel soll dies plausibel machen. Stetter [STE88] gibt einen Beweis an, dessen Idee die Überlegungen für das folgende Beispiel allgemeiner fassen. Die umzuformulierende reguläre rechtslineare Grammatik bestehe aus dem Vokabular V=N∪T={a,b}∪{s}, dem Axiom s und den Produktionen s→a und s→bs. Eine typische Ableitung sieht folgendermaßen aus:

```
s    →    bs    →    bbs    →    bbbs    →    bbba
```

Mit T={a,b}, N={s,t}, dem Axiom s und den Produktionen s→a, s→ta
(für die Linkslinearität), t→b und t→tb entsteht eine äquivalente reguläre
linkslineare Grammatik, die unter anderem die Ableitung

s → ta → tba → tbba → bbba

gestattet. Eine Sprache, die durch eine reguläre Grammatik beschrieben
werden kann, heißt reguläre Sprache. Offensichtlich ist jede endliche Sprache regulär, denn ihre Grammatik kann durch endlich viele Produktionen
der Form *Axiom→Wort* (der Sprache) explizit angegeben werden. Auch
der Aufbau der Zahlensysteme folgt einer regulären Grammatik, wie am
Beispiel der positiven ganzen Zahlen in Binärdarstellung, wobei führende
Nullen zulässig sein sollen, gezeigt wird. Benutzt werden N={0,1}, T={s},
das Axiom s und die Produktionen s→1, s→0, s→1s und s→0s. Damit
kann beispielsweise die folgende Ableitung durchgeführt werden:

s → 1s → 11s → 110s →   1101

Zwischen den Sprachen, die zu den unterschiedlichen Regelgrammatik-
typen gehören, besteht eine Teilmengenbeziehung, die *Chomsky-Hierarchie* genannt wird. Die regulären Sprachen sind eine echte Teilmenge der
kontextfreien Sprachen, diese wiederum eine der kontextsensitiven und
diese der allgemeinen Regelsprachen.

Die atomaren Zeichen der Programmiersprachen, wie beispielsweise die
Namen für Variablen, gehören zu den regulären Sprachen. Die entsprechende Grammatik ist Bestandteil der lexikalischen Analyse eines Compilerlaufs. Leser(innen), die Zugriff auf ein UNIX-System haben, können auf
das Werkzeug lex aufmerksam gemacht werden, das in der Lage ist,
Wörter regulärer Sprachen als solche zu erkennen [STA89]. Wenn man
von Längenbeschränkungen, Großbuchstaben und Sonderzeichen absieht,
beginnt ein Variablenname mit einem Buchstaben, dem Buchstaben oder
Ziffern folgen können. Die folgende reguläre Grammatik bringt dies zum
Ausdruck. Dabei wird eine verkürzte (und übliche) Schreibweise für Produktionen mit gleicher linker Seite verwendet. Die linke Seite wird nur
einmal geschrieben und die alternativen rechten Seiten durch je einen senk-
rechten Strich voneinander getrennt. Eine Produktion wie s→a|b wird als
s kann durch a oder alternativ durch b ersetzt werden gelesen. Die
Grammatik für Variablennamen hat damit folgendes Aussehen:

```
Vokabular:        T={a,b,...,z,0,1,...,9}∪
                  N={Name,Folge,Bst,Ziff}
Axiom:            Name
Produktionen:
Name       →      Bst | Bst Folge
Folge      →      Bst | Ziff | Bst Folge | Ziff Folge
Bst        →      a | b | ... | z
Ziff       →      0 | 1 | ... | 9
```

Der Befehls- und Programmaufbau der Programmiersprachen folgt im wesentlichen einer kontextfreien Grammatik. Die Regeln dieser Grammatik gehen in die Syntaxanalyse des Compilerlaufs ein. Auch dafür steht unter UNIX ein praktisch studierbares Werkzeug namens yacc zur Verfügung. Sein Name kommt von *yet another compiler compiler* und gibt einen Hinweis auf seine Anwendungen [STA89]. Sehr vereinfacht ausgedrückt wird als Eingabe eine kontextfreie Grammatik erwartet. Daraus wird ein C-Programm erzeugt, das durch Übersetzung mit einem C-Compiler zu einem (ausführbaren) Programm führt, das unter anderem (yacc ist mächtiger) Wörter, die der eingegebenen Grammatik folgen, als solche erkennen kann. Ein derartiger Erkennungsvorgang wird *Parsing* genannt. Leser(innen), die an einer Beschreibung der unterschiedlichen Parsingstrategien interessiert sind, finden zum Beispiel in dem Buch *Compilerbau* von Kopp [KOP88] Vertiefungen dieses Themas. Die erste Programmiersprache, bei der die Definition der Syntax konsequent durch explizite Angabe einer Grammatik erfolgt ist, war ALGOL (um 1960). Anstelle des Produktionspfeils wurde das Zeichen ::= verwendet, und nichtterminale Zeichen wurden in der Form <...> notiert.

Die in Programmiersprachen häufig vorkommenden arithmetischen Ausdrücke wie (a+7)*(b-c) sind Musterbeispiele für Wörter, deren Aufbau durch kontextfreie Grammatiken beschreibbar ist. Wird vereinfachend für eine Variable wie a oder eine Konstante wie 7 eines arithmetischen Ausdrucks das terminale Zeichen v verwendet, dann kann mit T={v,+,-, *,/,(,)}, N={A,T,F} (für Ausdruck, Term und Faktor), dem Axiom A und den Produktionen

```
A    →    T | A + T | A - T
T    →    F | T * F | T / F
F    →    v | (A)
```

der Aufbau arithmetischer Ausdrücke beschrieben werden. Die folgende Ableitung wird etwas verkürzt geschrieben, indem mehrere Ersetzungen gemeinsam statt hintereinander vorgenommen werden:

```
a  →  t  →  t*f →  f*f  →  (a)*(a)
                        →  (a+t)*(a-t)
                        →  (t+t)*(t-t)
                        →  (f+f)*(f-f)
                        →  (v+v)*(v-v)
```

Sie zeigt die Struktur eines Ausdrucks wie `(a+7)*(b-c)`. Allerdings sind nicht alle Aspekte von Programmiersprachen wie beispielsweise Pascal mit kontextfreien Grammatiken formulierbar. Unter anderem sind das Programm-Teilstrukturen der Form *String-Trenner-String*, wobei die beiden Stringkomponenten identisch und aus wenigstens zwei unterschiedlichen Zeichen aufgebaut sind. Ein konkretes Beispiel dafür ist die Forderung der Sprache Pascal, daß Variablen, die im Anweisungsteil (er entspricht der zweiten Stringkomponente) des Programms benutzt werden, in seinem Vereinbarungsteil (in der ersten Stringkomponente) aufzuführen sind.

Ein anderes praktisches Beispiel ist die Forderung vieler Programmiersprachen, daß bei einem Prozeduraufruf die Anzahl der formalen Parameter mit der der aktuellen übereinstimmen muß. Anstatt die gesamte Programmiersprache mit Hilfe einer kontextsensitiven Grammatik zu beschreiben, behilft man sich mit einer Ausnahmebehandlung. Das ist gerechtfertigt, weil nur es nur einige wenige Aspekte sind, die kontextsensitiven Charakter haben. Das folgende Beispiel soll den kontextsensitiven Charakter von String-Trenner-String-Ausdrücken plausibel machen. Dazu werden die Sprachen $\{xT\underline{x}|x \in \{0,1\}*\}$ und $\{xTx|x \in \{0,1\}*\}$ betrachtet. $\underline{x}$ steht dabei für das rückwärts geschriebene Wort x, und T ist der Trenner. Die erste der beiden Sprachen ist auf Grund der Symmetrie von x und $\underline{x}$ zum Trenner T kontextfrei. Die folgende Grammatik (es werden nur die Produktionen angegeben) beschreibt diese Sprache:

```
s  →  T | 0s0 | 1s1
```

Eine Ableitung sieht dann beispielsweise folgendermaßen aus:

```
s  →  0s0  →  01s10 →  011s110  →  011T110
```

Die Symmetrie zum Trenner ist deutlich erkennbar. Die zweite Sprache enthält jedoch Wörter wie 100T100 und 111000T111000. Hier muß auf beiden Seiten des Trenners das gleiche Wort erzeugt werden. Das heißt, daß die Worterzeugung links und rechts vom Trenner nicht unabhängig voneinander erfolgen kann. Die Idee für die folgende Grammatik (wieder werden nur die Produktionen angegeben) besteht darin, auf einer Seite des Trenners (zum Beispiel auf der linken) ein Wort zusammen mit einem Duplikat zu erzeugen, um dann das Duplikat über den Trenner hinweg nach rechts zu transportieren. Steht beispielsweise e für das Duplikat einer 1 (eins), dann erzeugt die Produktion s→1es unter anderem das Wort 1e1e1es, das mit der Regel s→T in 1e1e1eT überführt werden kann, woraus durch e1→1e das Wort 111eeeT und daraus durch eT→T1 das Wort 111T111 entstehen kann. Analog wird mit 0 und n (null) verfahren. Die Grammatik

$$
\begin{array}{rcl}
s & \rightarrow & T \mid 1es \mid 0ns \\
e0 & \rightarrow & 0e \\
n0 & \rightarrow & 0n \\
eT & \rightarrow & T1 \\
e1 & \rightarrow & 1e \\
n1 & \rightarrow & 1n \\
nT & \rightarrow & T0
\end{array}
$$

ist nicht mehr kontextfrei. Zwei Ableitungen sollen ihre Wirkungsweise verdeutlichen.

$$
s \rightarrow 1es \rightarrow 1eT \rightarrow 1T1
$$

$$
\begin{array}{rcllcl}
s & \rightarrow & 1es & \rightarrow & 1e0ns & \rightarrow & 10enT \\
& & & & & \rightarrow & 10eT0 \\
& & & & & \rightarrow & 10T10
\end{array}
$$

2.3   Formulierung von Algorithmen

Turing-Programme und Produktionssysteme

Eines der ersten Probleme, das im Abschnitt 2.1 bei der Vorstellung der Turing-Maschine behandelt worden ist, besteht darin, an eine endliche, nichtleere Strichfolge rechts einen Strich anzufügen. Wird die Turing-Maschine im Zustand 1 auf dem ersten Strich (von links) der Folge gestartet und ist das Band sonst leer, dann kann die Aufgabe mit dem Programm

```
(1  |  R  1)
(1  #  |  2)
```

gelöst werden. Allerdings ist eine Lösung mit Hilfe einer Turing-Maschine und eines entsprechenden Turing-Programms nur eine von vielen. Werden Strichfolgen beispielsweise als Wörter über dem Alphabet {|,^,$} geschrieben, wobei ^ den Anfang und $ das Ende einer Strichfolge bezeichnet (ohne zu ihrer Länge beizutragen), dann kann mit der Produktion |$→||$ die Aufgabe ebenfalls gelöst werden. Das wirft die Frage auf, ob Turing-Programme und formale Systeme in dem Sinne äquivalent sind, daß sich Zeichenmanipulationen, die mit dem einen Verfahren durchgeführt werden, mit dem jeweils anderen nachbilden lassen. Dies ist tatsächlich der Fall. Im folgenden kann gezeigt werden, daß es zu jedem formalen System ein wirkungsgleiches Turing-Programm und zu jedem Turing-Programm ein wirkungsgleiches formales System gibt.

Sei ein formales System mit einem Alphabet A, dem Axiom s und den Produktionen $P_1 \rightarrow Q_1, P_2 \rightarrow Q_2, ..., P_n \rightarrow Q_n$ gegeben. Dann kann jede Produktion durch ein (terminierendes) Turing-Programm nachgebildet werden. Dazu beschriftet man das Band jeweils mit der linken Regelseite und erstellt ein Programm, das die rechte Seite zurückläßt. Das kann normiert erfolgen. Normiert bedeutet, daß das Programm im Zustand 1 auf dem ersten Zeichen (von links) startet und im Zustand 0 auf dem ersten Zeichen (von links) des Ergebnisses anhält. Damit können Turing-Programme hintereinander ausgeführt werden, wobei (bis auf das erste) eines immer auf dem Ergebnis seines Vorgängers startet.

Ein beliebiges Wort w über A gehört zu der zu dem formalen System gehörenden Sprache, wenn es eine Ableitung s→w gibt. Jede Ableitung stellt eine endliche Folge von Produktionsanwendungen dar. Das heißt, daß zu jeder Ableitung s→w eine Folge $p_1, p_2, \ldots, p_m$ von Produktionen gehört. Jede Folge von Produktionen kann als natürliche Zahl aufgefaßt werden. Die Methode dafür ist bereits im Abschnitt 1.2 benutzt worden. Dazu werden die endlich vielen Regeln des formalen Systems in fester Reihenfolge notiert und dezimal durchnumeriert. Die letzte (und größte Nummer) bestimmt die Stellenzahl aller Nummern.

Gibt es beispielsweise sechsunddreißig Produktionen, dann werden alle Nummern zweistellig geschrieben. So wird 07 für 7 benutzt. Einer Folge von Produktionen wird eindeutig eine Zahl zugeordnet, indem jedes Glied der Folge durch die Nummer der Produktion ersetzt und die Folge ohne Trenner geschrieben wird. Angenommen es gäbe fünf Produktionen und ein Wort würde aus dem Axiom dadurch abgeleitet werden, daß zuerst die zweite, dann die fünfte, dann erneut die fünfte und schließlich die erste Produktion angewendet wird. Dann gehört zu dieser Ableitung die Produktionsfolge 2551. Das entspricht einer natürlichen Zahl in Dezimalschreibweise.

Umgekehrt kann bei einem gegebenen formalen System von jeder natürlichen Zahl in Dezimalschreibweise festgestellt werden, ob sie einer (vielleicht unsinnigen) Produktionsfolge entspricht. Dazu wird die Dezimalzahl in Gruppen zu je sovielen Ziffern aufgeteilt, wie der Größe der Produktionsnummern entspricht. Dann wird geprüft, ob jede Gruppe als Regel zulässig ist. So gehört bei einem formalen System mit fünf Produktionen die Zahl 12755 sicher nicht zu einer Folge von Produktionen und damit zu einer möglichen Ableitung, weil 7 zu keiner Produktion gehört.

Andererseits beschreibt 12345 eine Folge von Produktionen, bei der erst eine nähere Untersuchung zeigen kann, ob ihr eine Ableitung entspricht. Angenommen, in einem gegebenen formalen System sei das Wort w ableitbar, dann ermittelt das folgende Verfahren diesen Sachverhalt ebenfalls und stellt eine zugehörige Produktionsfolge fest.

```
ableitung(Wort W) {
  a=1;
  while(1==1) {
    zerlege a in eine Zahlenfolge;
    if(a ist eine Folge von Produktionen) {
      leite beginnend bei s gemäß dieser Folge ab;
      if (W ist abgeleitet worden) return(a);
    }
    a=a+1;
  }
}
```

Dieser Algorithmus terminiert, weil w im zugehörigen formalen System als ableitbar vorausgesetzt worden ist. Durch das Hochzählen von a muß früher oder später eine Zahl erreicht werden, die eine Produktionsfolge für eine Ableitung von w beschreibt. Ist w nicht ableitbar, dann terminiert der Algorithmus nicht. Er ist in der im Abschnitt 2.1 informell eingeführten C-ähnlichen Sprache formuliert worden und müßte noch in ein Turing-Programm umgesetzt werden. Das ist aufwendig, aber bei Verwendung normierter Turing-Programme nicht prinzipiell schwierig, so daß auf eine explizite Umsetzung verzichtet wird. Es ist zumindest plausibel geworden, daß zu jedem formalen System ein äquivalentes Turing-Programm existiert. Umgekehrt ist jedes Turing-Programm eine Sammlung von Turing-Befehlen, wobei jeder Befehl die Form

$$(q_1 \ z_1 \ A \ q_2) \quad \text{mit } A \in \{z_2, R, L\}$$

hat. Das folgende, bereits mehrfach benutzte und nicht normierte Programm soll im Maschinenzustand 1 auf dem ersten Strich von links einer endlichen, nichtleeren Strichfolge starten:

```
(1 | R 1)
(1 # | 2)
```

Bei einer konkret vorliegenden Strichfolge kann die Arbeit des Programms dadurch notiert werden, daß man den Zustand, in dem sich die Maschine gerade befindet, links (oder rechts, aber hier wird mit links argumentiert) neben dem jeweiligen aktuellen Zeichen notiert. So ergibt sich beispielsweise bei einer dreielementigen Strichfolge folgender Verlauf:

Vor dem Start	:	... #1| | | # # ...
Nach dem ersten Schritt	:	... # |1| | # # ...
Nach dem zweiten Schritt	:	... # | |1| # # ...
Nach dem dritten Schritt	:	... # | | |1# # ...
Nach dem vierten Schritt	:	... # | | |2| # ...

Mit dieser Darstellung gelangt man sehr schnell zu den Produktionen eines äquivalenten formalen Systems. Dem Befehl (1 \| R 1) entspricht die Produktion $1| \rightarrow |1$, und $1\# \rightarrow 2\#$ gehört zu (1 # \| 2). Etwas mehr Aufwand benötigen Linksbewegungen auf dem Band (im Beispiel kommen keine vor), weil aus dem zugehörigen Turing-Befehl nicht hervorgeht, was für ein Zeichen bei der Bewegung nach links von der Zustandsbezeichnung übersprungen wird. Man betrachte als Beispiel einen Befehl wie:

(1 # L 2)

Wird wieder der aktuelle Zustand links vom aktuellen Zeichen notiert, könnte eine Bandbeschriftung wie

... 1# ... (im Zustand 1 wird ein Nummernzeichen gesehen)

vorliegen. Die zugehörige Produktion muß die 1 mit dem nicht bekannten links davon stehenden Zeichen vertauschen, um eine Linksbewegung des Lese-Schreibkopfes nachzubilden. Deshalb ist für jedes Zeichen, das links von der 1 stehen kann, eine Vertauschungsregel anzugeben. Allgemein können Turing-Befehle folgendermaßen in wirkungsgleiche Produktionen umgesetzt werden:

$$
\begin{aligned}
(q_i \; z_j \; z_k \; q_m) &\equiv & q_i z_j &\rightarrow q_m z_k \\
(q_i \; z_j \; R \; q_m) &\equiv & q_i z_j &\rightarrow z_j q_m \\
(q_i \; z_j \; L \; q_m) &\equiv & z_1 q_i z_j &\rightarrow q_m z_1 z_j \\
& & z_2 q_i z_j &\rightarrow q_m z_2 z_j \\
& & \cdots &\rightarrow \cdots \\
& & z_n q_i z_j &\rightarrow q_m z_n z_j
\end{aligned}
$$

Regelgrammatiken und Automaten

Formale Systeme und Turing-Programme sind in dem Sinne äquivalent, daß Zeichenmanipulationen in dem einen System im jeweils anderen nachgebildet werden können. Im Abschnitt 2.2 sind durch Einschränkungen beim Aufbau der Produktionen unterschiedliche Klassen von Regelgrammatiken (*Chomsky-Hierarchie*) gebildet worden. Es ist naheliegend zu fragen, welchen eingeschränkten Turing-Maschinen diese Grammatiken entsprechen. Hier soll eine einfache Gegenüberstellung genügen. In der reichhaltig vorhandenen Literatur, Beispiele sind die Bücher von Stetter [STE88], Wegener [WEG93] und Schöning [SCH92], finden sich ausführliche Darstellungen.

Allgemeine Regelsprachen werden durch Programme allgemeiner Turing-Maschinen (das sind die hier bislang behandelten) beschrieben. Eine erste Einschränkung wird durch den Eingabebereich auf dem Turing-Band vorgenommen. Eine Turing-Maschine heißt *linear beschränkt*, wenn bei der Abarbeitung ihrer Programme der Eingabebereich auf dem Band nicht verlassen werden kann. Die *kontextsensitiven Sprachen* werden durch nichtdeterministisch arbeitende Programme linear beschränkter Turing-Maschinen beschrieben.

Ein *Kellerautomat* ist eine spezielle Turing-Maschine mit zweigeteiltem Band und eingeschränkter Funktionalität. Das eine Teilband heißt *Eingabeband*. Es ist einseitig (anschaulich nach rechts) unendlich und enthält die Eingabe für das Programm, die nur gelesen, jedoch nicht verändert, werden kann. Dazu gehört ein Lesekopf, der sich nach jedem Lesevorgang automatisch um ein Feld nach rechts bewegt. Eine Rückwärtsbewegung ist nicht möglich. Am Anfang steht der Lesekopf über dem ersten Feld des Eingabebandes. Das andere, ebenfalls einseitig (anschaulich nach oben) unendliche, Teilband heißt *Kellerspeicher*. Mit ihm ist ein Lese-Schreibkopf verbunden, dessen Operationen immer nur auf das obere Ende des Speichers wirken. Dafür gibt es genau zwei Funktionen namens PUSH und POP, die folgendermaßen arbeiten: Mit PUSH c wird das Zeichen c auf den Kellerspeicher gebracht, und der Lese-Schreibkopf rückt ein Feld höher. Mit POP wird das oberste Zeichen vom Kellerspeicher entfernt, und der Lese-Schreibkopf rückt ein Feld nach unten. Das aus dem Kellerspeicher entfernte Zeichen wird nicht gespeichert und ist verloren.

Um Programmbeendigungen zu erleichtern, wird das erste Feld des Kellerspeichers dadurch gekennzeichnet, daß es vorab mit dem Sonderzeichen @ beschriftet wird. Dieses Feld ist die Startposition des Lese-Schreibkopfes. Wie bisher bezeichnet auf beiden Bandhälften das Nummernzeichen # ein unbeschriftetes Feld. Die Abbildung 2-9 zeigt anschaulich einen Kellerautomaten, bei dem beide Teilbänder (bis auf die Anfangsmarkierung des Kellerspeichers) leer sind.

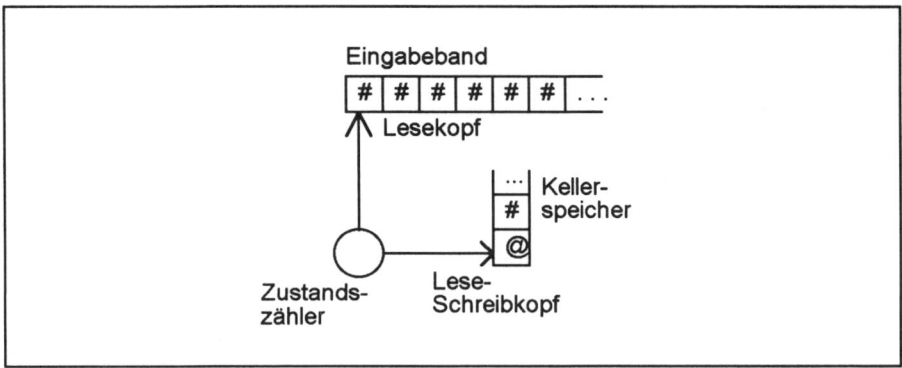

Abb. 2-9: Kellerautomat

Ein Befehl eines Kellerautomaten wird in der Form $(q_1 \; z_1 \; z_2 \; A \; q_2)$ angegeben, wobei q_1 und q_2 Maschinenzustände sind und für A entweder PUSH z_3 oder POP einzusetzen ist. z_1, z_2 und z_3 sind Zeichen. Zu einem Befehl gehört folgender Arbeitsschritt des Automaten: Ist der Kellerautomat im Zustand q_1 und sieht auf dem Eingabeband das Zeichen z_1 und auf dem Kellerspeicher das Zeichen z_2, dann geht er auf dem Eingabeband ein Feld nach rechts, führt auf dem Kellerspeicher die Operation A aus und geht in den Zustand q_2 über.

Der hier vorgestellte Kellerautomat erzeugt keine Wörter. Er läßt die Beschriftung des Eingabebandes unverändert und heißt deshalb *Akzeptor*. Ein Eingabewort gilt als *akzeptiert*, wenn der Lesekopf an ihm vorbei und der Kellerspeicher (eventuell bis auf die Anfangsmarkierung) leer ist. Als Beispiel für ein Programm für einen Kellerautomaten betrachte man die Sprache $\{a^n bc^n | n \geq 0\}$, die durch die kontextfreie Grammatik s→b|asc (das sind nur die Produktionen) beschrieben werden kann.

Die Abbildung 2-10 zeigt einen Kellerautomaten in Startposition. Er befindet sich im Zustand 1, und sein Eingabeband ist mit W=aaabccc beschriftet. Der Kellerspeicher ist bis auf die Anfangsmarkierung leer.

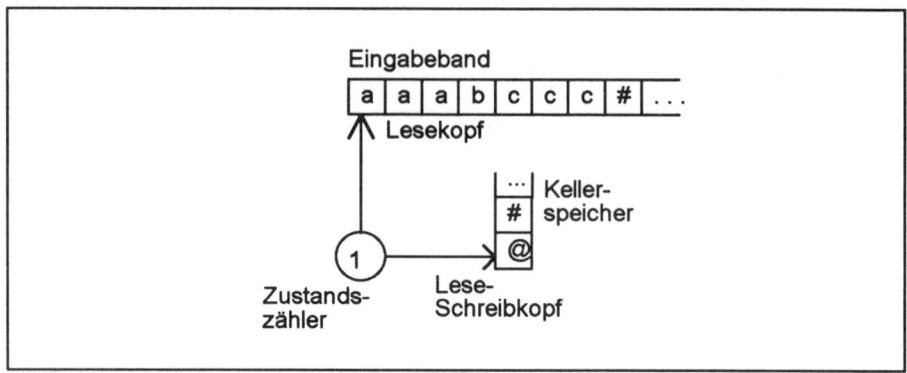

Abb. 2-10: Kellerautomat in Startposition

Mit dem Programm

```
(1 a @ PUSH a 1)
(1 a a PUSH a 1)
(1 b a POP     1)
(1 c a POP     1)
(1 c @ PUSH # 2)
(2 # # POP     0)
```

können genau die Wörter der oben angegebenen Sprache akzeptiert werden. Das Programm ist deterministisch und beschreibt eine kontextfreie Sprache. Das nächste Beispiel zeigt, daß jedoch nicht jeder kontextfreien Sprache ein deterministisches Programm für einen Kellerautomaten entspricht. Die Sprache $\{w\overline{w} \mid w \in \{a,b\}+\}$ ($\overline{w}$ ist das rückwärts geschriebene Wort w) ist kontextfrei, wie man an den Produktionen s→aa|bb|asa|bsb erkennen kann. Der Versuch, ein zugehöriges deterministisches Programm für einen Kellerautomaten zu konstruieren, scheitert offensichtlich an der Unfähigkeit der Programme, die Mitte eines Wortes zu erkennen. Das Beispiel baabbbbaab zeigt, daß es nicht klar ist, bis wohin PUSH und ab wann POP benutzt werden muß. Ein nichtdeterministisches Programm kann das Problem jedoch lösen. Die Lösungsidee nutzt die Symmetrie von Wörtern der Form $w\overline{w}$ aus. In ihrer Mitte müssen zwei gleiche Zeichen stehen. Das heißt, daß jedes Paar aa oder bb Kandidat für die Mitte ist. Jedes dieser Paare wird nichtdeterministisch als Mitte angenommen, und genau eine dieser Annahmen wird zum Erfolg führen, während alle anderen nichtdeterministischen Alternativen zwangsläufig scheitern werden. In dem folgenden Programm sind diese Überlegungen niedergelegt. Dabei werden nichtdeterministische Befehle, um sie optisch hervorzuheben, nebeneinander angegeben.

```
(1  a  @  PUSH  a  2)
(1  b  @  PUSH  b  2)
(2  a  b  PUSH  a  2)
(2  b  a  PUSH  b  2)
(2  a  a  PUSH  a  2)        (2  a  a  POP      3)
(2  b  b  PUSH  b  2)        (2  a  b  POP      3)
(3  a  a  POP      3)
(3  b  b  POP      3)
(3  #  @  PUSH  #  0)
```

Angenommen, auf dem Eingabeband stehe abba und die Maschine sei im Zustand 1 in der Startposition. Dann sieht die Maschine ein a in der Eingabe und ein @ auf dem Kellerspeicher. Sie bringt a auf den Kellerspeicher, verschiebt die beiden Köpfe und geht in den Zustand 2 über. Hier sieht sie ein b in der Eingabe und ein a auf dem Kellerspeicher. Sie bringt b auf den Kellerspeicher, verschiebt die beiden Köpfe und bleibt im Zustand 2. Jetzt kommt sie zu einer Stelle, an der nichtdeterministisch zwei alternative Programmabläufe weiterverfolgt werden. Sie sieht in der Eingabe und auf dem Kellerspeicher ein b, was bedeutet, daß in der Eingabe ein Paar bb gefunden worden ist. Dies ist ein Kandidat für die Wortmitte. Der eine alternative Programmablauf bringt b auf den Kellerspeicher, verschiebt die beiden Köpfe nach rechts bzw. nach oben und bleibt im Zustand 2. Der nächste Befehl in dieser Alternative ist noch ausführbar, dann bleibt die Maschine stehen, weil kein Befehl mehr gefunden werden kann, der zu der dann vorliegenden Situation paßt.

Der zweite alternative Programmablauf nimmt das b vom Kellerspeicher, setzt den Lesekopf auf der Eingabe ein Feld weiter und den Lese-Schreibkopf des Kellerspeichers um ein Feld zurück. Die Maschine geht in den Zustand 3 über. In diesem Zustand sieht sie in der Eingabe und auf dem Kellerspeicher je ein a. Sie nimmt das a vom Kellerspeicher, setzt den Lesekopf der Eingabe ein Feld weiter und den Lese-Schreibkopf des Kellerspeichers um ein Feld zurück. Sie bleibt im Zustand 3. Jetzt sieht sie in der Eingabe ein Nummernzeichen und auf dem Keller die Anfangsmarkierung @. Sie bringt abschließend ein Nummernzeichen auf den Kellerspeicher und bleibt stehen. (Alternativ könnte sie die Anfangsmarkierung vom Kellerspeicher nehmen und dann anhalten.)

Allgemein kann festgestellt werden [STE88], daß kontextfreie Sprachen durch nichtdeterministische Programme für Kellerautomaten beschrieben werden können. Deterministische Programme für Kellerautomaten beschreiben lediglich eine Teilmenge der kontextfreien Sprachen, allerdings eine für die Praxis der Programmiersprachen und des Compilerbaus [KOP88] wichtige. In diesen Bereich gehört auch das bereits im Abschnitt 2.2 erwähnte UNIX-Werkzeug yacc, mit dessen Hilfe unter anderem Programme für reale Computer erzeugt werden können, die deterministische Programme für Kellerautomaten nachbilden und so spezielle kontextfreie Sprachen akzeptieren können.

Eine Turing-Maschine mit genau einem (einseitig unendlichen) Band ohne Schreibmöglichkeit und mit kontinuierlicher Rechtsbewegung des Lesekopfes heißt *endlicher Automat*. Er arbeitet als Akzeptor, wobei ein Wort auf dem Band als akzeptiert gilt, wenn der Lesekopf das ganze Wort überstrichen hat und das Programm dann stehenbleibt. Ein endlicher Automat kennt lediglich die Befehlsform $(q_1 \ z_1 \ q_2)$ mit der Bedeutung, daß er, wenn er im Zustand q_1 ist und das Zeichen z_1 sieht, in den Zustand q_2 übergeht. Als Beispiel betrachte man die Sprache $\{1^n0 \mid n \geq 0\}$, die durch die Produktionen $s \rightarrow 0$ und $s \rightarrow 1s$ einer regulären Grammatik beschrieben werden kann. Das Programm

```
(1 1 1)
(1 0 0)
```

akzeptiert alle Wörter der Form 1^n0 $(n \geq 0)$ und nur sie. Für den Programmablauf endlicher Automaten gibt es eine graphische Veranschaulichung, bei der die Knoten eines Netzwerks den durchlaufenen Zuständen und die Kanten den jeweiligen Eingabezeichen entsprechen. Anfangs- und Endzustände sind besonders gekennzeichnet. Die Abbildung 2-11 zeigt den Graphen für den Programmlauf beim Akzeptieren von Wörtern der Form 1^n0 $(n \geq 0)$.

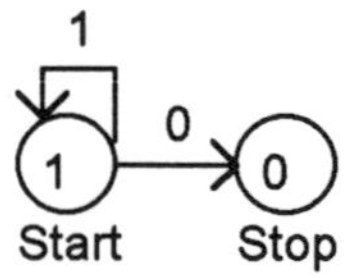

Abb. 2-11: Programmablaufgraph eines endlichen Automaten

Deterministische Programme für endliche Automaten beschreiben reguläre Sprachen. Wörter regulärer Sprachen können durch deterministische Programme endlicher Automaten akzeptiert werden. Beim Akzeptieren von Wörtern kontextfreier Sprachen erwiesen sich nichtdeterministische Programme für Kellerautomaten als mächtiger als deterministische. Diese Feststellung läßt sich nicht auf reguläre Sprachen und endliche Automaten übertragen. Nichtdeterministische Programme für endliche Automaten sind beim Akzeptieren von Wörtern regulärer Sprachen nicht mächtiger als deterministische, denn zu jedem derartigen nichtdeterministischen Programm gibt es ein deterministisches, das die gleichen Wörter akzeptiert. Stetter [STE88] gibt dafür einen Beweis an, der die Überlegungen für das folgende Beispiel allgemeiner formuliert und präzisiert. Hier soll eine Plausibilitätsbetrachtung ausreichen. Das Programm

```
(1  1  2)
(2  0  2)
(2  0  3)
(2  1  2)
```

arbeitet nichtdeterministisch, denn der Nachfolgezustand zum Zustand 2 bei der Eingabe einer 0 ist nicht eindeutig festgelegt. Es akzeptiert Wörter über dem Alphabet {0,1}, die mit 1 beginnen und mit 0 enden. Die zugehörige Sprache kann mit der Schreibweise des Komplexproduktes aus dem Abschnitt 1.2 in der Form {1}{0,1}*{0} angegeben werden. Die Abbildung 2-12 zeigt den zum Programm gehörenden Ablaufgraphen.

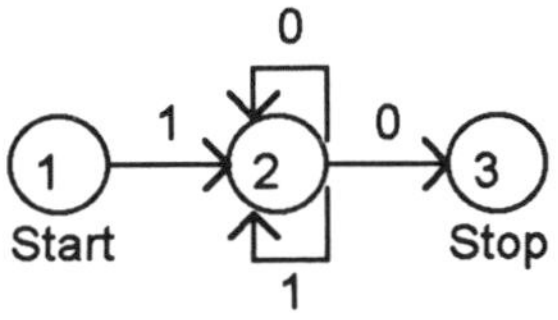

Abb. 2-12: Ablaufgraph eines nichtdeterministischen Programms

Eine Untersuchung des Programms bezüglich des Erreichens der einzelnen Zustände führt auf folgenden Sachverhalt:

Das Wort	1	führt in den Zustand 2.
Das Wort	10	führt in die Zustände 2 und 3.
Das Wort	11	führt in den Zustand 2.
Das Wort	100	führt in die Zustände 2 und 3.
Das Wort	101	führt in den Zustand 2.
Das Wort	110	führt in die Zustände 2 und 3.
Das Wort	111	führt in den Zustand 2.

...

Die Systematik ist deutlich erkennbar. Ein Wort der Form 1w0 mit w aus {0,1}* führt (nichtdeterministisch) in die Zustände 2 und 3, während 1w1 mit w aus {0,1}* in den Zustand 2 führt. Daraus kann ein deterministisches Programm abgeleitet werden, das mit den drei (neuen) Zuständen 1, 2 und 2/3 arbeitet. Die Bezeichnung 2/3 soll auf die nichtdeterministische Herkunft hinweisen. Das Programm

```
( 1    1    2 )
( 2    0   2/3)
( 2    1    2 )
(2/3   0   2/3)
(2/3   1    2 )
```

ist deterministisch, akzeptiert die gleichen Wörter wie sein nichtdeterministisches Äquivalent und ist in der Abbildung 2-13 graphisch dargestellt.

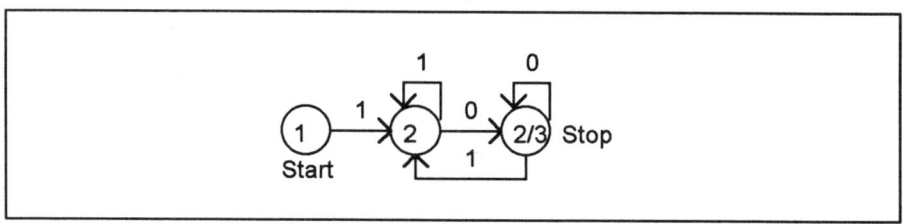

Abb. 2-13: Ablaufgraph eines deterministischen Programms

Höhere Programmiersprachen

Turing-Programme, auch solche für eingeschränkte Turing-Maschinen, sind sehr elementar und zeigen gerade deshalb mit großer Anschaulichkeit viele wichtige Eigenschaften realer Programme und Rechenanlagen. Nachteile dieser fundamentalen Darstellung stellen sich ein, wenn größere Turing-Programme erforderlich werden. Schon das Programm im

Abschnitt 2.1, mit dem die Längen zweier Strichfolgen miteinander verglichen werden können, erfordert eine beachtliche Mühe, wenn der Programmablauf Befehl für Befehl nachvollzogen werden soll. Dabei ist die zugrundeliegende Idee des paarweisen Entfernens von Strichen leicht zu verstehen. Für eine Vielzahl von Problemstellungen ist eine Formulierung als Turing-Programm unangemessen. Dazu gehören große Teile der Betrachtungen in den folgenden Kapiteln.

Eine kompaktere Darstellung von Turing-Programmen erhält man durch die (einmalige) Schaffung von Programmen für spezielle Aufgaben, beispielsweise für das Kopieren, Verschieben und Vergleichen von Zeichenfolgen. Die Programme werden normiert, was bedeutet, daß sie, wenn sie überhaupt anhalten, mit einem allgemein verbindlichen Maschinenzustand auf einem Feld enden, das durch Position oder Inhalt so beschaffen ist, daß jedes andere Programm dort starten kann. Wird beispielsweise das Band als einseitig unendlich angesehen, könnten alle (inhaltlich voneinander unabhängigen) Programme im Zustand 1 auf dem ersten Feld starten und dort im Zustand 0 enden. Man gelangt so zu einer Art *Makroprogrammierung* mit definierten Schnittstellen zwischen den Makros (in sich geschlossenen Turing-Programmen). Die Entwicklung der Programmiersprachen hat in der Praxis diesen Weg genommen.

Die Makros können so angelegt werden, daß sie auf dem Band der Turing-Maschine Strukturen erkennen und respektieren. Beispielsweise könnte das Band als einseitig unendlich und eingeteilt in Gebilde der Form `@Adresse@Byte` aufgefaßt werden. Dabei könnte `Adresse`, wegen ihrer variablen Länge auf beiden Seiten (hier durch @) begrenzt sein und eine natürliche Zahl in Binärdarstellung enthalten. `Byte` könnte acht Felder des Turing-Bandes zu einer Einheit zusammenfassen. Ein solches Gebilde könnte *adressiertes Byte* genannt werden. Weiter könnte das ganze Band, beginnend mit der Adresse 0, in fortlaufend numerierte adressierte Bytes eingeteilt werden. Diese Gebilde überlagernd könnten weitere (*höhere*) Strukturen eingeführt werden. So könnte man zum Beispiel vier adressierte Bytes zu einer 32-Feld-Einheit zusammenfassen und darin 32-Bit-Integerwerte ablegen. Das weitere prinzipiell mögliche Vorgehen ist offensichtlich und muß nicht im Detail beschrieben werden. Die Makros können als *Befehle* einer *höheren* Programmiersprache angesehen werden. Sie abstrahieren von der zugrundeliegenden Turing-Maschine und erlauben *höhere* Maschinenmodelle.

Viele Autoren von Büchern zur theoretischen Informatik beginnen ihre Ausführungen mit solchen *höheren* Maschinen und weisen später ihre Äquivalenz zur Turing-Maschine bei der Lösung bestimmter Probleme nach. Hier soll nur sehr knapp und unter Hinweis beispielsweise auf Stetter [STE88], Schöning [SCH92] und Wegener [WEG93] durch den Makroansatz plausibel gemacht werden, daß im Prinzip Befehle einer praktischen Programmiersprache, wie zum Beispiel C, auf wirkungsgleiche Turing-Programme abgebildet werden können. Die Einschränkung *im Prinzip* berücksichtigt zum Beispiel die bei Turing-Programmen fehlenden Ein- und Ausgabebefehle und ähnliche Gegebenheiten einer praktischen Programmiersprache für reale Computersysteme.

Umgekehrt erlauben Turing-Programme nichtdeterministische Befehlsausführungen, wozu in den wenigsten praktischen Programmiersprachen eine von den Compilern akzeptierte Formulierungsmöglichkeit vorhanden ist. Zu den Ausnahmen zählen beispielsweise Ada [BAR83] und Occam [SCH88]. C zählt nicht dazu, was hier nicht unbedingt als Nachteil zu sehen ist, denn es ist recht lehrreich zu überlegen, welche Spracherweiterungen erforderlich sind, um Nichtdeterminismus angemessen formulieren zu können. Im fünften Kapitel wird dieser Weg bei der Behandlung nebenläufiger Prozesse beschritten werden. Unabhängig davon ist C als Sprache zur Formulierung von Algorithmen wegen ihrer großen Verbreitung in der praktischen Informatik gewählt worden [DEI94]. Vereinfachend wird die Zählschleife in der Form for(i von ... bis ...) geschrieben und auf den Gebrauch von Adressen von Variablen (auf den &-Operator) verzichtet. Das vorliegende Buch wendet sich insbesondere an Studierende der Informatik und an Praktiker und sollte gerade von diesem Personenkreis ohne Umstellungsprobleme durchgearbeitet werden können.

Bisher sind drei Darstellungsformen für Algorithmen vorgestellt worden. Zuerst wurden (im Abschnitt 2.1) Turing-Programme verwendet und mit ihnen der intuitive Begriff Algorithmus präzisiert. Jedes Turing-Programm beschreibt einen Algorithmus. Im Abschnitt 2.2 wurden Produktionssysteme behandelt und am Anfang des Abschnitts 2.3 ihre Äquivalenz mit Turing-Programmen gezeigt. Dabei ist auch herausgearbeitet worden, daß auf eine bestimmte Weise eingeschränkte Produktionssysteme bestimmten eingeschränkten Turing-Maschinen äquivalent sind. Schließlich sind höhere sprachliche Formulierungen, speziell C-Programme, durch Überlegungen bezüglich Programm-Makros, als geeignet zur Formulierung von Algorithmen plausibel gemacht worden.

Eine weitere Abstrahierung führt zu Formulierungen, die, soweit dies vertretbar ist, Ausdrücke in natürlicher Sprache enthalten. *Vertretbar* heißt, daß eine Umsetzung in programmiersprachliche Ausdrücke, letztlich in Turing-Programme, prinzipiell vornehmbar ist. Man spricht von einem *C-ähnlichen Pseudocode*. Informell ist bereits bei der Funktionsbeschreibung einiger Turing-Programme ein solcher Pseudocode verwendet worden.

Graphische Darstellung von Algorithmen

Aber auch mit C oder einem C-ähnlichen Pseudocode werden Formulierungen ab einer gewissen Größe unübersichtlich und schwer nachvollziehbar. Deshalb sind bereits sehr früh in der Entwicklung der Programmiersprachen graphische Darstellungsmethoden entwickelt worden. Die erste und weit verbreitete derartige Methode war die Beschreibung sequentieller Programmabläufe durch Programmablaufpläne, die *Flußdiagramme* genannt werden und genormte Symbole z.B. für Wertzuweisungen und für Verzweigungen enthalten. In der Abbildung 2-14 wird ein Flußdiagramm mit Wertzuweisungen, einer Programmverzweigung und einer noch zu verfeinernden Aktion gezeigt.

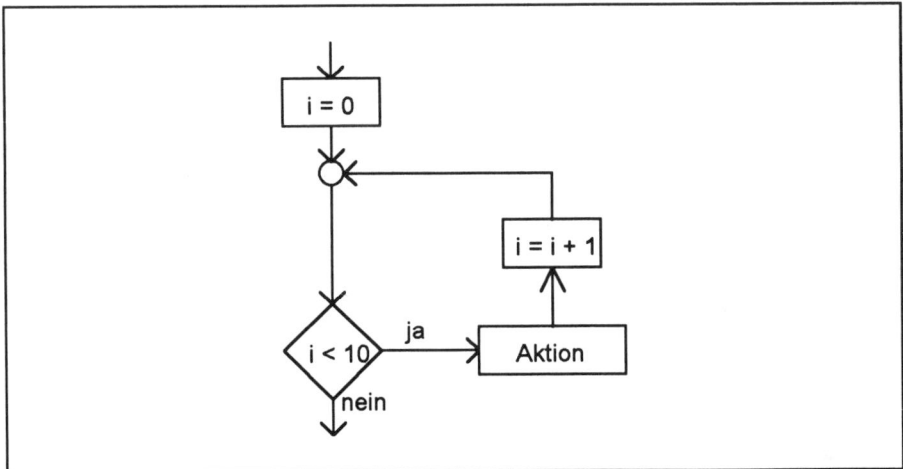

Abb. 2-14: Flußdiagramm

Flußdiagramme stellen nur eine geringfügige Verbesserung der Nachvollziehbarkeit von Programmen dar. Bei sehr kleinen Programmen können sie hilfreich sein, aber sie versagen bereits bei etwas größeren, wenn die

Graphik mehrere Seiten in Anspruch nimmt. Dann überschreiten die Datenflußpfeile die Seitengrenzen und ihre Herkunft und ihr Ziel ist nur schwer verfolgbar.

Mit dem Aufkommen der modularen Programmierung [DIJ72] und der Abwendung von den GOTO-Programmstrukturen haben *Struktogramme* die Flußdiagramme abgelöst. Sie erlauben lediglich die Bildung von sogenannten Strukturblöcken mit definierten Beziehungen zueinander. Graphisch werden sie als Kästchen dargestellt. Zwei Strukturblöcke können direkt aufeinander folgen und eine Sequenz bilden oder einer kann vollständig im anderen enthalten sein. Überlappungen sind unzulässig. Struktogramme wirken einem Programmwildwuchs entgegen, ohne die prinzipiellen Formulierungsmöglichkeiten einzuschränken. Damit ist gemeint, daß jedes Flußdiagramm durch ein Struktogramm wirkungsgleich nachgebildet werden kann [DIJ72]. Das Umgekehrte ist direkt einsichtig. In der Abbildung 2-15 ist ein Struktogramm angegeben, das aus einer Sequenz von zwei Strukturblöcken besteht. Im zweiten ist, verbunden mit einer Kontrollstruktur, eine weitere Sequenz vollständig enthalten. Die Aktion A ist offensichtlich in der gleichen strukturierten Art verfeinerbar, wodurch eine sogenannte Top-Down-Entwicklungen von Programmen unterstützt wird.

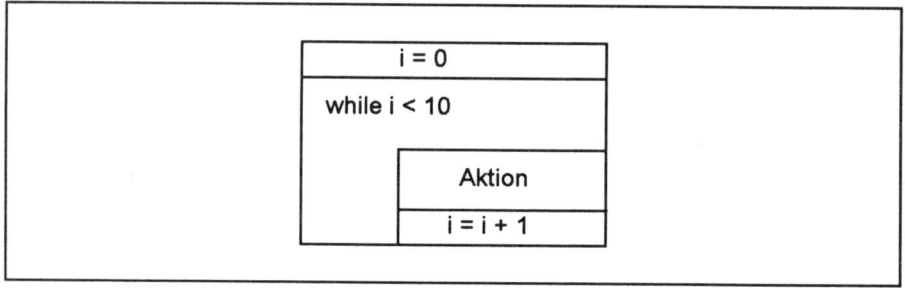

Abb. 2-15: Struktogramm

Das Schlüsselwort `while` im zweiten Strukturblock sagt aus, daß die zugehörige Bedingung (hier `i<10`) immer vor einer eventuellen Wiederholung des inneren Strukturblocks geprüft wird. Die Abbildung 2-14 zeigt mit ihrem Flußdiagramm eine Umsetzung dieser `while`-Schleife und macht dadurch den unterschiedlichen Abstraktionsgrad der Darstellungen deutlich.

Mit Struktogrammen ist das prozedurale *Programmieren im Kleinen* recht gut darstellbar. Jedoch reichen sie für Belange des Software-Engineerings (des *Programmierens im Großen*) und insbesondere für die Beschreibung nebenläufig arbeitender Prozesse nicht aus. Ein Eingehen auf die meist graphikunterstützten Methoden und Werkzeuge der Softwareentwicklung im Großen geht weit über den Rahmen dieses Buchs hinaus, so daß auf die Literatur, zum Beispiel auf Balzert [BAL93], verwiesen werden muß. Das gleiche gilt für die Darstellung nebenläufiger Prozesse. In diesem Bereich, der unter anderem durch Rechnernetze und verteilte Systeme [BRE92] eine sehr große praktische Bedeutung hat, haben Petri-Netze eine gewisse Verbreitung gefunden. Ihr Name weist auf die Arbeiten von C.A. Petri Mitte der siebziger Jahre (u.a. bei der Gesellschaft für Mathematik und Datenverarbeitung (GMD)) hin. Die zugehörige Netztheorie ist sehr umfangreich und komplex und kann hier auch nicht ansatzweise vorgestellt werden, so daß auch für sie auf die Literatur, zum Beispiel auf Reisig [REI93], verwiesen wird.

2.4 Übungen

2.1   Man zeige die Korrektheit der drei Regeln, die dem euklidischen Algorithmus zugrunde liegen.

2.2   Warum terminiert der ggt-Algorithmus (bei korrekten Eingabewerten)?

2.3   Auf dem sonst leeren Band einer Turing-Maschine stehen zwei durch genau ein Nummernzeichen getrennte natürliche Zahlen a und b, die beide gleich Null sein können. Verwendet wird die $(n+1)$-Strichdarstellung für natürliche Zahlen. Für die Berechnung der folgenden Funktion ist ein Turing-Programm anzugeben.

$$a \dot{-} b = \begin{cases} a - b & : \text{für } a \geq b \\ 0 & : \text{sonst} \end{cases}$$

2.4   Man realisiere wie im Abschnitt 2.1 skizziert eine Experimentiermaschine mit der Funktionalität der Shell-Scripts utm und stp.

2.5   Man gebe für die Sprache $\{a^m b^n c^m d^n \mid m, n > 0\}$ eine Grammatik an.

2.6   Man erzeuge die Sprachen $\{a^n b^n \mid n > 0\}$ und $\{a^m b^n \mid m, n > 0\}$.

2.7   Man gebe ein Programm für einen Kellerautomaten an, das die Sprache $\{a^n b^n \mid n > 0\}$ akzeptiert.

2.8   Das folgende Programm für einen endlichen Automaten ist nichtdeterministisch. Geben Sie dazu einen Programmablaufgraphen an, und erstellen Sie ein äquivalentes deterministisches Programm.

```
(1 0 2)        Startzustand: 1
(1 1 2)        Stopzustand : 2
(1 1 1)
```

3

Berechen- und Entscheidbarkeit

3.1 Berechenbarkeit

Turing-Berechenbarkeit

Im zweiten Kapitel ist der Algorithmusbegriff vorgestellt worden, und zwar zuerst intuitiv, dann präzisiert mit Turing-Programmen und Produktionssystemen. Auch der Begriff *Berechenbarkeit* ist intuitiv zugänglich. Beispielsweise zweifelt niemand ernsthaft daran, daß die Addition zweier natürlicher Zahlen berechenbar ist. Insbesondere zweifelt man deshalb nicht, weil man (aus der Schulzeit) ein bewährtes Verfahren kennt, mit dessen Hilfe man die Addition praktisch durchführen kann. Zumindest kann man sie dann durchführen, wenn die beiden Zahlen nicht zu groß sind, um sie handhaben zu können. Ein naheliegender Ansatz, den Begriff Berechenbarkeit zu präzisieren, besteht darin, ihn auf den Algorithmusbegriff zurückzuführen. Bei einigen Beispielen und Übungen im Zusammenhang mit der Turing-Maschine ist im zweiten Kapitel dieser Weg bereits beschritten worden, ohne daß auf den Begriff *Berechenbarkeit* eingegangen worden ist. Ein anderer Ansatz erklärt bestimmte Funktionen als *ohne Zweifel berechenbar* (*primitiv-rekursiv*) und leitet daraus die Berechenbarkeit zusammengesetzter Funktionen ab. Beide Ansätze werden jetzt der Reihe nach vorgestellt und im Abschnitt 3.4 durch die These von Church (Alonzo Church, amerikanischer Mathematiker, geb. 1903) zu dem intuitiven Berechenbarkeitsbegriff in Beziehung gesetzt.

Zunächst sollen die Betrachtungen zur Turing-Maschine wieder aufgenommen werden. Die Turing-Programme in diesem Kapitel sollen alle mit dem Alphabet { | , # } arbeiten. Daß dies für Berechenbarkeitsüberlegungen keine Einschränkung darstellt, wird im Laufe dieses Abschnitts im Zusammenhang mit dem Kodierungsbegriff gezeigt werden.

Das Band einer Turing-Maschine kann im Prinzip irgendwie mit Strichen und Nummernzeichen beschrieben sein. Ist es nur mit Nummernzeichen beschrieben, soll es *leer* heißen. Der gesamte Bandinhalt ist eine unendliche Folge von Strichen und Nummernzeichen und ist (wegen seiner unendlichen Länge) ***kein Wort*** über $\{\,|\,,\#\}$. Ein Turing-Programm kann entweder gar nicht oder nach endlich vielen Schritten (Befehlsabarbeitungen) anhalten. Wenn es hält, ist der Arbeitsbereich (der Bewegungsbereich) des Lese-Schreibkopfes auf dem Band endlich, denn er hat nur endlich viele Felder erreicht. Die Folge der Feldwerte dieses Bereichs stellt ein Wort über $\{\,|\,,\#\}$ dar. Da ein haltendes Turing-Programm links und rechts von diesem Bereich keine Zeichen bearbeiten kann, ist es sehr anschaulich, sich dort Leerzeichen vorzustellen. Noch anschaulicher wird es, wenn man ein zusätzliches Hilfszeichen, zum Beispiel das Zeichen @, verwendet und damit links und rechts das jeweils erste Feld außerhalb des Arbeitsbereichs markiert. Der für ein haltendes Turing-Programm relevante Bandbereich samt näherer Umgebung hat dann das folgende Aussehen:

```
. . . # # @ w @ # # . . .      mit w∈{ | , # }*
```

Es ist elementar, ein anhaltendes Turing-Programm, das w vorfindet, so zu erweitern, daß diese Erweiterung das Wort @w@ vorfindet, ebenfalls anhält und w auf die gleiche Weise bearbeitet wie das ursprüngliche Programm.

Der in diesem Abschnitt vorzustellende Berechenbarkeitsbegriff bezieht sich auf Abbildungen, die mit natürlichen Zahlen arbeiten. Daß auch dies keine Einschränkung darstellt, wird im Laufe der Ausführungen, insbesondere in den Absätzen zum Begriff *Gödelisierung*, deutlich werden. Im folgenden soll die Schreibweise <n> bedeuten, daß die natürliche Zahl n in der (n+1)-Strichdarstellung vorliegt. Da die kleinste natürliche Zahl (Null) durch genau einen Strich dargestellt wird, entspricht jeder natürlichen Zahl eine nichtleere Strichfolge. Das heißt, daß für die folgenden Betrachtungen der Inhalt des Arbeitsbereichs eines haltenden Turing-Programms präzisiert werden kann. Vor dem Start eines Turing-Programms soll dort *mindestens eine* nichtleere Strichfolge stehen. Sind es mehrere, dann sollen sie durch jeweils genau ein Nummernzeichen voneinander getrennt sein. Außerdem soll sich vor einem Programmstart die Maschine im Zustand 1 aus $\{0,1,2,\ldots,k\}$ mit $k\in\mathbb{N}$ ($k\geq 1$) befinden und der Lese-Schreibkopf über dem ersten Strich (von links) des Arbeitsbereichs stehen. Ein Turing-Programm, das in einer solchen Situation startet und nach endlich vielen Schritten anhält, läßt eine Bandbeschriftung zurück, die leer sein könnte.

Ein Programm soll *korrekt beendet* heißen, wenn es wenigstens eine nichtleere Strichfolge zurückläßt und im Zustand 0 mit dem Lese-Schreibkopf über dem ersten Strich (von links) der zurückgelassenen Beschriftung stehenbleibt.

Sei f eine Abbildung von N in N. Der Funktionswert f(n) für eine natürliche Zahl n aus dem Definitionsbereich von f heißt *Turing-berechenbar*, falls es ein Turing-Programm F gibt, das im Zustand 1 auf dem ersten Strich von <n> startet, korrekt endet und <f(n)> auf dem Band zurückläßt. In allen anderen Fällen gilt f(n) als nicht berechenbar.

Verallgemeinernd heißt eine Abbildung f von N in N Turing-berechenbar, falls es ein Turing-Programm F gibt, das für alle n aus dem Definitionsbereich von f jeweils das zugehörige f(n) Turing-berechnet. Im zweiten Kapitel ist plausibel gemacht worden, daß jedes Turing-Programm in einer Programmiersprache wie C oder in einem C-ähnlichen Pseudocode formuliert werden kann. Die Ausführungen zum Berechenbarkeitsbegriff lassen sich in einer höheren Sprache einfacher formulieren (und nachvollziehen) als dies mit Turing-Programmen möglich ist. Dies führt zu der Festlegung, daß für eine Abbildung f von N in N der Funktionswert f(n) für eine Zahl n aus dem Definitionsbereich von f *berechenbar* heißt, wenn es einen nach endlich vielen Schritten abbrechenden Algorithmus gibt, der <n> in <f(n)> überführt. Die Abbildung f heißt berechenbar, wenn f(n) für alle n ihres Definitionsbereichs berechnet werden kann. Im folgenden wird mit diesem Berechenbarkeitsbegriff gearbeitet. Dabei wird als Maschinenmodell vorläufig weiterhin eine Turing-Maschine verwendet. Lediglich die Programme werden C-ähnlich formuliert. Das heißt, daß die Programme mit nichtleeren Strichfolgen arbeiten, die auf dem Band einer Turing-Maschine im jeweiligen Arbeitsbereich stehen.

Das erste Beispiel zeigt die Berechenbarkeit der sogenannten *Nachfolgerfunktion*. Das ist eine Abbildung nf von N in N mit nf(n)=n+1 für alle n aus N. Da n als <n> vorliegt, leistet das im zweiten Kapitel mehrfach verwendete Turing-Programm, das an eine nichtleere Strichfolge rechts einen Strich anfügt, offensichtlich die Berechnung dieser Funktion. Wird das Programm mit NF bezeichnet, dann kann mit

```
NF(<n>) {
   <n> = <n>|;        /* Konkatenation */
   return(<n>);
   }
```

die Nachfolgerfunktion nf berechnet werden. n und <n> können aus-
tauschbar verwendet werden. In der Regel wird nur dann <n> geschrieben,
wenn direkt auf die Strichdarstellung Bezug genommen wird. Damit kann
NF auch folgendermaßen angegeben werden:

```
NF(n) {
  <n> = <n>|;
  return(n);
}
```

Da nf(n) durch NF(<n>) bzw. NF(n) berechnet werden kann, können
diese Ausdrücke ebenfalls gegenseitig ausgetauscht werden. Im folgenden
wird dies ausgenutzt werden. Das Gegenstück zur Nachfolgerfunktion ist
die *Vorgängerfunktion*. Ihre Definition lautet:

$$vg: \mathbf{N} \to \mathbf{N} \text{ mit } vg(n) = \begin{cases} n-1 & \text{für } n > 0 \\ \text{nicht definiert} & \text{für } n = 0 \end{cases}$$

Sie kann mit Hilfe des Turing-Programms

```
VG(n) {
  while(n == 0);   /* Endlosschleife für n gleich 0 */
  <n> = <n> reduziert_um_einen_Strich_rechts;
  return(n);
}
```

berechnet werden. Die while-Konstruktion führt in eine Endlosschleife,
wenn die Strichfolge <n> aus genau einem Strich besteht. Das ist die Darstellung der Zahl Null, für die vg nicht definiert ist. Das heißt, daß vg für
0 (<n>=|) nicht berechenbar ist. Man beachte, daß das naheliegende Pro-
gramm

```
VG'(n) {
  <n> = <n> reduziert_um_einen_Strich_rechts;
  return(n);
}
```

die Vorgängerfunktion nicht korrekt umsetzt. Eine Alternative zur while-
Schleife hätte darin bestanden, das zugehörige Turing-Programm nicht
korrekt enden zu lassen, das heißt, das höher formulierte Programm mit

einer entsprechenden Meldung zu beenden, wenn <n> zu Beginn aus genau einem Strich besteht. Das ist übrigens keine Fehlersituation. Eine solche läge vor, wenn <n> beispielsweise leer wäre oder andere Zeichen als Striche enthielte. Fehlersituationen werden hier nicht behandelt. Stets wird von einer korrekten Eingabe (und einer korrekten Startsituation) ausgegangen.

Darstellungsunabhängigkeit

Die Betrachtungen zur Berechenbarkeit der Nachfolger- und Vorgänger-funktion sind unter Verwendung der (n+1)-Strichdarstellung erfolgt. Diese Methode ist für Turing-Programme vorteilhaft, um die Zahl Null vom leeren Band unterscheiden zu können. Auf der anderen Seite ist sie etwas hinderlich. Soll beispielsweise die Konkatenation zweier nichtleerer Strichfolgen als *Addition* natürlicher Zahlen interpretiert werden, dann ist ein Strich zuviel auf dem Band, der entfernt werden muß, um ein korrektes Ergebnis zu erhalten.

Die folgende Überlegung zeigt, daß die Berechenbarkeit einer Abbildung von N in N von der verwendeten Darstellung der natürlichen Zahlen unabhängig ist. Jede Darstellung einer natürlichen Zahl ist endlich. Beispielsweise hat die Zahl sieben unter anderem die Darstellungen 7 (lateinisch), VII (römisch) oder | | | | | | | | (8 Striche). Wegen der Endlichkeit einer Darstellung ist es immer möglich, sie in eine andere umzuformen. Angenommen, <n> und [n] seien zwei verschiedene Darstellungen der natürlichen Zahl n, dann leistet der folgende Algorithmus die Umwandlung der <n>- in die [n]-Darstellung.

```
WANDLE(<n>) {
  i = 0;
  while(1 == 1) {
    stelle i als [i] dar;
    if(i == n) return([i]);
    i = i+1;
  }
}
```

Sei f eine Abbildung von N in N und F ein Algorithmus, der <f(n)> aus <n> berechnet. Dann gibt es einen Algorithmus F', der [f(n)] aus [n] berechnet. Das Diagramm in der Abbildung 3-1 zeigt die Zusammenhänge.

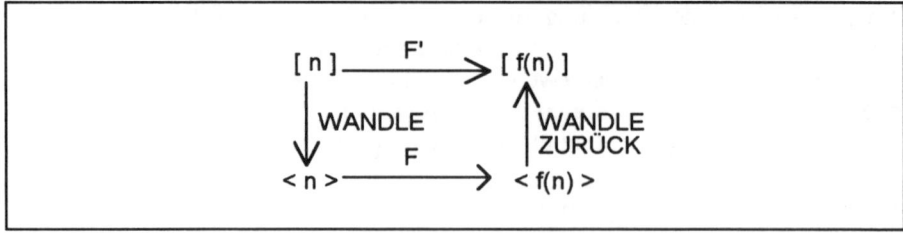

Abb. 3-1: Darstellungsunabhängigkeit

Der Algorithmus F' kann konstruiert werden, indem zuerst n aus dem Definitionsbereich von f in der Form [n] dargestellt wird. Aus [n] wird durch Umwandlung die Darstellung <n> berechnet und daraus durch F der Funktionswert <f(n)>. Dann wird <f(n)> in die [f(n)]-Darstellung zurückgewandelt, womit [f(n)] aus [n] berechnet worden ist. Das heißt, daß für Berechenbarkeitsüberlegungen die jeweils günstigste Darstellung der natürlichen Zahlen verwendet werden kann.

Ist für eine natürliche Zahl eine bestimmte Darstellung gewählt worden, dann kann diese noch unterschiedlich kodiert werden. Eine *Kodierung* (vgl. Abschnitt 1.2) ist eine bijektive Abbildung zwischen zwei Alphabeten, das heißt zwischen zwei endlichen nichtleeren Mengen. Eine solche Abbildung und ihre Umkehrung sind ebenfalls stets berechenbar, weil die Berechnung durch die explizite Angabe der endlichen vielen Zeichenzuordnungen vorgenommen werden kann. Berechenbarkeitsüberlegungen sind demnach auch *kodierungsunabhängig*.

Grundrechenarten

Um die Berechenbarkeit der Grundrechenarten zu zeigen, kann auf die Abbildungen nf und vg beziehungsweise auf die zugehörigen Algorithmen NF und VG zurückgegriffen werden. Anscheinend ist dies aber nicht naiv möglich, da der Begriff *berechenbar* nur für Abbildungen von N in N erklärt worden ist. Eine Grundrechenart wie zum Beispiel die Addition beschreibt jedoch eine Verknüpfung in N, also eine Abbildung von NxN in N. Der Begriff *Gödelisierung*, der noch in diesem Abschnitt eingeführt werden wird, wird zeigen, daß durch die folgende Verallgemeinerung des Berechenbarkeitsbegriffs nicht mehr Abbildungen erfaßt werden, als bereits erfaßt sind.

Eine Abbildung f von NxN in N soll *berechenbar* heißen, wenn es einen Algorithmus F gibt, der zu jedem Paar (n,m) aus dem Definitionsbereich von f den Funktionswert f(n,m) berechnet. Das soll heißen, daß F auf dem Band einer Turing-Maschine die Darstellungen <n> und <m> von n und m vorfindet, nach endlichen vielen Schritten korrekt endet und <f(n,m)> auf dem Band zurückläßt. Als erstes soll die Berechenbarkeit der *Addition* gezeigt werden. Diese Abbildung ordnet je zwei natürlichen Zahlen n und m ihre Summe zu: add(n,m)=n+m. Mit dem folgenden Algorithmus kann diese Funktion berechnet werden:

```
ADD(n,m) {
  if(m == 0) return(n);         /* n+0 */
  for(jeden Strich in <vg(m)>) n = nf(n);
  return(n);
}
```

Bei dem Beispiel ADD(2,3) ist m gleich 3 und <vg(m)> besteht aus drei Strichen. Mit der for-Schleife wird dann dreimal, beginnend bei 2 (n=2), sukzessiv der Nachfolger berechnet. Das führt auf den Rückgabewert 5. Eine *Subtraktion* in N kann folgendermaßen erklärt werden:

$$\text{sub: } NxN \rightarrow N \text{ mit sub}(n,m) = \begin{cases} n-m & \text{für } n>m \\ 0 & \text{für } n \leq m \end{cases}$$

Diese Abbildung kann durch

```
SUB(n,m) {
  if(n ≤ m) return(0);
  for(jeden Strich in <vg(m)>) n = vg(n);
  return(n);
}
```

berechnet werden. Als Beispiel betrachte man SUB(5,3). Da 5 größer als 3 ist und <vg(3)> aus drei Strichen besteht, wird in der for-Schleife, beginnend bei 5, sukzessiv dreimal der Vorgänger berechnet. Das Ergebnis ist 2 und wird als Funktionswert zurückgegeben. Um die Berechenbarkeit der *Multiplikation* mul(n,m)=n*m (wenn keine Verwechslung möglich ist, wird nm anstelle von n*m geschrieben, das Multiplikationszeichen also weggelassen) zweier natürlicher Zahlen n und m zu zeigen, können jetzt neben nf und vg auch add und sub zur Argumentation herangezogen werden. Der Algorithmus

```
MUL(n,m) {
   if(n == 0) return(0);              /* 0*m         */
   if(m == 0) return(0);              /* n*0         */
   erg = 0;
   for(jeden Strich in <vg(m)>) erg = add(erg,n);
   return(erg);
   }
```

führt die Multiplikation mul(n,m) auf m wiederholte Additionen zurück. Ganz analog wird mit der ganzzahligen *Division* natürlicher Zahlen verfahren. Die ganzzahlige Division div(n,m)=n/m ist eine partielle Abbildung von NxN in N, die für n=0 nicht definiert ist und als Funktionswert das ganzzahlige Ergebnis der Division liefert, wobei ein eventuell auftretender Divisionsrest weggelassen wird. Beispielsweise ist 5/2 gleich 2. Der folgende Algorithmus führt die Division auf eine wiederholte Subtraktion zurück:

```
DIV(n,m) {
   while(m == 0);                     /* Division durch Null */
   erg = 0;
   while (n ≥ m) {
     n = sub(n,m);
     erg = nf(erg);
     }
   return(erg);
   }
```

Mit Hilfe der Multiplikation und Division kann die Berechenbarkeit der *Modulooperation* mod(n,m) gezeigt werden. Das ist eine partielle Abbildung von NxN in N, die für m>0 den Rest der Division div(n,m) als Funktionswert liefert.

```
MOD(n,m) {
   a = div(n,m);                      /* a=n/m           */
   b = mul(a,m);                      /* b=(n/m)*m       */
   c = sub(n,b);                      /* c=n-(n/m)*m     */
   return(c);
   }
```

Als letzte Grundrechenart soll die *Potenzierung* natürlicher Zahlen behandelt werden. `pot(n,m)=n`^{m} ist berechenbar und kann durch folgenden Algorithmus, der eine Potenzbildung auf eine wiederholte Multiplikation zurückführt, berechnet werden:

```
POT(n,m) {
    if(m == 0) return(1);                    /* a⁰ */
    erg = 1;
    for(jeden Strich in <vg(m)>) erg = mul(erg,n);
    return(erg);
}
```

Gödelisierung

Um die Berechenbarkeit der Grundrechenarten zu zeigen, war der Berechenbarkeitsbegriff von partiellen Abbildungen von N in N auf partielle Abbildungen von NxN in N ausgedehnt worden. Es ist jedoch möglich, jedem Paar natürlicher Zahlen umkehrbar eindeutig eine einzige natürliche Zahl zuzuordnen. Ist diese Abbildung von NxN in N berechenbar, dann wird von einer *Gödelisierung* (nach dem österreichischen Mathematiker Kurt Gödel (1906-1978)) gesprochen. Gödel selbst hat ein Verfahren angegeben, das auf der Eindeutigkeit (bis auf die Reihenfolge) der Primfaktorenzerlegung natürlicher Zahlen beruht. Diese Eindeutigkeit wird in der Zahlentheorie, zum Beispiel von Scholz/Schoeneberg [SZS66], bewiesen. Als Beispiel soll die Zerlegung von 2254 in 2*7*7*23 angeführt werden.

Bei dem von Gödel angegebenen Verfahren werden einem Zahlenpaar (n,m) die ersten beiden Primzahlen, das sind die Zahlen 2 und 3, zugeordnet. Daraus wird die natürliche Zahl 2^n*3^m gebildet. Sie ist berechenbar, weil zu ihrer Bildung nur Grundrechenarten benötigt werden. Umgekehrt kann von jeder natürlichen Zahl durch eine Zerlegung in Primfaktoren in endlich vielen Schritten festgestellt werden, ob sie die Form 2^n*3^m mit geeigneten Zahlen n und m hat. Zu zeigen, daß für eine Primzahlerkennung nur die Grundrechenarten benötigt werden, ist als Übungsaufgabe (Übung 3.1) formuliert worden. Falls die zu untersuchende natürliche Zahl die Form 2^n*3^m hat, kann daraus das Zahlenpaar (n,m) eindeutig bestimmt werden. Eine Verallgemeinerung auf Werte aus N^n ist offensichtlich. Als Folgerung kann festgehalten werden, daß es zu jeder berechenbaren Abbildung f von N^2 (sogar von N^n) in N eine berechenbare Abbildung g von N in N gibt, die die gleichen Werte berechnet wie f.

Bei gegebener Abbildung f mit Algorithmus F kann g folgendermaßen durch einen Algorithmus G berechnet werden:

```
G(m∈N) {
    zerlege m in seine Primfaktoren;
    if(m hat die Form 2ˣ*3ʸ) {
        berechne erg = f(x,y) mit Hilfe von F;
        return(erg);
    }
}
```

Angenommen, die natürliche Zahl z sei ein Funktionswert von f. Dann gibt es ein Zahlenpaar (x,y) aus dem Definitionsbereich von f mit z=f(x,y). Aus (x,y) kann $m=2^x*3^y$ gebildet werden, woraus durch G der Wert z berechnet wird. Als Folgerung kann festgehalten werden, daß es für Berechenbarkeitsbetrachtungen genügt, Abbildungen von **N** in **N** zu betrachten.

Eine Gödelisierungen ordnet jedem Wert aus N^n umkehrbar eindeutig und berechenbar eine natürliche Zahl zu. Diese Idee kann auf Wörter (über einem bestimmten Alphabet) übertragen werden. Ist A ein Alphabet und w ein Wort über A, dann heißt ein Verfahren, das jedem Wort w umkehrbar eindeutig und berechenbar eine natürliche Zahl zuordnet, ebenfalls *Gödelisierung*. Wird beispielsweise dem leeren Wort die Zahl 0 und jedem nichtleeren Wort (über A) der Zahlenwert seiner binären Kodierung (vgl. Abschnitt 1.2) zugeordnet, dann liegt eine Gödelisierung vor, denn diese Zuordnung ist umkehrbar eindeutig und berechenbar (vgl. die Absätze über die *Darstellungsunabhängigkeit* in diesem Abschnitt). Das folgende Beispiel soll die binäre Kodierung in die Erinnerung zurückrufen.

Angenommen A sei ein Alphabet aus drei Zeichen. Dann können diese Zeichen mit Binärzahlen fester Länge, beginnend mit der Nummer 1, durchnumeriert werden. Die feste Länge ergibt sich in natürlicher Weise aus der Länge der größten Nummer, die für das Alphabet gebraucht wird. Bei einem Alphabet aus drei Zeichen ist diese Länge gleich 2, und die erforderlichen Zeichennummern lauten 01, 10 und 11. Ein nichtleeres Wort über diesem Alphabet kann binär kodiert werden, indem anstelle eines Zeichens seine binäre Zeichennummer geschrieben wird. Hat das ursprüngliche Wort die Länge n (n>0), dann kann sein binär kodiertes Äquivalent als Wert aus **N** verstanden werden. Ein Beispiel soll dies verdeutlichen.

Sei A={a,b,c} und W=aabcc. Die binäre Kodierung von W lautet W=01 01 10 11 11. Die Lücken zwischen den Binärzahlen sind lediglich aus optischen Zwecken eingefügt worden. Da alle Binärzahlen, die Zeichen des Alphabets entsprechen, gleich lang sind, sind Lücken zwischen ihnen nicht erforderlich. W kann umkehrbar eindeutig in der Form W=0101101111 geschrieben werden. Wird diese Folge von 5 Binärzahlen gleicher Länge als eine einzige Binärzahl verstanden, dann liegt eine Gödelisierung vor, denn die Zuordnung zwischen W und seinem Zahlenwert ist umkehrbar eindeutig, und jede Kodierung ist berechenbar. Umgekehrt kann von jeder Binärzahl, wenn die Länge der den Alphabetszeichen entsprechenden Binärzahlen bekannt ist, festgestellt werden, ob sie einem Wort entspricht, und falls dies der Fall ist, welches Wort dies ist. Das folgende Beispiel zeigt diesen Sachverhalt.

Sei A={a,b,c} das zugrundeliegende Alphabet mit den binären Zeichennummern 01, 10 und 11. Sei die Binärzahl 01011 gegeben. Dieser Zahl kann kein Wort entsprechen, da ihre Länge keine eindeutige Einteilung in Zweiergruppen gestattet. Die Zahl 100011 läßt hingegen eine solche Einteilung zu. Allerdings ist bei der hier benutzten Numerierung 00 keine Zeichennummer, so daß auch dieser Zahl kein Wort über A entspricht. Ob 00 (neben 0000, 000000, usw.) als eine binäre Darstellung des leeren Worts aufgefaßt werden kann und welche Auswirkungen ein solches Vorgehen auf die mit den binären Darstellungen arbeitenden Algorithmen hat, soll hier nicht diskutiert und auch nicht weiter verfolgt werden (die binäre Kodierung ist nur für nichtleere Wörter erklärt worden). Sei jetzt das Wort 0110111001 gegeben. Eine Zerlegung führt auf 01 10 11 10 01 und eindeutig auf das Wort abcba. Umgekehrt kann man sich leicht überzeugen, daß abcba binär kodiert auf 0110111001 führt. Man beachte, daß W auch mit Hilfe der von Gödel angegebenen Primfaktorenmethode hätte gödelisiert werden können. Im Beispiel wäre W=abcba der Wert

$$
\begin{aligned}
2^a * 3^b * 5^c * 7^b * 11^a \quad &= \quad 2^{01} * 3^{10} * 5^{11} * 7^{10} * 11^{01} \\
&= \quad 2^1 * 3^2 * 5^3 * 7^2 * 11^1 \\
&= \quad 1.212.750
\end{aligned}
$$

umkehrbar eindeutig und berechenbar zugeordnet worden.

Der Begriff *Berechenbarkeit*, der ursprünglich für Abbildungen von N in N erklärt worden ist, kann auf Abbildungen von A* in A* (mit einem Alphabet A) übertragen werden. Für eine Abbildung f von A* in A* heißt ein Funktionswert V=f(W) *berechenbar*, wenn es einen nach endlich vielen

Schritten anhaltenden Algorithmus F gibt, der, wenn er (auf dem Band einer Turing-Maschine) ein Wort w aus dem Definitionsbereich von f vorfindet, v=f(w) zurückläßt. f heißt *berechenbar*, wenn f(w) für alle w aus dem Definitionsbereich von f berechenbar ist. Die Möglichkeit der Gödelisierung von Wörtern zeigt, daß auch mit dieser *Ausdehnung* des Berechenbarkeitsbegriffs keine Funktion berechnet werden kann, die nicht schon vorher berechnet werden konnte. Ist f eine berechenbare Abbildung von A* in A* und g eine bestimmte Gödelisierung von Wörtern, dann kann eine berechenbare Abbildung h von N in N angegeben werden, mit deren Hilfe für alle w aus dem Definitionsbereich von f der Funktionswert $f(w)=g^{-1}(h(g(w)))$ ist. Das Diagramm in der Abbildung 3-2 zeigt die Zusammenhänge.

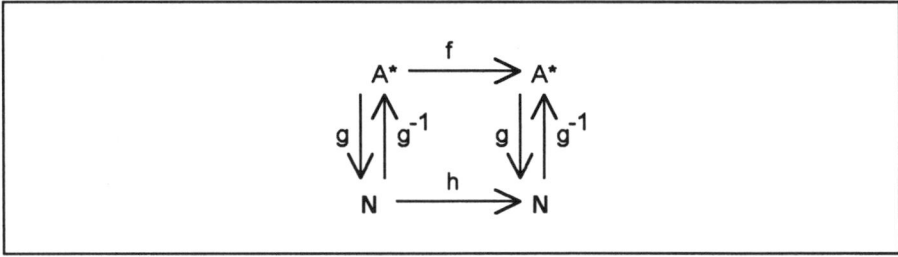

Abb. 3-2: Abbildungsdiagramm bei Gödelisierungen

Formulierungen von Algorithmen und damit auch Turing-Programme sind endliche Zeichenfolgen über einem bestimmten Alphabet. Sie sind damit selbst gödelisierbar. Die einer Algorithmusformulierung durch Gödelisierung zugeordnete natürliche Zahl heißt ***Gödelnummer*** dieser Formulierung. Umgekehrt kann von jeder natürlichen Zahl berechnet werden, ob sie Gödelnummer einer Algorithmusformulierung ist. Ist dies der Fall, kann das zugehörige Programm aus seiner Gödelnummer berechenbar rekonstruiert werden. Das folgende Beispiel zeigt eine Algorithmusformulierung unter Verwendung eines Turing-Programms. Das Programm arbeitet mit den Zeichen | (Strich) und # (Nummernzeichen).

```
(1 | R 1)
(1 # | 2)
(2 | L 2)
(2 # R 0)
```

Es soll links auf einer nichtleeren Strichfolge im Zustand 1 gestartet werden. Durch das Programm wird rechts an die Strichfolge ein Strich angefügt, dann kehrt der Prozeß zur Ausgangsposition zurück und hält dort im
Zustand 0 an. Zum Hinschreiben des Programms ist das Alphabet
{(,),0,1,2,|,#,R,L} verwendet worden. Das Programm ist ein Wort
über diesem Alphabet. In einem ersten Schritt wird jedes Zeichen eines
jeden Befehls binär kodiert. Das Alphabet hat neun Zeichen, so daß vier-
stellige Binärzahlen erforderlich sind. Die Zuordnung von Zeichen zu
Binärzahlen lautet:

(→ 0001	) → 0010	0 → 0011	1 → 0100
2 → 0101	| → 0110	# → 0111	R → 1000
L → 1001			

Damit wird das Programm folgendermaßen kodiert:

(1 | R 1)	0001 0100 0110 1000 0100 0010
(1 # | 2)	0001 0100 0111 0110 0101 0010
(2 | L 2)	0001 0101 0110 1001 1001 0010
(2 # R 0)	0001 0101 0111 1000 1000 0010

Werden die Zeilen nebeneinander in eine einzige Zeile und die Zahlen ohne
Wortlücken geschrieben, dann entsteht eine einzige (große) natürliche
Zahl. Sie repräsentiert das Turing-Programm. Umgekehrt kann von jeder
Binärzahl zuerst festgestellt werden, ob sie in Gruppen zu je vier Stellen
eingeteilt werden kann und ob zu allen diesen Stellen Alphabetzeichen
gehören. Ist dies der Fall, können je sechs dieser Gruppen eine mögliche
Programmzeile bilden. Von jeder Zeile kann festgestellt werden, ob sie
einem Turing-Befehl entspricht. Alle diese Operationen erfordern lediglich
die Anwendung endlich vieler Schritte mit Grundrechenarten, so daß der
gesamte Vorgang in beiden Richtungen berechenbar ist.

Bei der Vorstellung der Turing-Maschine im Abschnitt 2.1 war die Aufgabe, das gesamte Band der Maschine zu löschen, zuerst durch ein deterministisches Programm, das mit Markierungen arbeitet, dann durch ein
nichtdeterministisches Programm, das ohne Markierungen auskommt,
gelöst worden. Dabei konnte der Eindruck entstehen, daß nichtdeterministische Turing-Programme irgendwie mächtiger seien als deterministische.
Mit Hilfe einer Gödelisierung kann jetzt gezeigt werden, daß deterministische und nichtdeterministische Programme für allgemeine Turing-Maschinen in dem Sinne äquivalent sind, daß mit ihnen die gleichen Funktionen

berechnet werden können. Man beachte, daß im Abschnitt 2.3 gezeigt worden ist, daß eine solche Äquivalenz nicht so ohne weiteres auf das Akzeptieren von Wörtern bei *eingeschränkten Turing-Maschinen* wie zum Beispiel bei Kellerautomaten übertragen werden darf.

Vorbereitend ist festzustellen, daß ein deterministisches Turing-Programm, das nach endlich vielen Schritten (korrekt) anhält, endlich viele Befehle ausgeführt hat. Das heißt, daß einem Programmlauf eine endliche Folge von Turing-Befehlen entspricht. Ist das zugehörige Programm nichtdeterministisch und hält nach endlich vielen Schritten an, dann entsprechen einem Programmlauf endlich viele endliche Befehlsfolgen. Das liegt daran, daß ein nichtdeterministisches Programm sinnvollerweise nur dann als terminiert gelten kann, wenn *alle* seine nichtdeterministischen Zweige anhalten. Anderenfalls wäre die zurückgelassene Bandbeschriftung nicht sicher, denn eine der endlos laufenden Alternativen könnte die Bandbeschriftung (irgendwann) verändern.

Nach dieser Feststellung kann jetzt gezeigt werden, daß es zu jedem nichtdeterministischen Programm NF, das eine Funktion f von N in N berechnet, ein deterministisches Programm DF gibt, das ebenfalls f berechnet. Sei dazu wieder <n> die (n+1)-Strichdarstellung einer natürlichen Zahl und berechne ein nichtdeterministisches Turing-Programm NF daraus <f(n)>. Dieser Berechnung entsprechen endlich viele endliche Befehlsfolgen. Werden diese Befehlsfolgen notiert, entsteht ein endlicher Text, ein Wort über einem bestimmten Alphabet.

Das folgende Verfahren ist bereits weiter vorn in diesem Abschnitt für eine Gödelisierung verwendet worden. Dabei wird jeder Befehl jeder Folge binär kodiert, und die kodierten Befehlsfolgen werden nebeneinander geschrieben, wobei die Zahl 0 (in der gleichen Länge 00...0 wie alle verwendeten Binärzahlen) als Trenner für die Folgen dient. Es entsteht eindeutig eine einzige binär geschriebene natürliche Zahl.

Das folgende deterministische Programm DF berechnet ebenfalls <f(n)> aus <n>. Der Algorithmus terminiert, weil systematisch alle möglichen Folgen von Befehlsfolgen ermittelt werden und nach der Voraussetzung, daß NF den Funktionswert <(f(n)> aus <n> berechnet, die gesuchten sich darunter befinden müssen.

```
DF(n) {
    i = 1;
 A: while(i ist keine Gödelnummer) i = i+1;
    rekonstruiere aus i die Befehlsfolgen;
    for(jede Befehlsfolge) {
       beschrifte das Band mit <n>;
       for(jeden Befehl der Folge) {
          wende ihn auf die vorhandene Bandbeschriftung an;
          if(das geht nicht) {
             i = i+1;
             goto A;
          }
       }
       if(<f(n)> ist berechnet worden) exit;
    }
    i = i+1;
    goto A;
}
```

Daß auch zu jedem deterministischen Programm DF, das f(n) aus n berechnet, ein nichtdeterministisches Programm NF existiert, das diese Berechnung ebenfalls leistet, ist leicht zu sehen, denn DF kann stets um einige, nichts verändernde und sofort zum Anhalten führende nichtdeterministische Zweige erweitert werden. Als Beispiel kann ein *Additionsprogramm*, das hier, um es kurz zu halten, nicht an seine Startposition zurückkehrt, und eine nichtdeterministische Erweiterung dienen.

Deterministische Fassung	(Eine) nichtdeterministische
(1 | R 1)	(1 | R 1)
(1 # | 0)	(1 | L 2)
	(1 # | 0)
	(2 | L 2)
	(2 # # 0)

3.2 Entscheidbarkeit

Entscheidbare und halbentscheidbare Mengen

Der Begriff **Entscheidbarkeit** geht auf den Begriff *Berechenbarkeit* zurück und bezieht sich auf Mengen, genauer gesagt auf die Zugehörigkeit oder Nichtzugehörigkeit bestimmter Objekte zu Mengen. Verwendet wird der Begriff der *charakteristischen Funktion*. Sei A ein Alphabet und B eine Teilmenge von A*. Die Abbildung

$$cf_B(W) \; = \; \begin{cases} 1 \;\; \text{für } W \in B \\ 0 \;\; \text{für } W \notin B \end{cases}$$

von A* in $\{0,1\}$ heißt charakteristische Funktion von B (bezüglich A*). Es gibt eine Abschwächung dieser Funktion, die folgendes Aussehen hat:

$$hf_B(W) \; = \; \begin{cases} 1 \qquad\qquad \text{für } W \in B \\ \text{undefiniert für } W \notin B \end{cases}$$

Eine Menge B⊆A* zu einem Alphabet A heißt *entscheidbar* (oder *rekursiv*), falls cf_B berechenbar ist. Das bedeutet, daß eine Teilmenge von A* entscheidbar ist, wenn es einen abbrechenden Algorithmus gibt, der zu jedem Wort W über A feststellt, ob es zu B oder zu seinem Komplement gehört. Die folgenden Beispiele sollen den Entscheidbarkeitsbegriff vertiefen. Als erstes kann festgestellt werden, daß jede endliche und nichtleere Teilmenge $M=\{a_1,a_2,\ldots,a_n\}$ von A* entscheidbar ist, denn ihre Elemente können unter anderem binär dargestellt werden, und ein Algorithmus, der über allen Binärzahlen operiert und cf_M berechnet, ist leicht anzugeben:

```
cf_M(Binärzahl x) {
   if(x == Binärdarstellung von a_1) return(1);
   if(x == Binärdarstellung von a_2) return(1);
   ...
   if(x == Binärdarstellung von a_n) return(1);
   return(0);
   }
```

Auch die Menge der Primzahlen als Teilmenge von **N** (zum Beispiel bei der `(n+1)`-Strichdarstellung und einer Gödelisierung) ist entscheidbar, denn jedes Programm, das von einer natürlichen Zahl feststellt, ob es sich um eine Primzahl handelt, kann verwendet werden, um die zugehörige charakteristische Funktion zu berechnen. Die Menge aller Wörter über `{a,b}`, die mit a beginnen, ist ein weiteres Beispiel für eine entscheidbare Menge. Ein Wort über `{a,b}` ist entweder leer, oder es hat die Form $W=w_1w_2\ldots w_n$ mit $n>0$. Mit dem folgenden Algorithmus kann die charakteristische Funktion der in Frage stehenden Menge berechnet werden:

```
A-WORT(W∈{a,b}*) {
  if(|W| == 0) return(0);
  if(w₁ == a)  return(1);
  return(0);
  }
```

Ganz ähnlich kann gezeigt werden, daß die Menge aller Wörter über `{a,b}`, deren Länge größer als Null und kleiner als $k\in\mathbf{N}$ ($k>1$) ist, ebenfalls entscheidbar ist. Wieder wird ausgenutzt, daß ein Wort w entweder leer oder von der Form $W=w_1w_2\ldots w_n$ ($0<n<k$) ist.

```
K-WORT(W∈{a,b}*) {
  if(|W| == 0) return(0);
  if(|W| ≥ k ) return(0);
  return(1);
  }
```

Für kontextsensitive, kontextfreie und reguläre Sprachen ist das Wortproblem (vgl. Abschnitt 1.2) entscheidbar. Damit ist gemeint, daß die Menge aller Wörter, die aus einem vorgegebenen Wort abgeleitet werden können, entscheidbar ist. Das liegt daran, daß bei den kontextsensitiven, kontextfreien und regulären Grammatiken stets alle Produktionen die Form

$$W_1 \rightarrow W_2 \ \text{mit} \ |W_1| \le |W_2|$$

haben (vgl. Abschnitt 2.2). Das heißt, daß die Wörter einer Ableitungsfolge monoton wachsen. Um festzustellen, ob irgendein Wort über einem gegebenen Alphabet aus einem als Axiom verwendeten Wort abgeleitet werden kann, beginnt man mit den Ableitungen bei diesem Axiom und wendet alle Produktionen (es sind nur endlich viele) systematisch auf alle bereits erzeugten Wörter an. Man kann mit diesem Verfahren spätestens dann aufhören, wenn alle Wörter der vorgegebenen Länge erzeugt sind. Allgemeinen Regelsprachen dagegen können Grammatiken zugrunde liegen, deren Produktionen Wörter auch verkürzen können, so daß man nicht sicher sein kann, das gesuchte Wort nicht doch noch zu erreichen. Eine Argumentation allein mit der Wortlänge ist nicht möglich.

Neben dem Begriff der Entscheidbarkeit gibt es den der *Halbentscheidbarkeit*. Eine Menge $B \subseteq A*$ zu einem Alphabet A heißt halbentscheidbar (oder *semi-entscheidbar*), falls lediglich hf_B berechenbar ist. Der Unterschied zwischen hf_B und cf_B liegt darin, daß bei hf_B für Elemente aus dem Komplement von B (relativ zu $A*$) der Funktionswert nicht definiert ist. Als Beispiel wird mit Hilfe der Nachkommastellen der Zahl π ($\pi = 3,141593...$) eine halbentscheidbare Menge konstruiert. Sei z_i die i-te Ziffer nach dem Komma, dann können durch

$$B_n = \{z_n, z_{n-1}*10+z_n, z_{n-2}*10^2+z_{n-1}*10+z_n, ...\} \text{ für } n>0$$

folgende endliche Mengen gebildet werden:

$B_1 = \{1\}$	Die erste Stelle.
$B_2 = \{4,14 \}$	Die ersten beiden Stellen.
$B_3 = \{1,41,141\}$	Die ersten drei Stellen.
$B_4 = \{5,15,415,1415\}$	Die ersten vier Stellen.
...	

Sei B die Vereinigung dieser (unendlich vielen) Mengen. Dann ist B (durch das Verfahren) eindeutig bestimmt und eine Teilmenge von $\mathbf{N}$. Gehört eine natürliche Zahl $n \in \mathbf{N}$ zu B, dann kann dies festgestellt werden, indem B systematisch aufgebaut wird. Das Verfahren endet, sobald n (n ist endlich) erreicht ist. Ist jedoch $n \notin B$, dann ist dies nicht feststellbar, weil das Verfahren, um B aufzubauen, nicht endet. Die Menge B ist nicht entscheidbar, sie ist lediglich halbentscheidbar.

Es gibt praktisch relevante Mengen, die nur halbentscheidbar sind. Ein bekanntes Beispiel findet man im Rahmen der Prädikatenlogik (erster Stufe), wo sich ein praktisches Arbeitsgebiet mit dem *automatischen Beweisen* von Theoremen beschäftigt. Theoreme sind spezielle aussagenlogische Formeln. Sie zu beweisen heißt, ihre Allgemeingültigkeit zu zeigen. Leser(innen), die sich für dieses Arbeitsgebiet interessieren, können unter anderem auf das Buch *Symbolic Logic and Mechanical Theorem Proving* von Chang und Lee [CHA73] verwiesen werden. Die Menge der allgemeingültigen Formeln ist nur halbentscheidbar, das heißt, daß *Theorembeweiser* (wenn man ihnen genug Zeit läßt) nur dann mit Sicherheit einen Beweis führen und die Allgemeingültigkeit einer Formel zeigen können (und nach endlich vielen Schritten anhalten), wenn die Formel auch tatsächlich allgemeingültig ist. In den anderen Fällen ist ein Anhalten nicht garantiert.

Zwischen den Begriffen Entscheidbarkeit und Halbentscheidbarkeit besteht die Beziehung, daß eine Menge B⊆A* zu einem Alphabet A genau dann entscheidbar ist, wenn sowohl B als auch ihr Komplement halbentscheidbar sind. Das ist leicht zu sehen, denn wenn B entscheidbar ist, dann gibt es einen Algorithmus, der für Wörter aus B den Wert 1 und für die anderen den Wert 0 liefert. Er kann immer so abgeändert werden, daß er für Wörter aus B nach wie vor den Wert 1 liefert, jedoch für Wörter aus dem Komplement von B in eine Endlosschleife geht. Sind umgekehrt B und ihr Komplement halbentscheidbar, dann gibt es zwei Algorithmen, von denen der eine die Halbentscheidbarkeit von B und der andere die des Komplementes von B liefert. Mit beiden zusammen ist B entscheidbar.

Aufzählbarkeit

Im Abschnitt 1.1 ist der Begriff *Abzählbarkeit* vorgestellt worden. Werden an ihn Forderungen nach Berechenbarkeit gestellt, dann führt dies auf halbentscheidbare Mengen und zu einem weiteren Begriff. Eine Teilmenge B⊆A* zu einem Alphabet A heißt *aufzählbar* (oder *rekursiv aufzählbar*), falls es eine surjektive und berechenbare Funktion f von **N** auf B gibt. Beispielsweise ist jede endliche Menge aufzählbar, denn ihre Elemente können dezimal (oder binär oder in sonst einem Zahlensystem) kodiert werden. Eine dezimale Kodierung könnte darin bestehen, jedem Element seine laufende Nummer (seinen Index (vgl. Abschnitt 1.1)) zuzuordnen. Mit dem folgenden Algorithmus F kann eine surjektive Abbildung f von **N** auf die endliche Menge $\{a_1, a_2, \ldots, a_n\}$ berechnet werden.

```
F(i∈N) {
  if(i == 1)    return(a_1);
  if(i == 2)    return(a_2);
  ...
  if(i == n-1)  return(a_{n-1});
  return(a_n);
  }
```

Die Argumentation mit den Indizes bei endlichen Mengen ist auf abzählbare Mengen nur teilweise übertragbar. Eine Menge heißt abzählbar (vgl. Abschnitt 1.1), wenn es eine surjektive Abbildung von N auf diese Menge gibt. Die beiden Begriffe *Abzählbarkeit* und *Aufzählbarkeit* unterscheidet nur die Forderung nach Berechenbarkeit voneinander. Ist eine Menge B⊆A* zu einem Alphabet A aufzählbar, dann gibt es definitionsgemäß eine berechenbare und surjektive Abbildung von N auf B und B ist abzählbar. Das Umgekehrte ist jedoch nicht richtig. Ist eine Menge M abzählbar, dann gibt es zwar eine surjektive Abbildung von N auf diese Menge, die Berechenbarkeit dieser Abbildung kann jedoch daraus nicht abgeleitet werden.

Um diesen Abschnitt nicht zu weit auszudehnen, sollen noch einige dem Begriff *Aufzählbarkeit* äquivalente Aussagen ohne Beweisführung zusammengestellt werden. An Vertiefungen interessierte Leser(innen) können auf die Literatur, zum Beispiel auf Schöning [SCH92], verwiesen werden.

B⊆A* (mit einem Alphabet A) ist dann und nur dann *aufzählbar*, wenn

1.   B halbentscheidbar ist oder
2.   B eine Chomsky-0-Sprache ist oder
3.   B von einem Programm einer allgemeinen Turing-Maschine akzeptiert wird oder
4. hf_B berechenbar ist oder
5.   es eine berechenbare Funktion f von N auf B gibt oder
6.   es eine berechenbare Funktion g von A* in N gibt, die B als Definitionsbereich hat.

3.3 μ-rekursive Funktionen

Primitive Rekursion

Bei der Herleitung der Berechenbarkeit der Grundrechenarten im Abschnitt 3.1 ist ausgenutzt worden, daß sie sich alle auf berechenbare Weise aus einfacheren Funktionen, letztlich aus der Nachfolger- und der Vorgänger-funktion, aufbauen lassen. Deren (Turing-)Berechenbarkeit ist direkt durch Angabe eines entsprechenden Turing-Programms gezeigt worden. Ein anderer, ebenfalls historischer und in der gleichen Zeitperiode (um 1930) wie die Arbeiten an der Turing-Maschine angesiedelter Ansatz, den intuitiven Berechenbarkeitsbegriff zu präzisieren, besteht darin, einige sehr einfache Funktionen als *berechenbar* zu erklären und daraus nach ganz bestimmten Konstruktionsverfahren zusammengesetzte Funktionen aufzubauen. Statt von *berechenbar* wird von *μ-rekursiv* (μ: griechischer Buchstabe) gesprochen. Diese Bezeichnung weist auf zwei Konstruktionsverfahren (Minimalisierung und Rekursion) für Funktionen hin. Ausgangspunkt sind *primitiv-rekursive Funktionen*, die durch folgendes Definitionsschema beschrieben werden:

[1]   Die Nachfolgerfunktion ist primitiv-rekursiv.

        nf : $\mathbf{N} \to \mathbf{N}$ mit nf(x)=x+1

        Anscheinend geht an dieser Funktion kein Weg vorbei. Auch der Ansatz mit der Turing-Berechenbarkeit baut auf ihr auf.

[2]   Jede konstante Funktion k von $\mathbf{N}^n$ in $\mathbf{N}$ ist primitiv-rekursiv.

        k : $\mathbf{N}^n \to \mathbf{N}$ mit k(x)=c für alle x∈$\mathbf{N}^n$

        Damit ist insbesondere die Nullfunktion null(x)=0 (für alle x aus $\mathbf{N}^n$) primitiv-rekursiv.

[3]   Die Projektionen id_i (auf die i-te (i=1,2,...,n) Komponente von $\mathbf{N}^n$) sind primitiv-rekursiv.

        Für i=1,2,...,n ist
        id_i : $\mathbf{N}^n \to \mathbf{N}$ mit id_i(x)=id_i($x_1,x_2,\ldots,x_n$)=x_i

[4]   Alle Funktionen, die aus einer primitiv-rekursiven Funktion durch
        Substitution (Einsetzung) primitiv-rekursiver Funktionen hervor-
        gehen, sind primitiv-rekursiv. Sind beispielsweise g und h zwei
        primitiv-rekursive Funktionen von **N** in **N**, dann ist die Funktion
        f(x)=g(h(x)) ebenfalls primitiv-rekursiv. Allgemeiner kann das
        Konstruktionsverfahren *Substitution* für eine Funktion f mit
        Funktionen g und h_i folgendermaßen beschrieben werden. Seien

        g : $\mathbf{N}^m$ → **N** und
        h_i: $\mathbf{N}^n$ → **N** für i=1,2,...,m

        m+1 primitiv-rekursive Funktionen. Dann entsteht f als Abbildung
        von $\mathbf{N}^n$ in **N** folgendermaßen aus g und h_i (i=1,2,...,m):

        f(x)=g(h_1(x),h_2(x),...,h_m(x)) für alle x∈$\mathbf{N}^n$

[5]   Alle Funktionen, die durch *Rekursion* (das hier verwendete Ver-
        fahren wird auch als *primitive Rekursion* bezeichnet [STE88]) aus
        primitiv-rekursiven Funktionen hervorgehen, sind primitiv-rekur-
        siv. Grob gesprochen liegt *Rekursion* vor, wenn eine Abbildung f
        von $\mathbf{N}^n$ in **N** einem Gleichungssystem der Form

        f(...,0)   = g(...) und
        f(...,n+1) = h(...,f(...,n))

        mit geeigneten primitiv-rekursiven Funktionen g und h genügt.
        Genauer kann eine rekursive Funktionskonstruktion folgender-
        maßen beschrieben werden. Seien

        g: $\mathbf{N}^n$ → **N** und
        h: $\mathbf{N}^{n+2}$ → **N**

        zwei primitiv-rekursive Funktionen. Dann entsteht f als Abbildung
        von $\mathbf{N}^{n+1}$ in **N** folgendermaßen aus g und h:

        Für alle x∈$\mathbf{N}^{n+1}$ ist
        f(x_1,x_2,...,x_n,0)   = g(x_1,x_2,...,x_n) und
        f(x_1,x_2,...,x_n,x_{n+1}+1) =
        h(x_1,x_2,...,x_n,x_{n+1},f(x_1,x_2,...,x_n,x_{n+1}))

Ein bekanntes Beispiel für eine rekursive Funktionskonstruktion ist die Beschreibung der Fakultätsfunktion durch die beiden Gleichungen:

```
0! = 1
x! = x*(x-1)! für x>0
```

Bei der obigen ausführlichen Funktionsschreibweise ist n=0 und die zu definierende Funktion fak eine Abbildung von N in N. Als Abbildung g von N^0 in N wird die Konstante 1 verwendet, während als Abbildung h von N^2 in N die Multiplikation dient:

```
fak(0)   = 1
fak(x+1) = h(x,fak(x))
         = (x+1)*fak(x) für x>0
```

Die im Abschnitt 3.1 als (Turing-)berechenbar vorgestellten Grundrechenarten sind alle primitiv-rekursiv. Dies soll beispielhaft anhand der Vorgängerfunktion und der Addition gezeigt werden. Die Vorgängerfunktion ist ursprünglich für die Zahl Null nicht definiert worden. Da das hier vorgestellte Rekursionsverfahren aber mit dem Wert f(0) beginnt, ist eine kleine Erweiterung angebracht. Als Vorgänger von Null kann Null selbst genommen werden. Dann ist Null die einzige natürliche Zahl, die keinen von sich verschiedenen Vorgänger hat. Mit dieser Festlegung kann jetzt definiert werden:

```
vg(0)   = 0 und
vg(x+1) = x für alle x>0
```

Auch die Additionsfunktion, die zwei natürlichen Zahlen ihre Summe zuordnet, kann mit Hilfe der Rekursion und der Nachfolgerfunktion konstruiert werden:

```
add(x,0)   = x für x≥0 und
add(x,y+1) = nf(add(x,y))
           = add(x,y)+1 für x≥0 und y>0
```

Es ist plausibel, daß alle Grundrechenarten primitiv-rekursiv sind. Auf der anderen Seite sind primitiv-rekursive Funktionen sicher Turing-berechenbar. Für die Nachfolgerfunktion ist das bereits im Abschnitt 3.1 gezeigt worden, und für die konstanten Funktionen, für die Projektionen und für die Konstruktionsverfahren *Substitution* und *Rekursion* lassen sich leicht entsprechende Algorithmen (Turing-Programme) angeben. Stetter [STE88] beispielsweise verfährt so und zeigt damit die (Turing-)Berechenbarkeit der primitiv-rekursiven Funktionen. Es stellt sich jetzt die Frage, ob die Begriffe *primitiv-rekursiv* und *berechenbar* synonym sind. Zwar sind alle primitiv-rekursiven Funktionen berechenbar, aber sind auch alle berechenbaren Funktionen primitiv-rekursiv? Es wird jetzt gezeigt werden, daß die Antwort auf diese Frage zu verneinen ist. Es gibt mehr berechenbare als primitiv-rekursive Funktionen.

μ-Rekursion

Die folgende Funktion, die nach dem Mathematiker F.W. Ackermann (1896-1962) *Ackermann-Funktion* genannt wird, ist berechenbar. Sie wird in der Regel folgendermaßen angegeben:

```
ack: N² → N mit
```

```
ack(0,0)        = 1
ack(0,1)        = 2
ack(0,y)        = y+2              für x=0 und y≥2
ack(x+1,0)      = 1               für x≥0 und y=0
ack(x+1,y+1)    = ack(x,ack(x+1,y))  für x≥0 und y≥0
```

Für kleine Zahlen sind die Funktionswerte noch recht einfach anzugeben. So ist beispielsweise:

```
f(2,2) = f(1,f(2,1))          Zeile 5 der Definition
       = f(1,f(1,f(2,0)))            5
       = f(1,f(1,1))                 4
       = f(1,f(0,f(1,0)))            5
       = f(1,f(0,1))                 4
       = f(1,2)                      2
       = f(0,f(1,1))                 5
       = f(0,f(0,f(1,0)))            5
       = f(0,f(0,1))                 4
       = f(0,2)                      2
       = 4
```

Das obige Definitionsschema gibt den bereits im Beispiel benutzten Algorithmus zur Berechnung der Ackermann-Funktion vor. Eine programmiersprachliche Umsetzung lautet:

```
ACK(n,m∈N) {
  if(n == 0 and m == 0) return(1);
  if(n == 0 and m == 1) return(2);
  if(n == 0 and m >  1) return(m+2);
  if(n >  0 and m == 0) return(1);
  return(ACK(n-1,ACK(n,m-1)));
  }
```

Der Beweis, daß diese Funktion nicht primitiv-rekursiv ist, beruht auf Überlegungen bezüglich ihres Wachstums mit zunehmenden Parameterwerten n und m. Der Beweis ist etwas langwierig, aber nicht prinzipiell schwierig, so daß hier auf ihn verzichtet werden soll. Stetter [STE88] und Schöning [SCH92] beispielsweise geben explizit einen Widerspruchsbeweis an, der zeigt, daß die Ackermann-Funktion stärker wächst als die Konstruktionsverfahren *Substitution* und *Rekursion* dies zulassen. Die Ackermann-Funktion ist demnach nicht primitiv-rekursiv, aber sie ist berechenbar. Das heißt, daß durch den Begriff *berechenbar* mehr Funktionen erfaßt werden, als durch den Begriff *primitiv-rekursiv*. Allerdings beseitigt ein (einziges) weiteres Konstruktionsverfahren (neben Substitution und Rekursion) diesen Unterschied:

Sei g eine primitiv-rekursive Funktion von N^{n+1} in N. Wird der Wert $x=(x_1,x_2,\ldots,x_n,x_{n+1})\in N^{n+1}$ kurz als (X,y) mit $X=(x_1,x_2,\ldots,x_n)$ und $y=x_{n+1}$ geschrieben, dann heißt die Funktion

```
f(X)=μy[g(X,y)]
    =Min{y∈N|g(X,y)=0 und für z<y ist g(X,z) definiert}
```

die *Minimalisierung* von g (bezüglich y). Dabei ist {...} eine Teilmenge von N, und mit Min{...} wird ihr kleinstes Element bezeichnet. Vereinfacht ausgedrückt ist f(X) das Minimum aller y∈N, für die g(X,y)=0 gilt. Als Beispiel für eine Minimalisierung soll die Quadratfunktion q von N in N mit $q(x)=x^2$ dienen. Daß sie primitiv-rekursiv ist, kann folgendermaßen gezeigt werden:

```
q(x) = x*x = mul(x,x) und

mul(0,y) = 0 und
mul(x,0) = 0 und
mul(x,y) = add(x,mul(vg(x),y)
         = y+mul(x-1,y)  für x,y>0
```

Von `add` und `vg` ist bereits gezeigt worden, daß sie primitiv-rekursiv sind. Um jetzt `q` als Minimalisierung verstehen zu können, ist eine entsprechende primitiv-rekursive Funktion `g` von $\mathbb{N}^2$ in $\mathbb{N}$ anzugeben, aus der `q` abgeleitet werden kann. Wird `g` als `g(x,y)`=x^2-`y` (Subtraktion in $\mathbb{N}$) gewählt, ergibt sich:

```
f(x)=Min{y∈N|x²-y=0 und x²-z ist definiert für z<x}
```

Für ein gegebenes $x \in \mathbb{N}$ ist die kleinste Zahl `y` mit x^2-`y`=0 oder `y`=x^2 der Wert x^2 selbst, und x^2-`z` ist für alle `z`<`y` definiert. Das heißt, daß `f(x)`=x^2 ist.

Eine Funktion heißt *μ-rekursiv*, wenn sie mit Hilfe der Substitution, Rekursion und Minimalisierung aus der Nachfolgerfunktion, den konstanten Funktionen und den Projektionen in endlich vielen Schritten aufgebaut werden kann. Die Ackermann-Funktion beispielsweise ist μ-rekursiv. Für den Beweis muß auf die Literatur, zum Beispiel auf Stetter [STE88] oder Schöning [SCH92], verwiesen werden. Das heißt, daß mit der μ-Rekursion mehr Funktionen beschrieben werden, als durch die primitive Rekursion. Jede μ-rekursive Funktion ist berechenbar, weil ihre Konstruktion durch einen nach endlich vielen Schritten abbrechenden Algorithmus beschrieben werden kann. Daß auch die Umkehrung richtig ist und die beiden Funktionsklassen äquivalent sind, wird beispielsweise von Stetter [STE88] und von Schöning [SCH92] gezeigt. Der Zusammenhang mit den intuitiv berechenbaren Funktionen wird im nächsten Abschnitt hergestellt werden.

3.4 These von Church

Der Begriff *Algorithmus* ist (im Abschnitt 2.1) zuerst intuitiv benutzt und dann mit der Turing-Maschine und ihren Programmen präzisiert worden. Nach der Vorstellung formaler Systeme konnte (im Abschnitt 2.3) die Äquivalenz von Turing-Programmen und Produktionssystemen bei unterschiedlichen Maschinenausprägungen gezeigt werden. Das heißt, daß Turing-Programme und formale Systeme ein und denselben Algorithmusbegriff beschreiben. Aber ob damit auch der intuitive Begriff vollständig mit erfaßt wird, bleibt offen. Klar ist nur, daß jedes Turing-Programm (und jedes Produktionssystem) einen Algorithmus beschreibt. Die Umkehrung ist prinzipiell nicht beweisbar, weil der Begriff *Intuition* nicht formal faßbar ist. Sie könnte allenfalls widerlegt werden. Dazu müßte ein Algorithmus gefunden werden, zu dem kein äquivalentes Turing-Programm angegeben werden kann. Alle derartigen Versuche sind bislang gescheitert. Dies hat bereits 1936 Alan Turing veranlaßt, eine These zu formulieren, die inzwischen als *Turingsche These* bezeichnet wird und sinngemäß folgendermaßen lautet:

Turingsche These (1936):

Jedes Programm für eine Turing-Maschine stellt einen Algorithmus dar, und für jeden Algorithmus gibt es ein Programm für eine Turing-Maschine, das diesen Algorithmus realisiert.

Ganz ähnlich wie bei der Vorstellung des Algorithmusbegriffs ist bei der *Berechenbarkeit* verfahren worden. Daß bestimmte Funktionen wie zum Beispiel die Addition natürlicher Zahlen berechenbar sind, ist intuitiv einsichtig. Um den Begriff formal zu fassen, ist er zum einen auf Turing-Programme zurückgeführt worden und zum anderen auf μ-rekursive Funktionen. Beide Berechenbarkeitsbegriffe sind äquivalent. Weitere Ansätze, um *Berechenbarkeit* zu erklären, wie zum Beispiel WHILE-Programme, GO-TO-Programme, Markovsche Algorithmen (A.A. Markov (1856-1922), russischer Mathematiker) und der λ-Kalkül (λ: griechischer Buchstabe) von Church, werden unter anderem von Maurer [MAU77], Stetter [STE88], Schöning [SCH92] und Wegener [WEG93] angeführt. Keiner dieser Formalismen hat zu einer berechenbaren Funktion geführt, die nicht auch Turing-berechenbar ist.

Dies hat den amerikanischen Mathematiker Alonzo Church ebenfalls 1936 zu der nach ihm benannten *Churchschen These* veranlaßt, die sinngemäß folgendes zum Ausdruck bringt:

Churchsche These (1936):

Die durch die Turing-Berechenbarkeit erfaßte Klasse von Funktionen stimmt mit der Klasse der intuitiv berechenbaren Funktionen überein.

Diese These ist aus den gleichen Gründen wie die Turingsche prinzipiell nicht beweisbar. Die Turingsche These bezieht sich direkt, die Churchsche indirekt auf Algorithmen. Stetter [STE88] weist darauf hin, daß gezeigt werden kann, daß beide Thesen äquivalent sind. Dadurch wird die Praxis gerechtfertigt, auch dann von der These von Church zu reden, wenn genau genommen die von Turing gemeint ist.

3.5   Grenzen algorithmischer Lösbarkeit

Arten von Unlösbarkeit

Aufgrund ihres einfachen Aufbaus sind Turing-Maschinen gut geeignet, um Fragen nach prinzipiellen Grenzen des mit Algorithmen Erreichbaren zu beantworten. Zuerst soll anhand von Beispielen gezeigt werden, daß es ganz unterschiedlich geartete derartige Grenzen gibt. Anders ausgedrückt heißt das, daß es verschiedene Arten von Unlösbarkeit gibt.

Beispielsweise ist aus der Geometrie bekannt, daß es nicht möglich ist, nur mit Zirkel und Lineal einen Winkel in drei gleiche Teile zu zerlegen. Mit Hilfe der Trigonometrie dagegen ist dies problemlos möglich. Die Unlösbarkeit der Winkeldrittelung wird durch die einschränkende Forderung nach ausschließlicher Verwendung von Zirkel und Lineal verursacht.

An praktische physikalische Grenzen stößt der folgende Algorithmus, der eine natürliche Zahl n auf einem Drucker als n Striche ausgibt, wobei die Striche untereinander, jeder in einer neuen Zeile, stehen.

```
drucke(n∈N) {
  z=1;
  while(z ≤ n) {
    print(|);
    z = z+1;
    }
  }
```

Ein Drucker ist ein physikalisches Gerät, das je nach Qualität mit einer entsprechenden Geschwindigkeit druckt. Es soll angenommen werden, daß der vorliegende Drucker in einer Minute tausendmal einen Befehl der Form print(|) ausführen kann. Wird im Programm n auf 10^6 gesetzt, dann dauert ein Programmlauf 10^3 Minuten oder ungefähr 17 Stunden. Wird n auf 10^{11} gesetzt, dauert das Drucken bereits 10^8 Minuten oder etwa 190 Jahre. Hat n den Wert 10^{100}, dann sind es 10^{97} Minuten oder etwa 10^{91} Jahre. Diese Zahl kann man nur richtig würdigen, wenn man sich vor Augen führt, daß das Weltall nach den populärsten Hypothesen ein Alter von etwa $2*10^{10}$ Jahren hat und daß die Zahl der Atome im bekannten Weltall kleiner als 10^{100} ist [STE88].

Das algorithmisch triviale Problem des Druckens von Zahlen findet sehr schnell physikalische Grenzen. Nach einer Überschreitung dieser Grenzen ist das Problem nicht mehr praktisch lösbar.

Eine ganz andere Art von Unlösbarkeit ist mit Funktionen verbunden, für die die sogenannte (3n+1)-Funktion typisch ist. Für die Funktion f, die durch den Algorithmus

```
F(n∈N (n>0)) {
  while(n ≠ 1)
    if(n gerade) n = n/2;
      else       n = 3*n+1;
  }
```

beschrieben wird, ist bis heute (1994) unbekannt, ob sie für jedes n einen Funktionswert liefert. Vielleicht gibt es natürliche Zahlen n, bei denen F(n) nicht terminiert. Möglicherweise wird man das Problem irgendwann lösen können, denn bis heute ist auch noch nicht gezeigt worden, daß es prinzipiell keine Lösung gibt.

Dieses Beispiel leitet zu Problemen über, deren prinzipielle Unlösbarkeit beweisbar ist. Beispielsweise kann kein Algorithmus angegeben werden, der alle reellen Zahlen zwischen 0 und 1 (ohne 0 und 1) erzeugt. Die Beweisidee dafür ist bereits im Abschnitt 1.2 im Zusammenhang mit Abzählbarkeitsbetrachtungen vorgestellt worden. Argumentiert wird folgendermaßen: Wenn es einen solchen Algorithmus gäbe, dann würde er die Zahlen zwischen 0 und 1 in einer bestimmten Reihenfolge erzeugen:

$0, a_1 b_1 c_1 d_1 \ldots$
$0, a_2 b_2 c_2 d_2 \ldots$
$0, a_3 b_3 c_3 d_3 \ldots$
$\ldots$

Das wären dann alle reellen Zahlen zwischen 0 und 1. Aber gerade das kann nicht sein, denn in der obigen Reihenfolge fehlt die zwischen 0 und 1 liegende reelle Zahl

```
0,x₁x₂x₃x₄... mit   x₁ ≠ a₁
                    x₂ ≠ b₂
                    x₃ ≠ c₃
                    x₄ ≠ d₄
                    . . .
```

Es gibt demnach keine Reihenfolge, in der diese Zahlen erzeugbar wären. Sie sind überabzählbar und damit auch nicht aufzählbar. Man vergleiche dazu auch den Abschnitt 3.2 mit den Betrachtungen zur Aufzählbarkeit.

Fleißiger-Biber-Funktion

Das folgende Problem beruht auf einem Spiel mit Turing-Programmen, das als *Fleißiger-Biber-Spiel* (*Busy-Beaver-Game*) bekannt ist. Dabei geht es darum, Programme (*fleißige Biber*) zu erstellen, die möglichst viele Striche (*Holzstämme*) schreiben (*zusammentragen*). Es sind beliebig viele Spieler zugelassen. Für alle gemeinsam wird eine positive ganze Zahl n (zufällig) vorgegeben.

Jeder Teilnehmer schreibt ein Turing-Programm mit genau n Befehlen. Jedes Programm findet ein leeres Band (lauter Nummernzeichen) vor, erzeugt auf dem Band ab seiner Startposition (einschließlich dieser) nach rechts Striche und hält nach endlich vielen Schritten im Zustand 0 rechts neben dem letzten Strich rechts. Jedes Programm darf außer Nummernzeichen und Strichen noch endlich viele weitere Zeichen verwenden, darf diese aber nicht auf dem Band zurücklassen. In der Abbildung 3-3 wird eine Anfangs- und Endsituation des Fleißiger-Biber-Spiels gezeigt.

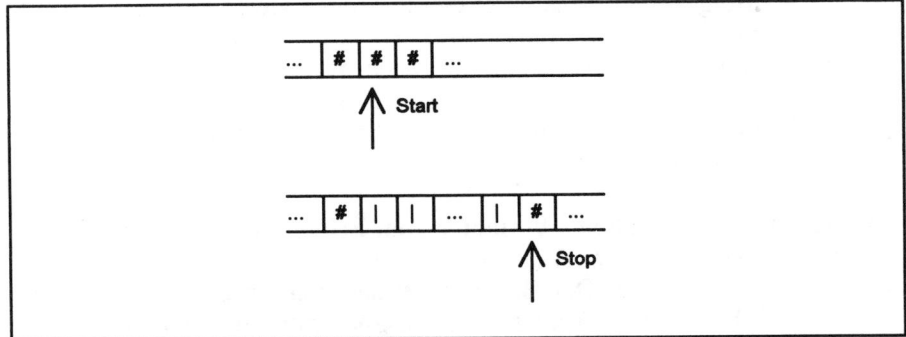

Abb. 3-3: Fleißiger-Biber-Spiel mit Anfangs- und Endsituation

Gewinner sind alle Spieler, deren Programme die meisten Striche geschrieben haben. Jeder Spieler ist bemüht, mit n Befehlen möglichst viele Striche zu erzeugen. Er strebt ein optimales Programm an.

Die *Fleißiger-Biber-Funktion* bb: $\mathbb{N}\setminus\{0\}\to\mathbb{N}$ ordnet jedem $n\in\mathbb{N}$ $(n>0)$ die maximale Anzahl von Strichen zu, die ein Turing-Programm aus n Befehlen unter den gegebenen Voraussetzungen erzeugen kann. Daß die Fleißiger-Biber-Funktion prinzipiell nicht berechenbar ist, wird zuerst plausibel gemacht und dann bewiesen. Man beachte, daß die Nichtberechenbarkeit einer Funktion die Berechnung für einzelne Argumentwerte zuläßt, was bei der Fleißiger-Biber-Funktion der Fall ist. Ihre Funktionswerte bb(n) sind für einige n bekannt.

Angenommen, ein Mitspieler hat sich folgendes Verfahren ausgedacht, um das Spiel zu gewinnen. Er hat ein Alphabet zur Verfügung, aus dem seine Turing-Programme aufgebaut werden können, und er weiß, daß jedes Turing-Programm ein Wort über diesem Alphabet ist. Er weiß auch, daß es deshalb nur endlich viele Turing-Programme mit n Befehlen geben kann. Er schreibt ein Programm, das ihm systematisch aus dem Alphabet alle diese endlich vielen Turing-Programme erzeugt, startet sie dann der Reihe nach an und vermerkt zu jedem die Zahl der zurückgelassenen Striche.

Viele dieser Programme werden gar nicht laufen, das heißt sie werden beim ersten Befehl schon stehenbleiben. Sind alle Programme durchprobiert worden, kann eines von denen, die die meisten Striche geschrieben haben, zur Preisverleihung eingereicht werden. Das Verfahren kann jedoch nicht zum Erfolg führen, denn unter diesen endlich vielen Programmen aus n Befehlen sind auch solche, die endlos lange laufen. Beim Durchprobieren wird früher oder später das erste von ihnen gestartet. Da der Mitspieler nicht weiß, daß es ein nichtterminierendes Programm ist, muß er warten, ohne ein Abbruchkritierium zu haben. Das heißt, daß sein Verfahren nicht terminiert. Es ist unbrauchbar.

Daß auch kein ausgefeilteres Verfahren zum Erfolg führen kann, wird jetzt indirekt bewiesen. Aus der Annahme der Berechenbarkeit von bb wird ein Widerspruch hergeleitet. Der Beweis orientiert sich an einem Artikel von W. Brauer (TU-München) im Informatik-Spektrum [BRA90] und erfordert etwas Vorbereitung.

Angenommen, in einem Fleißiger-Biber-Spiel sei n als 41 vorgegeben worden, und ein Spieler habe ein (wahrscheinlich nicht optimales) Programm, das im folgenden TP_{41} genannt werden soll, geschrieben. Er könnte vorgehabt haben, mit seinem Programm in etwa 10*10 Striche (es wird sich zeigen, daß es genau 112 sein werden) zu erzeugen. Seine Programmidee soll darin bestanden haben, auf dem Band folgenden Beschriftungsverlauf zu erzeugen, bei dem mit der Schreibweise $\mid^n$ eine Folge von n Strichen gemeint ist und A, B und \$ zusätzliche (und wieder zu entfernende) Zeichen sind.

A	Anfangsmarkierung setzen.
$A\mid^{10}$	Zähler auf 10 setzen.
$B\mid^{10}\$$	Zähleranfang und -ende setzen.
$B^2\mid^9\$\mid^{10}$	Für jeden Strich des Zählers rechts
$B^3\mid^8\$\mid^{20}$	10 Striche anfügen.
...	
$B^{11}\$\mid^{100}$	Marken in $\mid$ wandeln.
$\mid^{112}$	

Das folgende Turing-Programm namens TP_{41} setzt diese Idee um:

01.	(01 # A 01)	A (Anfangsmarke setzen)
02.	(01 A R 02)	
03.	(02 # | 02)	$\mid^1$ (Strichfolge aufbauen)
04.	(02 | R 03)	
05.	(03 # | 03)	$\mid^2$
06.	(03 | R 04)	
07.	(04 # | 04)	$\mid^3$
08.	(04 | R 05)	
09.	(05 # | 05)	$\mid^4$
10.	(05 | R 06)	
11.	(06 # | 06)	$\mid^5$
12.	(06 | R 07)	
13.	(07 # | 07)	$\mid^6$
14.	(07 | R 08)	
15.	(08 # | 08)	$\mid^7$
16.	(08 | R 09)	

Weiter auf der nächsten Seite

17.	(09 # | 09)	∣ 8
18.	(09 | R 10)	
19.	(10 # | 10)	∣ 9
20.	(10 | R 11)	
21.	(11 # | 11)	∣ 10
22.	(11 | L 12)	
23.	(12 | L 12)	zurück zu A (oder B)
24.	(12 $ L 12)	
25.	(12 A B 13)	Zähler erzeugt: Trenner setzen
26.	(12 B R 14)	10 Striche anfügen
27.	(13 B R 13)	Trenner setzen
28.	(13 | R 13)	
29.	(13 # $ 13)	
30.	(13 $ L 12)	zurück zu B
31.	(14 $ | 16)	Ende: Band säubern
32.	(14 | B 15)	Summenzähler markieren
33.	(15 B R 15)	Anfügstelle suchen
34.	(15 | R 15)	
35.	(15 $ R 15)	
36.	(15 # # 02)	Zum Anfügen
37.	(16 | L 16)	Säubern, $ ist schon überschrieben
38.	(16 B | 16)	
39.	(16 # R 17)	Ans rechte Ende der Strichfolge
40.	(17 | R 17)	
41.	(17 # # 00)	Stop rechts neben der Folge

TP_{41} schreibt 112 Striche und ist nur im günstigsten Fall optimal. Das heißt, daß bb(41)≥112 ist. Das Turing-Programm TP_{41} kann auf Grund seiner Haltesituation mehrmals hintereinander ausgeführt werden. Dafür wird $TP_{41} \circ TP_{41} \circ \ldots \circ TP_{41}$ oder kurz $(TP_{41})^n$ geschrieben. Das heißt, daß $(TP_{41})^n$ als ein einziges Programm betrachtet 41n Befehle hat und 112n Striche schreibt. Für $(TP_{41})^n$ wird kurz D_n geschrieben.

Sei TP_{bb} ein Turing-Programm, mit dem die Fleißiger-Biber-Funktion berechnet werden kann, dann kann man das Band mit n beschriften, und TP_{bb} läßt auf dem Band bb(n) zurück. Genauer kann TP_{bb} so geschrieben werden, daß es rechts von einer Strichfolge startet, die Strichfolge als n interpretiert, auf dem Band bb(n) zurückläßt und im Zustand 0 rechts von bb(n) anhält. Das Programm TP_{bb} soll aus k Befehlen bestehen. Man beachte, daß k fest ist, denn TP_{bb} bestimmt bb(n) für alle $n \in \mathbb{N}$ (n>0). Mit dem Programm TP_{bb} können folgende zusammengesetzte Programmläufe durchgeführt werden, wobei für jedes $n \in \mathbb{N}$ (n>0) gilt, daß $D_n \circ TP_{bb}$ genau 41n+k Befehle hat und bb(112n) Striche schreibt. (Dabei wird zuerst D_n durchgeführt, dann TP_{bb}.) $D_n \circ TP_{bb}$ mit seinen 41n+k Befehlen ist wahrscheinlich nicht optimal. Ein optimales (41n+k)-Befehle-Programm schreibt mindestens genau so viele Striche.

Das heißt, daß die folgende Beziehung gilt, die mit einem Sternchen markiert wird und den ersten Teil des Widerspruchs liefert, auf den der vorliegende Beweis abzielt.

[*]   bb(41n+k) $\geq$ bb(112n)

Die Funktion bb ist streng monoton. Um dies zu sehen, gehe man von einem optimalen Fleißiger-Biber-Programm mit n Befehlen aus. Es endet im Zustand 0 rechts neben den von ihm erzeugten bb(n) Strichen. Man ersetzt den Zustand 0 durch den bisherigen maximalen Zustand plus Eins (das soll den Zustand M ergeben) und fügt folgende zwei Befehle an:

(M # | M)
(M | R 0)

Es sind zwei Befehle notwendig, um die neue Endposition zu erreichen. Damit ist bb(n+2)≥bb(n) für alle $n \in \mathbb{N}$ (n>0), und bb ist als streng monoton erkannt. Da k eine feste von n unabhängige Zahl ist, gibt es ein n_0, so daß $112n_0 > 41n_0 + k$ ist. Ist n_0 hinreichend groß gewählt, dann folgt aus der Monotonie von bb die zweite für den Widerspruchsbeweis benötigte und mit zwei Sternchen markierte Beziehung:

[**]   bb(112n_0) > bb(41n_0+k)

[*] und [**] zusammen ergeben:

bb(41n_0+k) $\geq$ bb(112n_0) > bb(41n_0+k)

Das ist ein Widerspruch! Das heißt, daß eine der Voraussetzungen falsch war. Die einzige (nicht triviale) Voraussetzung war die Berechenbarkeit der Fleißiger-Biber-Funktion. Das heißt, daß es keinen Algorithmus TP_{bb} geben kann.

Halteproblem

Grundlegender als die prinzipielle Nichtberechenbarkeit der Fleißiger-Biber-Funktion ist die Unlösbarkeit des *Halteproblems*. Damit ist die Aufgabe gemeint, einen Algorithmus anzugeben, der von allen anderen Algorithmen feststellt, ob diese nach endlich vielen Schritten anhalten oder nicht.

Es gibt eine Fülle von Beweisen für die prinzipielle Nichtlösbarkeit des Halteproblems. Hier soll einer vorgestellt werden, der mit einer C-ähnlichen Algorithmusformulierung argumentiert und als indirekter Beweis angelegt ist. Ein Programm P (P ist der Programmtext, die Angabe der Befehle) operiert über Daten D. Dafür wird P(D) geschrieben. Ob P(D) terminiert, hängt vom Programm P und von den Daten D ab. Einem Programm kann man seinen eigenen Programmtext als Daten zur Bearbeitung übergeben. Das heißt, daß P(P) entweder terminiert oder endlos lange läuft. Angenommen, es gebe ein Programm HT, **Haltetester** genannt, das für alle Programme P und alle Daten D feststellt, ob P(D) terminiert oder endlos lange läuft. HT liefert folgende Werte:

$$HT(P,D) = \begin{cases} 1, \text{ falls } P(D) \text{ terminiert} \\ 0, \text{ falls } P(D) \text{ nicht terminiert} \end{cases}$$

Für HT(P,P) führt der Haltetester auf die Werte:

$$HT(P,P) = \begin{cases} 1, \text{ falls } P(P) \text{ terminiert} \\ 0, \text{ falls } P(P) \text{ nicht terminiert} \end{cases}$$

Mit Hilfe dieses Haltetesters kann jetzt ein Programm namens NEU mit einem Programmtext P als Parameter erstellt werden, das folgendes leistet:

```
NEU(P) {
  while(HT(P,P) == 1);          /* nicht abbrechen*/
  }
```

Wird jetzt NEU mit seinem eigenen Programmtext als Parameter gestartet, ergibt sich folgender Programmverlauf: NEU(NEU) ruft HT(NEU,NEU) auf, und HT(NEU,NEU) prüft NEU(NEU) auf Terminierung. Dabei gibt es nur die beiden folgenden, einander ausschließenden Möglichkeiten:

1. NEU(NEU) terminiert und HT(NEU,NEU) liefert 1. Das hat zur Folge, daß NEU(NEU) nicht terminiert, weil die while-Schleife endlos lange durchlaufen wird.

2. NEU(NEU) läuft endlos lange und HT(NEU,NEU) liefert 0, woraufhin NEU(NEU) sofort terminiert.

Das ist in beiden Fällen ein Widerspruch. Daraus folgt, daß die Annahme der Existenz eines Haltetesters falsch war. HT ist eine nicht berechenbare Funktion.

Diese grundsätzlichen Überlegungen erschließen die Nichtberechenbarkeit einer Fülle von Funktionen und Problemen. Dazu gehört unter anderem das berühmte 10-te Problem des großen deutschen Mathematikers David Hilbert (1862-1943), der eine Lösung (Beweis oder Widerlegung) ausgelobt hatte. Das Problem wird in einem der nächsten Absätze beschrieben. Alle diese prinzipiell nicht berechenbaren Problemstellungen auf das Halteproblem zurückzuführen oder ihre Nichtberechenbarkeit explizit zu zeigen, geht weit über den Rahmen dieses Buchs hinaus. Hier soll eine Auflistung einiger (bekannter) nicht berechenbarer Funktionen genügen. Leser(innen), die an einzelnen Fragestellungen oder an einer Vertiefung interessiert sind, müssen auf die umfangreiche Literatur verwiesen werden. Es ist sinnvoll, zum Beispiel über das Buch *Aufzählbarkeit, Entscheidbarkeit, Berechenbarkeit* von Hermes einen Einstieg zu suchen.

Nichtberechenbare Funktionen

Es gibt prinzipiell kein Programm, das von allen anderen Programmen feststellen kann, ob sie nach endlich vielen Schritten anhalten. Deshalb müssen sich Terminierungsuntersuchungen immer auf Einzelfälle oder auf bestimmte Klassen von Programmen beschränken. Beispielsweise kann kein Betriebssystem feststellen, ob ein Programm endlos lange laufen wird oder doch noch zu einem Ende kommt. Betriebssysteme sehen manchmal für die Laufzeit von Programmen eine zeitliche Obergrenze vor. Ist die erreicht, wird eine vorbereitete Maßnahme ergriffen. Meist wird das Programm abgebrochen.

Turing-Programme und ihr Verhalten können mit der Prädikatenlogik erster Stufe vollständig beschrieben werden. Als Beispiel kann die Programmiersprache PROLOG (Programming in Logic) dienen [CLO84]. Aus der Unlösbarkeit des Halteproblems folgt, daß es kein allgemeines Verfahren gibt, mit dessen Hilfe in allen Fällen entscheidbar ist, ob eine Formel der Prädikatenlogik erster Stufe allgemeingültig ist oder nicht. Man vergleiche dazu den Abschnitt 3.2 mit den Bemerkungen über halbentscheidbare Mengen.

Es ist nicht allgemein feststellbar, ob ein Polynom in mehreren Variablen mit ganzzahligen Koeffizienten eine ganzzahlige Nullstelle hat. Das ist das vor einigen Absätzen erwähnte 10-te Problem von Hilbert.

Die folgende, nach dem amerikanischen Mathematiker E.L. Post (geb. 1897) als *Postsches Korrespondenzproblem* bezeichnete Aufgabe ist prinzipiell nicht lösbar. Dieses Problem besteht darin, aus zwei gleich langen Wortfolgen $u_1, u_2, \ldots, u_n$ und $v_1, v_2, \ldots, v_n$ über einem vorgegebenen Alphabet eine Indexfolge $i_1, i_2, \ldots, i_m$ zu finden, so daß $u_{i1} u_{i2} \ldots u_{im} = v_{i1} v_{i2} \ldots v_{im}$ ist.

Es ist im allgemeinen nicht feststellbar, ob eine kontextfreie Grammatik eindeutig ist. (Eine Grammatik heißt eindeutig, wenn jedes terminale Wort nur durch genau eine Ableitungsfolge erzeugt werden kann.) Ebenfalls gibt es kein allgemeines Verfahren um festzustellen, ob zwei deterministische Programme für endliche Automaten äquivalent sind.

Die Menge der nicht haltenden Turing-Programme stellt eine (formale) Sprache dar, zu der es keine Beschreibung als formales System gibt. Man vergleiche dazu den Abschnitt 2.2.

Die folgenden Funktionen werden als *einfach* bezeichnet:

```
f(x)=x;
f(x)=k;   k Konstante
f(x)=sin(x);
f(x)=cos(x);
f(x)=arcsin(x);
f(x)=arccos(x);
f(x)=e^x;
f(x)= ln(x);
f(x)=|x|; Betragsfunktion
```

Alle endlichen Summen, Differenzen, Produkte und Quotienten aus einfachen Funktionen sowie Zusammensetzungen der Form f(g(X)) mit einfachen Funktionen f und g heißen ebenfalls einfach. Es ist im allgemeinen nicht feststellbar, ob das Integral

$$\int f(x)\,dx$$

einer einfachen Funktion f(x) auch eine einfache Funktion (von x) ist.

3.6 Übungen

3.1   Mit Hilfe der Grundrechenarten bestimme man, ob $n \in \mathbf{N}$ eine Primzahl ist.

3.2   Man gödelisiere den String `adac` und prüfe, ob 17196 bei dieser Gödelisierung Gödelnummer ist.

3.3   Man zeige, daß die Menge der geraden Zahlen entscheidbar ist.

3.4   Ist die Menge der Primzahlen aufzählbar?

3.5   Man formuliere die Berechnung der Summe der ersten n natürlichen Zahlen einmal iterativ und einmal rekursiv.

3.6   Warum ist die These von Church nicht beweisbar?

4

Komplexität

4.1 Zeit- und Speicherkomplexität

Komplexitätsbegriff

Die bisherigen Ausführungen zu Algorithmen waren qualitativer Art. Gefragt wurde nach prinzipiellen Berechnungsmöglichkeiten, wobei außer Acht gelassen wurde, welche Betriebsmittel (Ressourcen) wie zum Beispiel CPU-Zeit, Hauptspeicherplatz oder Plattenlaufwerke in welchem Umfang für eine Berechnung benötigt werden. Mit einer praktischen Programmierung ist jedoch häufig das Ziel verbunden, optimale Programme zu erstellen. Die Optimierung bezieht sich dabei auf eine möglichst vorteilhafte Nutzung der vorhandenen Betriebsmittel. Was dabei unter vorteilhaft zu verstehen ist, hängt allerdings von einer Vielzahl von Parametern ab. Oft besteht eine Optimierung der Programme darin, den zentralen Prozessor (die CPU) so kurz wie möglich in Anspruch zu nehmen. Das ist beispielsweise dann der Fall, wenn viele Benutzer gemeinsam (im Time-Sharing) auf die Rechenanlage zugreifen. Das Betriebsmittel *Prozessor(zeit)* (es ist keineswegs das einzige) wird spätestens dann für ein Programm (bzw. den Programmierer) substantiell, wenn selbst bei einer ausschließlichen Benutzung der CPU ihre Rechenleistung nicht ausreicht, um das Programm (korrekt) zum Abschluß zu bringen.

Der für die Durchführung einer Berechnung notwendige Aufwand an Betriebsmitteln wird als *Komplexität* (der Berechnung) bezeichnet. Die Komplexität beschreibt den Aufwand, den ein Programm treiben muß, um ein bestimmtes Problem zu lösen. Im folgenden sollen einige Grundbegriffe und Grundüberlegungen der Komplexitätstheorie vorgestellt werden, um dann sehr schnell zu praktischen Untersuchungen von Programmen überzugehen. Detaillierte Darstellungen der Theorie gehen auf unterschiedliche Komplexitätsklassen ein und beschreiben Beziehungen zwischen diesen

Klassen. Dieser Teil der theoretischen Informatik soll zugunsten einiger praktischer und beispielhaft vorgestellter Algorithmenanalysen hier nicht vertieft werden. Interessierte Leser(innen) können auf die reichhaltige Literatur zu diesem Thema, zum Beispiel auf Wegener [WEG93], verwiesen werden.

Sei P ein Programm, das mit einer Eingabe (mit Daten) D arbeitet. Dann ist oft von Interesse, wie sich die Komplexität von P als Funktion von | D | (der Länge von D) verhält. Ein *konstanter* Funktionsverlauf liegt vor, wenn der Berechnungsaufwand von der Datenlänge unabhängig ist, was in der Praxis allerdings nur sehr selten vorkommt. Ein Beispiel ist die Untersuchung eines Wortes daraufhin, ob es mit a beginnt. Aber schon eine Prüfung, ob diesem a nur ganz bestimmte Zeichen folgen, führt zu einem nicht mehr konstanten Funktionsverlauf.

Bei *logarithmischen* Funktionsverläufen steigt der Berechnungsaufwand logarithmisch mit der Datenlänge. Das heißt, daß er langsamer wächst als | D |. Ein solcher Verlauf ist typisch für Algorithmen, die ein Problem durch fortgesetzte Aufteilung in gleich große Teilprobleme lösen können. *Intervallhalbierungen* in der Mathematik und die *binäre Suche* in der Informatik [WIR83] sind Beispiele für derartige Algorithmen.

Lineare Funktionsverläufe liegen vor, wenn der Aufwand linear mit der Datenlänge steigt, was immer dann auftritt, wenn mit jedem einzelnen Datum ein und dieselbe Operation durchgeführt wird. Allgemein heißen Funktionsverläufe *polynomial*, wenn der Berechnungsaufwand wie ein Polynom, zum Beispiel quadratisch oder kubisch (oder in der n-ten Potenz), mit der Datenlänge steigt. Das ist typisch für Programme, die mit Datenpaaren oder Datentripeln (oder allgemeiner mit n-stelligen Datenteilfolgen) arbeiten und in zweifach oder dreifach (oder n-fach) geschachtelten Schleifen laufen.

Schließlich liegt ein *exponentieller* Funktionsverlauf vor, wenn der Aufwand exponentiell mit der Datenlänge zunimmt. Diese Situation tritt bei sogenannten *Brute-Force-Algorithmen* auf, bei denen systematisch alle möglichen Kombinationen von Einzeldaten bearbeitet werden (müssen).

Die Turing-Maschine ist gut geeignet, um ein prinzipielles Verständnis für die Komplexität von Algorithmen zu erreichen. Man betrachte als Beispiel ein Turing-Programm, mit dem festgestellt werden soll, ob auf einem sonst leeren Band einer Turing-Maschine eine geradzahlige (auch leere) oder eine ungeradzahlige Strichfolge steht. Das folgende Programm startet bei einer nichtleeren Strichfolge im Zustand 1 auf dem ersten Strich von links, bei einer leeren auf irgendeinem Nummernzeichen. Es hinterläßt im Zustand 0 ein leeres Band, wenn es geradzahlig viele Striche gefunden hat, und genau einen Strich im anderen Fall.

```
( 1 # # 0 )          geradzahlig, eventuell Null
( 1 | # 2 )
( 2 # R 3 )
( 3 # | 0 )          ungeradzahlig
( 3 | # 4 )
( 4 # R 1 )
```

Das folgende Schema zeigt, wieviele Befehle jeweils durchlaufen werden, um eine Strichfolge s zu bearbeiten:

```
Bei |S|=0 wird     1 Befehl durchlaufen.
Bei |S|=1 werden   3 Befehle durchlaufen.
Bei |S|=2 werden   5 Befehle durchlaufen.
Bei |S|=3 werden   7 Befehle durchlaufen.
Bei |S|=4 werden   9 Befehle durchlaufen.
...
```

Offensichtlich werden für n Striche 2n+1 Befehlsausführungen benötigt, und die Komplexität wächst linear mit n. Bei einer Turing-Maschine dauert die Ausführung eines Befehls immer genau einen Takt. Das heißt, daß die Anzahl der Befehlsausführungen die benötigte Rechenzeit in Takten angibt. Man spricht deshalb von *Zeitkomplexität*. Für ein Turing-Programm gibt es neben der Taktanzahl (der Laufzeit des Programms) ein weiteres Betriebsmittel, dessen Größe bestimmt werden kann. Das ist der vom Programm bearbeitete Teil des Bandes der Turing-Maschine, kurz der Platzbedarf für die Programmdaten einschließlich eventueller Zwischenergebnisse. Unter der *Speicherkomplexität* eines Turing-Programms versteht man die Anzahl der Felder des Turing-Bandes, die vom Programm bearbeitet werden.

Zwischen der Speicherkomplexität und der Zeitkomplexität eines Turing-Programms besteht eine Kleiner-Gleich-Beziehung, denn um einen Feldinhalt zu lesen oder zu verändern, ist mindestens ein Turing-Befehl erforderlich. Das heißt, daß für ein Turing-Programm die Speicherkomplexität nur kleiner oder höchstens gleich der Zeitkomplexität sein kann. Die Zeitkomplexität wird deshalb hier als der wichtigere der beiden Begriffe angesehen und als einziger weiter verfolgt. Diese Einschränkung der Untersuchung der Komplexität auf eine *Grenze nach oben* hat praktische Gründe.

Bei der Erstellung eines Programms oder bei einer (vergleichenden) Programmanalyse ist es wichtiger zu wissen, welcher Bedarf an Betriebsmitteln höchstens (im schlimmsten Fall) zu erwarten ist, als zu wissen, was mindestens gebraucht wird. In der Praxis ist der Mindestbedarf in der Regel gedeckt und bedarf keiner Untersuchung, während der Höchstbedarf unter Umständen eine Rechenanlage und mit ihr den gesamten Rechenbetrieb sehr stark beeinträchtigen kann. Auf Grund dieser praktischen Erwägungen behandeln die Komplexitätsbetrachtungen in diesem Buch nur Aufwandsabschätzungen *nach oben*. Wie problematisch in der Praxis selbst diese Einschränkung ist, kann man sich durch die Überlegung bewußt machen, daß es vielleicht (praktisch) völlig bedeutungslos ist, was im schlimmsten Fall an Betriebsmitteln benötigt wird, wenn dieser Fall nur sehr selten eintritt.

Das folgende Beispiel zeigt eine Aufwandsanalyse für ein Turing-Programm. Das Vorgehen dabei ist typisch für derartige Analysen und wird in diesem Kapitel noch mehrmals verwendet werden. Das zu lösende Problem soll darin bestehen, ein Wort der Form 0^n1^n $(n>0)$ auf dem sonst leeren Band (lauter Nummernzeichen) einer Turing-Maschine zu erkennen. Kern des Erkennungsverfahrens soll ein Programm sein, das versucht, immer paarweise (von außen her) links eine Null und rechts eine Eins mit einem Nummernzeichen zu überschreiben (anschaulich zu löschen). Bleibt ein leeres Band zurück, was wegen der kontinuierlich kleiner werdenden Wortlänge auch ohne Sonderzeichen erkennbar ist, dann lag 0^n1^n $(n>0)$ vor.

Zuerst wird die Analyse auf diesen Kern des Verfahrens eingeschränkt, und es wird weiter angenommen, daß tatsächlich ein Wort der Form 0^n1^n $(n>0)$ vorliegt. Die Einschränkungen sind dadurch gerechtfertigt, daß bei einem Wort, das nicht die Form 0^n1^n $(n>0)$ hat, der Kernalgorithmus relativ früh scheitern wird und genau dann den größten Aufwand treiben muß, wenn 0^n1^n $(n>0)$ gegeben ist. Der Aufwand zur Kontrolle der Endebedingung und zur Darstellung des Untersuchungsergebnisses ist unabhängig von der Datenlänge und für große n vernachlässigbar.

Der Kernalgorithmus soll auf der ersten Null (von links) starten. Um ein Wort der Form $0^n 1^n$ (n>0) auf $0^{n-1} 1^{n-1}$ zu reduzieren, muß er im wesentlichen folgendes leisten:

1.   Die erste 0 wird mit # überschrieben;
2.   dann werden n-1 Nullen und n-1 Einsen überlesen;
3.   schließlich wird die letzte 1 (rechts) mit # überschrieben.

Man beachte die Einschränkung auf *im wesentlichen*. Es ist keine ganz genaue Befehlszählung. Zwar ist der Startbefehl erfaßt, aber die Endeprüfung ist nicht ausgeführt. Der dafür notwendige Aufwand ist von n unabhängig. Er stellt eine konstante Größe k_0 dar, die additiver Bestandteil des Gesamtaufwands ist. Auch wird nicht berücksichtigt, daß eigentlich n und nicht n-1 Einsen überlesen werden müssen, um dann den Lese-Schreibkopf wieder um ein Feld nach links zu setzen. Bei n Reduktionsschritten tritt dieser Aufwand n-mal auf und stellt für den Gesamtaufwand ebenfalls eine additive Größe dar. Allerdings hängt er linear von n ab, das heißt, daß er die Form nx (n*x mit dem Einzelaufwand x) hat.

Auch das Schreiben der beiden Nummernzeichen bei jedem Reduktionsschritt geht additiv als 2n in die Aufwandsberechnung ein. Werden alle linear von n abhängigen Größen zusammengefaßt, ergibt sich für den Gesamtaufwand eine additive Komponente der Form nk (n*k) mit einer Konstanten k. Noch nicht berücksichtigt ist die Bewegung des Lese-Schreibkopfes bei jedem Reduktionsschritt von einem Wortende zum anderen. Nach der bisherigen Überlegung werden dazu 2(n-1) Befehlsausführungen benötigt. Jetzt kann der Algorithmus versuchen, von rechts her $0^{n-1} 1^{n-1}$ auf $0^{n-2} 1^{n-2}$ zu reduzieren und so weiter. Das folgende Schema zeigt den Aufwand für die Bewegung des Lese-Schreibkopfes:

```
Bei  0ⁿ1ⁿ          sind    2(n-1)      Befehle nötig
Bei  0ⁿ⁻¹1ⁿ⁻¹      sind    2(n-2)      Befehle nötig
...
Bei  0²1²          sind    2*1         Befehle nötig
```

Zusammen sind das 2(1+2+...+(n-1)) Befehlsausführungen. Um den Wert dieses Ausdrucks zu bestimmen, wird ein Verfahren verwendet, das dem deutschen Mathematiker C.F. Gauß (1777-1855) zugeschrieben wird:

$$2(1+2+\ldots+(n-1)) = 1 + 2 + \ldots + (n-1) +$$
$$(n-1) + (n-2) + \ldots + 1 = n(n-1)$$
$$= n^2 - n$$

Eine Zusammenfassung der (additiven) Teile des Gesamtaufwands liefert damit die folgende Funktion:

$$\text{Aufwand}(n) = k_0 + nk + n^2 + n = n^2 + (k+1)n + k_0$$
$$= n^2 + k_1 n + k_0$$

Das bedeutet, daß der Aufwand, den der Kernalgorithmus für die Erkennung eines Worts der Form $0^n 1^n$ (n>0) betreiben muß, im wesentlichen quadratisch mit n wächst. Man beachte, daß aber gerade der Summand, der n^2 geliefert hat, durch die Arbeitsweise der allgemeinen Turing-Maschine entstanden ist. In ihm spiegelt sich die Wanderung des Lese-Schreibkopfes wider. Verglichen mit realen Computersystemen ist ein Turing-Band jedoch kein realistisches Speichermedium.

Bei realen Rechnern ist der Speicher, auf den sich Programmbefehle unmittelbar beziehen können, *direkt adressierbar*. Als *direkt adressierbar* bezeichnet man einen Speicher, bei dem jeder Zugriff auf jede adressierte Speicherstelle gleich viel Zeit in Anspruch nimmt. Die Register des zentralen Prozessors (der CPU) können als speziell adressierter Teil dieses Speichers, der *Haupt-* oder *Arbeitsspeicher* heißt, angesehen werden. In der Regel hat er eine *Byte-Struktur*, das heißt, daß die durch Adressen ansprechbaren Einheiten Bytes (zu je acht Bits) sind.

Neben dem Hauptspeicher gibt es (meist mehrere) *Massen-* oder *Sekundärspeicher*. Deren Daten müssen vor einer Bearbeitung durch Programmbefehle (vom Betriebssystem des Rechners) in den Hauptspeicher übertragen und nach der Bearbeitung wieder zurückgeschrieben werden. Die Übertragungseinheiten heißen *Blöcke*, und ihre Größe ist häufig (zum Beispiel bei Festplatten) ein ganzzahliges Vielfaches von 512 Bytes. Arbeitet ein Programm mit CPU-Registern, dem Hauptspeicher (dort befinden sich die Variablen eines Programms) und einem oder mehreren Massenspeichern, dann beeinflussen die unterschiedlichen Zugriffsgeschwindigkeiten das zeitliche Verhalten des Programms und müssen bei einer Vielzahl von Anwendungen berücksichtigt werden.

Im Datenbankbereich werden beispielsweise häufig Zugriffe auf Massen-
speicher mit den zugehörigen Blockübertragungen und einer Zwischen-
speicherung (Pufferung) im Hauptspeicher benötigt. Das hat zur Entwicklung geeigneter blockorientierter Datenstrukturen wie B-Bäume und entsprechender Algorithmen geführt [WIR83]. Eine Einbeziehung der Mas-
senspeicher in Aufwandsbetrachtungen geht über den hier vorgesehenen
Rahmen hinaus, ist jedoch durchaus (gerade im Datenbankbereich) von
praktischer Bedeutung, so daß an dieser Stelle auf die Datenbankliteratur,
beispielsweise auf das Buch *Implementierung von Datenbanksystemen*
von Härder [HÄR78], hingewiesen werden soll.

Ein Hauptspeicher (ein *Speicher mit direktem Zugriff*) wird auch als *Ran-
dom-Access-Memory* (RAM) bezeichnet. Es wäre möglich gewesen, im
Abschnitt 2.1 den Algorithmusbegriff mit Hilfe einer modifizierten Turing-
Maschine einzuführen, deren Band als RAM ausgeprägt ist, wobei jede der
adressierten Speichereinheiten eine natürliche Zahl (beliebiger Länge) aufnehmen kann. Das heißt, daß bei einem Bandzugriff nicht ein einzelnes
Zeichen (ein Strich), sondern eine Zahl ($n \in \mathbb{N}$) angesprochen wird. Wegener
[WEG93] und andere Autoren zeigen, daß dadurch der Algorithmus- und
der Berechenbarkeitsbegriff nicht beeinflußt werden. Auch mit einer
RAM-orientierten Maschinenausprägung können keine Funktionen
berechnet werden, die nicht auch Turing-berechenbar sind.

Bezüglich des Aufwands, der für eine Berechnung zu treiben ist, zeigt sich
jedoch ein deutlicher Unterschied zwischen einer allgemeinen und einer
RAM-orientierten Turing-Maschine. Angenommen, ein Wort der Form $w=$
$w_1 w_2 \cdots w_n w_{n+1} w_{n+2} \cdots w_{2n} = 0^n 1^n$ ($n>0$) steht so im Hauptspeicher, daß
sich jedes w_i ($i=1,2,\ldots,2n$) in einer (eigenen) Speicherstelle befindet
und i deren Adresse ist. Als Datenstruktur heißt ein solcher Teil des
Hauptspeichers *Array* oder (im Deutschen) manchmal *Reihung*. Das folgende Programm realisiert den Kernalgorithmus für die Erkennung von
Wörtern der Form $0^n 1^n$ ($n>0$):

```
ERKENNUNG(W∈{0ⁿ1ⁿ | n>0}) {
   for(i von 1 bis n) {
      wᵢ       = #;
      w₂ₙ₊₁₋ᵢ  = #;
      }
   }
```

Wird der Aufwand, um einen Index (eine Adresse) zu berechnen zusammen mit dem Aufwand, um ein Nummernzeichen zu schreiben, als Einheit eines *Kostenmaßes* genommen und der Aufwand für Aktivitäten wie die Parameterübergabe und die Kontrolle der for-Schleife als Konstante k angesetzt, dann verursacht die Durchführung des Programms 2n+k Kosteneinheiten. Das heißt, daß der Aufwand für die Erkennung eines Worts der Form 0^n1^n (n>0) linear mit n wächst und nicht quadratisch wie bei einem Turing-Programm.

Praktisches Kostenmaß

Das Beispiel mit der Erkennung von Wörtern der Form 0^n1^n (n>0) macht deutlich, daß der Berechnungsaufwand maschinenabhängig ist, und zeigt einen Teil der Schwierigkeiten, die mit der praktischen Bestimmung der Komplexität eines Programms verbunden sind. Bei Turing-Maschinen (auch bei RAM-orientierten) gibt es nur zwei Betriebsmittel. Das sind die Laufzeit und der Speicherbedarf, und bei beiden ist das Kostenmaß leicht festzulegen. Die Laufzeit wird in Befehlsausführungen (in Takten) gemessen, der Speicherbedarf in Feldern.

Zwar sind bei Komplexitätsbetrachtungen RAM-orientierte Maschinen realistischer als allgemeine Turing-Maschinen, aber bei realen Rechenanlagen ist die Situation weitaus komplizierter. So gehen in eine Aufwandsbestimmung die unterschiedlichen Arbeitsgeschwindigkeiten unterschiedlicher Bauteile des konkreten Rechners auch in unterschiedlichem Ausmaß ein. Beispielsweise sind Operationen mit CPU-Registern schneller als Zugriffe auf den Hauptspeicher. Dazu kommt, daß unterschiedliche Prozessoren meist unterschiedlich viele Register haben. So mußte der Intel-8086-Prozessor aus dem Jahr 1980 noch mit vier allgemeinen Rechenregistern auskommen, während der RISC-Prozessor MIPS-R3000 aus dem Jahre 1991 bereits zweiunddreißig aufweisen konnte. Die Tendenz ist weiter steigend.

Prozessoren sind unterschiedlich schnell getaktet. Das heißt, daß ihre Befehlsabarbeitung unterschiedlich schnell ist. Der 8086-Prozessor war 1980 mit 5 MHz (Mega-Hertz; Millionen Schwingungen in der Sekunde) getaktet, der MIPS-R3000 brachte es 1991 auf 33 MHz. Inzwischen (1994/95) sind 300 MHz (zum Beispiel beim AXP21164-Prozessor) erreicht. Auch die Zugriffszeit auf den Hauptspeicher ist von der technischen Realisierung der jeweiligen Speicherbausteinen abhängig, und die Speichergröße ist bei jeder Rechenanlage anders.

Daneben gibt es weitere Betriebsmittel wie Bildschirme, Magnetplatten, Magnetbänder (Streamer), optische Speicher, Disketten(laufwerke), Drukker, Plotter, Netzwerkverbindungen usw. in jeweils einer bestimmten Anzahl, aber mit ganz unterschiedlichem Zeitverhalten und unterschiedlichen Anforderungen an ein Programm. Das alles macht eine genaue Bestimmung des Betriebsmittelaufwands für Programme und insbesondere einen Vergleich von Programmläufen auf verschiedenen Anlagen sehr schwierig. Ein in vielen Fällen praktikabler Weg besteht darin, ausgehend vom (algorithmisch) zu lösenden Problem alle notwendigen Programmaktivitäten, die von der Datenlänge |D| als unabhängig erkennbar sind, zu einer Konstante k zusammenzufassen und nicht weiter zu spezifizieren. Danach können die verbleibenden Programmbefehle aufwandsbezogen in Gruppen zusammengefaßt und gruppenspezifisch bezüglich ihres Verhaltens und der Häufigkeit ihrer Ausführung in Abhängigkeit von |D| untersucht werden.

Daß selbst bei relativ einfachen Problemen eine praktische Aufwandsbestimmung schwierig ist und die Interpretation der Ergebnisse sehr sorgfältig erfolgen muß, soll am Beispiel des *Sortierens* dargestellt werden. Gerade das Sortieren heranzuziehen, ist aus mehreren Gründen vorteilhaft. Zum einen handelt es sich um eine der ganz fundamentalen Aufgaben in der EDV (sortiert wird, um das spätere Wiederfinden zu erleichtern), für die viele Algorithmen vorhanden sind. Zum anderen stellt Sortieren einen geeigneten Weg dar, um in einer überschaubaren Programmumgebung Komplexität praktisch dadurch zu studieren, daß Programmanalysen durchgeführt werden. Dabei kann auf interessante Ergebnisse hingewiesen und auf Gefahrenquellen aufmerksam gemacht werden. Sortieralgorithmen sind für Leistungsanalysen auch deshalb gut geeignet, weil sie den Leistungszuwachs zeigen, der durch eine Verbesserung der Algorithmen erreicht werden kann.

Sortieralgorithmen sind in ihrer Struktur sehr stark von der Struktur der zu sortierenden Daten abhängig. So erfordert beispielsweise das Sortieren von langen Datensätzen (in Datenbankanwendungen) in Dateien auf Festplatten oder gar auf Magnetbändern ein anderes Vorgehen als das Sortieren von Integerzahlen (ganzen Zahlen aus einem festen Intervall), die alle im Hauptspeicher Platz finden. Um die Komplexitätsbetrachtungen übersichtlich zu halten, soll davon ausgegangen werden, daß eine Folge von n Integerzahlen [WIR83] zu sortieren ist und daß alle Zahlen im Hauptspeicher nebeneinander in einem Array Platz finden, so daß auf jede Zahl gleich schnell zugegriffen werden kann. Das Array soll in allen Beispielen a heissen und mit 1 bis n indiziert sein. Um das i-te Arrayelement (das i-te Element der Folge) anzusprechen wird a[i] geschrieben. C-Programmierer mögen bitte beachten, daß die Indizes hier (aus Gründen der Übersichtlichkeit) bei Eins beginnen und nicht, wie bei der Sprache C üblich, bei Null.

Das Array wird als globale und bereits mit Zahlen gefüllte Datenstruktur angenommen, so daß keine Parameterübergaben und keine Ladevorgänge zu behandeln sind. Genausowenig wird die Ausgabe des sortierten Arrays problematisiert. Mit diesen Einschränkungen sind die Befehle, die von Sortieralgorithmen benötigt werden, leicht zu klassifizieren. Da gibt es zum einen *Wertzuweisungen* an Arrayelemente und von Arrayelementen an (Hilfs-)Variablen und zum anderen *Vergleichsoperationen*. Verglichen werden Arrayelemente untereinander, aber auch Arrayelemente mit einer Variablen. Beide Befehlsgruppen sind mit Zugriffen auf den Hauptspeicher verbunden und dominieren deshalb den Programmaufwand.

Daneben fallen noch Indexoperationen an. Bei vielen Prozessoren sind das keine Speicherzugriffe (außer beim erstmaligen Ansprechen), sondern Registeroperationen, die wesentlich schneller durchgeführt werden als Zugriffe auf den Hauptspeicher. Einige von ihnen sind von n unabhängig, andere beziehen sich auf eines der Arrayelemente und können deshalb als Teil des Aufwands der entsprechenden Vergleichs- oder Wertzuweisungsoperation angesehen werden, was die Berechnungen weiter vereinfacht. Damit ist für Sortieralgorithmen (bei den genannten Einschränkungen) ein praktikables *Kostenmaß* herausgearbeitet worden. Gezählt werden die Vergleichsoperationen und Wertzuweisungen, die sich auf Arrayelemente beziehen. Von einer Summenbildung wird jedoch abgesehen, und die beiden Werte werden jeweils getrennt ausgewiesen.

Landau-Symbole

Für Komplexitätsbetrachtungen und Leistungsanalysen von Programmen wird eine Schreibweise verwendet, die nach dem deutschen Mathematiker E. Landau (1877-1938) benannt worden ist. Mit ihr werden *Schranken* für Funktionen angegeben, wobei diese Schranken selbst Funktionen sind. Anschaulich liegt, wenn man an Graphen von Funktionen f von **R** in **R** denkt, für jedes x∈**R** der Funktionswert f(x) der beschränkten Funktion unterhalb des Funktionswerts der Schranke (der Schrankenfunktion an der Stelle x).

Für viele Funktionen kann man eine obere *und* eine untere Schranke angeben. Beispielsweise ist `f(x)=sin(x)` durch die konstanten Funktionen
`f(x)=1` (für alle $x \in \mathbf{R}$) nach oben und `f(x)=-1` (für alle $x \in \mathbf{R}$) nach unten
beschränkt. Im allgemeinen sind Schranken jedoch keine konstanten Funk-
tionen.

Seien `f` und `g` Abbildungen von $\mathbf{N}$ in $\mathbf{N}$. Man sagt, das Wachstum von
`f(n)` (oder kurz `f(n)` selbst) liege in der Ordnung `O(g(n))`, falls es
natürliche Zahlen `c` und n_0 gibt, so daß `f(n)`$\leq$`cg(n)` für alle $n \geq n_0$ ist. Das
Symbol O, das ist der Großbuchstabe O, heißt *Landau-Symbol*. Mit ihm
wird eine obere Schranke für eine Funktion angegeben. Ein zweites Landau-Symbol, verwendet wird der griechische Buchstabe Ω (Omega), dient
analog für die Angabe einer unteren Schranke. Bei Komplexitätsbetrachtungen ist es, wie einleitend zu diesem Abschnitt bereits ausgeführt wurde,
wichtiger, Funktionen nach oben als nach unten abzugrenzen, so daß hier
nur die O-Notation verwendet wird. Ein Beispiel soll mit dieser Schreibweise vertraut machen. Stetter [STE88] beispielsweise geht ausführlicher
darauf ein.

Seien `f(n)=n` und `g(n)=n²` zwei Funktionen von $\mathbf{N}$ in $\mathbf{N}$. Dann können `c`
und n_0 beide als 1 gewählt werden und $n \leq n^2$ für alle $n \geq 1$. Das heißt, daß
`f(n)=n` in der Ordnung `O(n²)` liegt. Man sagt, daß `g` schneller wachse als
`f`, wenn `f(n)` in der Ordnung `O(g(n))` liegt, aber `g(n)` nicht in der Ordnung `O(f(n))`. Im Beispiel liegt `f(n)` in der Ordnung `O(n²)` aber `g(n)`
nicht in der Ordnung `O(n)`, und `g(n)=n²` wächst (auch anschaulich)
schneller als `f(n)=n`.

Mit einigen praktischen Hinweisen soll jetzt auf die Analyse einiger Sortieralgorithmen im nächsten Abschnitt übergeleitet werden. Angenommen,
von zwei Algorithmen sei der *bessere* zu ermitteln, und weiter angenommen, eine Aufwandsanalyse ergibt, daß die Komplexität des ersten (als
Funktion von `|D|=n`) in der Ordnung `O(n²)` und die des zweiten in der
Ordnung `O(n)` liegt, dann könnte sich, wie die folgende Überlegung zeigt,
eine Entscheidung zu Gunsten des zweiten ohne weitere Untersuchungen
als voreilig erweisen. Daß die Komplexität K_1 eines Programms P_1 in der
Ordnung `O(n²)` liegt, heißt, daß es zwei natürliche Zahlen `c` und n_0 gibt
mit:

`K`$_1$`(n)` $\leq$ `cn²` `für` `alle` $n \geq n_0$

Analog bedeutet die Aussage, daß die Komplexität K_2 eines Programms P_2 in der Ordnung $O(n)$ liegt, daß es Zahlen d und n_1 gibt mit:

```
K₂(n) ≤ dn für alle n≥n₁
```

Angenommen, bei weiteren Untersuchungen stellt sich heraus, daß $c=1$ und $n_0=1$ sowie $d=1.000.000$ und $x_1=1$ sind, dann gelten die Ungleichungen:

```
K₁(n) ≤ n²              für alle n>0
K₂(n) ≤ 1.000.000n      für alle n>0
```

Stehen immer nur höchstens 100 Daten ($n=|D|\leq100$) zur Bearbeitung an, dann ist der $O(n^2)$-Algorithmus vorzuziehen. Das heißt, daß insbesondere bei kleinen Werten von n ($n=|D|$) für eine Entscheidung zugunsten eines bestimmten Programms nicht nur die Feststellung der Ordnung, in der seine Komplexität liegt, herangezogen werden darf.

4.2 Sortieralgorithmen

Direktes Einfügen

In diesem Abschnitt soll jetzt beispielhaft die Komplexität einiger Sortieralgorithmen in Abhängigkeit von der Anzahl der zu sortierenden Daten untersucht werden. Aus der Vielzahl vorhandener Algorithmen können lediglich einige mit typischen Eigenschaften herausgesucht werden. Für eine umfangreichere Diskussion kann auf die Literatur, insbesondere auf Knuth [KNU73], Wirth [WIR83] und Sedgewick [SED90], verwiesen werden. Die Voraussetzungen für die folgenden Algorithmen und ihre Analyse sind bereits im Abschnitt 4.1 zusammengestellt und begründet worden.

Sortiert werden Integerzahlen (Ganzzahlen) in aufsteigender Reihenfolge. Als erstes soll das *direkte Einfügen* behandelt werden. Dieses Sortierverfahren wird gerne von Kartenspielern beim Ordnen ihres Blatts benutzt. Dabei wird in der Regel von links nach rechts gearbeitet. Die jeweils erste Karte, die von links her gesehen falsch liegt, wird entnommen und nach links an ihren Platz gebracht. Die ersten Schritte dieses Verfahrens sollen an einem Beispiel erklärt werden. Angenommen, folgende Zahlenfolge (als Array im Hauptspeicher) sei zu sortieren:

07   36   01   19   27

Eine Bearbeitung der Folge von links nach rechts führt zu folgenden Feststellungen und Aktionen:

1.   07 liegt in Reihe. (Das erste Element liegt hier immer in Reihe!)
2.   36 liegt in Reihe, denn es ist größer als 07.
3.   01 liegt falsch, denn es ist nicht größer als 36. Es ist kleiner als 36 und kleiner als 07. Deshalb kommt es ganz nach links. Die Folge hat jetzt folgendes Aussehen:
      01   07   36   19   27
4.   19 liegt falsch, denn es ist nicht größer als 36. Es ist aber größer als 07. So kommt es hinter 07 und vor 36; usw.

Der folgende Algorithmus realisiert das direkte Einfügen:

```
EINFÜGEN() {
  for(i von 2 bis n) {
    x = a[i];                        /* a[i] merken */
    j = i-1;
    while(x<a[j] and j>0) {
      a[j+1] = a[j];                 /* Verschieben */
      j = j-1;
    }
    a[j+1] = x;                      /* Einfügen    */
  }
}
```

Um diesen Algorithmus bezüglich seiner Komplexität zu analysieren, wird der i-te Durchlauf der for-Schleife herausgegriffen und in der Abbildung 4.1 dargestellt.

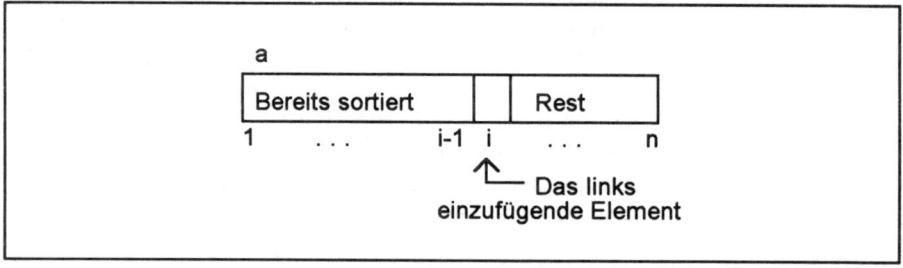

Abb. 4-1: Direktes Einfügen

Betrachtet wird nur der ungünstigste (der aufwendigste) Fall. Der liegt vor, wenn das i-te Arrayelement a[i] kleiner als das bisherige kleinste Element a[1] ist. In diesem Fall sind i-1 Vergleiche erforderlich. Das folgende Schema zeigt die Anzahl der Vergleiche, die für i von 2 bis n anfallen:

```
Bei i=2 ist es   1   Vergleich,
bei i=3 sind es  2   Vergleiche,
bei i=4 sind es  4   Vergleiche,
...
bei i=n sind es (n-1) Vergleiche.
```

Das im Abschnitt 4.1 bereits verwendete Verfahren (nach Gauß) liefert die Summe der Vergleiche als Funktion von n:

```
Vergleiche(n) = ½n(n-1) = ½(n²-n)
```

Aus der Abbildung 4-1 kann auch der Aufwand für Wertzuweisungen für den ungünstigsten Fall herausgelesen werden. Benötigt werden:

```
1    Zuweisung, um x zu belegen
i-1  Zuweisungen, um den Inhalt von a[i] zu verschieben
1    abschließende Zuweisung für a[1]
```

Das sind für den i-ten Durchgang i+1 Wertzuweisungen. Mit dem Schema

```
Bei i=2 sind es   3   Zuweisungen
bei i=3 sind es   4   Zuweisungen
bei i=4 sind es   5   Zuweisungen
...
bei i=n sind es  (n+1) Zuweisungen
```

liefert das Gaußsche Verfahren:

```
Wertzuweisungen(n) = ½(n-1)(n+4) = ½(n²+3n-4)
```

Das heißt, daß die Komplexität des direkten Einfügens bezogen auf Vergleichsoperationen und auf Wertzuweisungen in der Ordnung $O(n^2)$ liegt. Man sagt, das direkte Einfügen sei ein $O(n^2)$-Sortierverfahren.

Direktes Auswählen

Der nächste Sortieralgorithmus wird als *direktes Auswählen* bezeichnet. Ihm liegt die Idee zugrunde, von links her das kleinste Element zu suchen und mit dem ersten Platz zu vertauschen. Dann wird das Array links um eine Stelle verkürzt und das Verfahren erneut angewandt. Man beachte, daß bei jedem Durchgang das Array kürzer und das Durchsuchen entsprechend schneller wird.

Auch bei diesem Verfahren sollen beispielhaft die ersten Schritte gezeigt werden. Sei wieder die Folge 07 36 01 19 27 gegeben. Der erste Durchgang liefert 01 als das kleinste Element und erzeugt durch Vertauschen die Folge 01 36 07 19 27. Jetzt wird nur noch die Teilfolge 36 07 19 27 betrachtet und 07 als Minimum mit 36 vertauscht usw.

Der folgende Algorithmus beschreibt dieses Sortierverfahren, das mit erstaunlich wenig Wertzuweisungen auskommt:

```
AUSWÄHLEN() {
  for(i von 1 bis n-1) {
    min = i;                     /* vorläufiges Minimum */
    for (j von i+1 bis n)        /* Minimum suchen       */
      if(a[j]<a[min]) min = j;   /* Neues Minimum        */
    x = a[min];                  /* Vertauschen          */
    a[min] = a[i];
    a[i] = x;
    }
  }
```

Wieder wird zur Analyse des Berechnungsaufwands der i-te Durchgang der for-Schleife herausgegriffen und in der Abbildung 4-2 dargestellt.

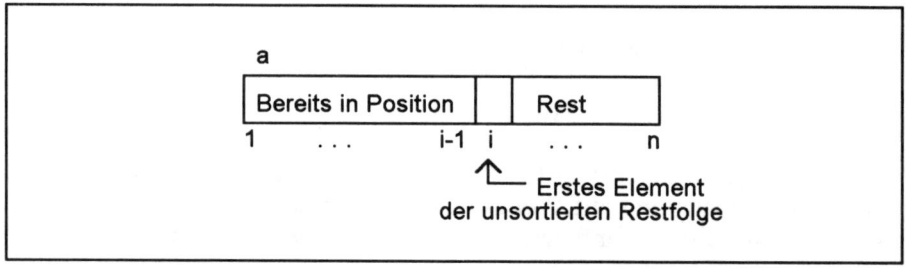

Abb. 4-2: Direktes Auswählen

Die meisten Vergleiche sind erforderlich, wenn a[n] das Minimum der Arrayelemente ab (und einschließlich) a[i] ist, denn dann fallen n-i Vergleiche an. Das Schema

```
Bei i=1    sind es  n-1 Vergleiche
Bei i=2    sind es  n-2 Vergleiche
...
Bei i=n-1 ist es   1   Vergleich
```

führt auf die Gleichung:

```
Vergleiche(n) = ½n(n-1) = ½(n²-n)
```

Überraschend ist die Zahl der Wertzuweisungen. Es sind bei jedem Durchgang durch die äußere `for`-Schleife (also für jedes `i`) genau drei (eine Vertauschung). Sie bringen das jeweilige Minimum auf die Position `i` (die relative Position `1`). Damit ist:

```
Wertzuweisungen(n) = 3(n-1)
```

Die Vergleiche und Wertzuweisungen zusammen bestimmen die Komplexität des Sortierens durch direktes Auswählen, die (wegen der Vergleiche) in der Ordnung $o(n^2)$ liegt. Daß die Zahl der Wertzuweisungen als Funktion von `n` lediglich in der Ordnung $o(n)$ liegt, hat eine Bevorzugung dieser Sortiermethode gegenüber dem direkten Einfügen in Spezialfällen zur Folge [SED90]. Sind beispielsweise Datensätze (*Records, Structures* (in C)) zu sortieren, bei denen das den Datensatz eindeutig identifizierende Attribut (der *Schlüssel*) klein im Vergleich mit der Länge des Datensatzes ist, dann sind Wertzuweisungen ganzer Datensätze sehr viel aufwendiger als Schlüsselvergleiche. Für solche Fälle ist das direkte Auswählen dem direkten Einfügen vorzuziehen. Man beachte jedoch, daß das direkte Auswählen insgesamt ein $o(n^2)$-Algorithmus ist.

Bubble-Sort

In vielen Programmierveranstaltungen für Erstsemester wird das Arbeiten mit Arrays zusammen mit Zählschleifen (`for`-Schleifen) am Beispiel einer Sortiermethode geübt, bei der je zwei benachbarte Elemente betrachtet und gegebenenfalls vertauscht werden. Das Verfahren heißt *Bubble-Sort*, wodurch sehr anschaulich beschrieben wird, daß dabei kleine Elemente schnell nach vorn gelangen, ähnlich wie Luftblasen, die im Wasser nach oben blubbern. Wieder sollen die ersten Schritte an einem Beispiel verfolgt werden. Bei den Zahlen 01   36   07   19   27 ergibt sich von rechts her folgender Verlauf:

1.   27 und 19 sind in Reihe.
2.   19 und 07 sind in Reihe.
3.   07 und 36 müssen vertauscht werden. Ergebnis:
         01   07   36   19   27
4.   07 und 01 liegen in Reihe.

Das kleinste Element ist ganz vorn und braucht nicht weiter berücksichtigt zu werden. Das Verfahren wird mit der verkürzten Folge 07   36   19   27 wiederholt. Es ist offensichtlich asymmetrisch. Die kleinen Elemente gelangen zwar schnell nach vorn, die großen jedoch nur langsam nach hinten. Man kann das Verfahren auch so gestalten, daß die großen Zahlen schnell nach hinten und die kleinen langsam nach vorn gelangen. Das legt eine Verbesserung nahe, die als *Shaker-Sort* bekannt ist und abwechselnd kleine und große Elemente bevorzugt. Die Verbesserung verändert die Komplexität jedoch nicht [WIR83], so daß der Shaker-Sort hier nicht behandelt werden soll. Das folgende Programm setzt die Überlegungen zum systematischen Paarvertausch um:

```
BUBBLESORT() {
  for(i von 2 bis n)
    for(j von n (nach unten) bis i)
      if(a[j-1] > a[j]) {
        x       = a[j-1];               /* Paarvertauschung */
        a[j-1] = a[j];
        a[j]   = x;
        }
  }
```

Zur Bestimmung des Aufwands an Vergleichen und Wertzuweisungen wird wieder der `i-te` Durchgang (äußere `for`-Schleife) betrachtet, der in der Abbildung 4-3 anschaulich dargestellt wird.

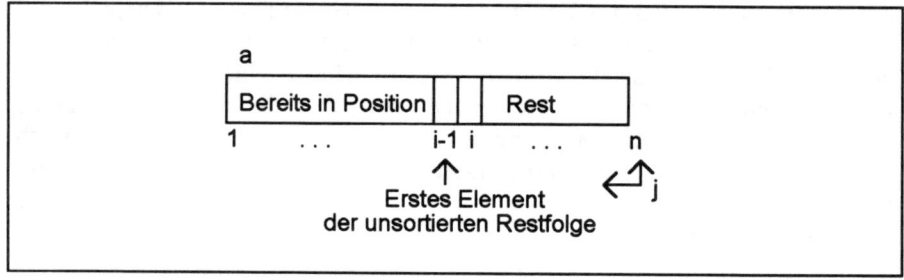

Abb. 4-3: Bubble-Sort

Beim `i-ten` Durchgang wird das Minimum von `a[i-1]` bis `a[n]` durch Paarvertauschungen auf die Position `i-1` gebracht. Dabei fallen folgende Vergleiche an:

```
a[n] mit a[n-1]; a[n-1] mit a[n-2];...;a[i] mit a[i-1]
```

Das sind `n-i+1` Vergleiche und damit:

```
bei i=2        n-2+1 = n-1 Vergleiche
bei i=3        n-3+1 = n-2 Vergleiche
...
bei i=n        n-n+1 = 1   Vergleich
```

Das heißt, daß sich für die Anzahl an Vergleichen

```
Vergleiche(n) = ½n(n-1) = ½(n²-n)
```

als Funktion von n ergibt. Beim i-ten Durchgang fallen die meisten Wertzuweisungen dann an, wenn a[n] das Minimum von a[i-1] bis a[n] ist und alle Paare vertauscht werden müssen. Das sind dann n-i+1 Vertauschungen. Da jeder Vertauschung drei Wertzuweisungen entsprechen, ergibt sich (bei gleichem Rechengang wie bei den Vergleichen):

```
Wertzuweisungen(n) = ½3(n²-n)
```

Offensichtlich ist auch der Bubble-Sort ein $o(n^2)$-Algorithmus.

Quicksort

Bei den drei bislang vorgestellten Sortierverfahren ist stets vom ungünstigsten Fall (bei jedem Durchlauf) ausgegangen worden. EDV-Praktiker interessieren sich aber in der Regel nicht (oder nur wenig) für solche sehr speziellen Datenanordnungen (auch nicht für den jeweils günstigsten Fall), sondern möchten wissen, wie sich Algorithmen in Standardsituationen verhalten. Bei allen drei Sortieralgorithmen kann der jeweils günstigste Fall mit dem gleichen Vorgehen untersucht werden, wie der jeweils ungünstigste. Geht man von einer zufälligen Anordnung der zu sortierenden n Zahlen aus, kommt man zu Mittelwerten, und es ist leicht zu sehen, daß auch diese Mittelwerte als Funktionen von n in der Ordnung $o(n^2)$ liegen. Wirth [WIR83] zeigt diesen Sachverhalt explizit, und die Ermittlung der benötigten Vergleiche ist als Übungsaufgabe (Übung 4.3) formuliert worden.

Es stellt sich jetzt die Frage, ob es überhaupt Sortierverfahren gibt, deren Komplexität langsamer wächst als n^2. Dies ist tatsächlich der Fall, und bekannte Vertreter dieser Art von Algorithmen sind unter anderem *Shellsort*, *Heapsort* und *Quicksort* [WIR83]. Von ihnen soll lediglich der *Quicksort*-Algorithmus vorgestellt und (ansatzweise) analysiert werden.

Er wurde gewählt, weil er eine überraschende und diskussionswürdige Eigenschaft aufweist und ein brauchbarer und weit verbreiteter *Allzwecksortierer* [SED90] ist. Seit seiner Vorstellung im Jahre 1962 durch den amerikanischen Informatiker C.A.R. Hoare ist er intensiv analysiert und diskutiert worden, und es sind viele Versuche unternommen worden, ihn zu verbessern [SED90]. Seine Wirksamkeit beruht auf der Überlegung, daß bei den bisher vorgestellten Sortierverfahren beim Vertauschen zweier Elemente immer nur mit einem der beiden eine Verbesserung erzielt wird. Wird so vertauscht, daß beide Elemente (schon in etwa) an ihren Platz kommen, müßte eine Leistungsverbessung eintreten. Liegt beispielsweise eine Zahlenfolge rückwärts sortiert vor, wie bei:

5   4   3   2   1

Dann genügen, wie in der Abbildung 4-4 dargestellt, zwei Vertauschungen, um die Folge (aufsteigend) zu sortieren.

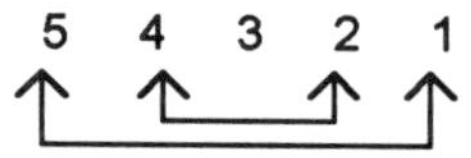

Abb. 4-4: Vertauschungen beim Quicksort

Allgemein wird so verfahren, daß willkürlich ein Element der zu sortierenden Zahlenfolge herausgegriffen und *Trenner* genannt wird. Seine Position in der Folge (im Array) spielt keine Rolle. Dann wird die Folge von links her solange durchsucht, bis ein Element gefunden wird, das größer oder gleich groß wie der Trenner ist.

```
while(a[i] < Trenner) i = i+1;
```

Dann wird von rechts (ab der Position n) her ein Element gesucht, das kleiner oder gleich groß wie der Trenner ist.

```
while(a[j] > Trenner) j = j-1;
```

Beide Suchvorgänge terminieren spätestens auf dem Trenner. An ihrem Ende werden a[i] und a[j] miteinander vertauscht. Dann wird die Suche von beiden Seiten nach innen fortgesetzt; eventuell werden weitere Vertauschungen vorgenommen. Der Durchsuchungsvorgang ist beendet, sobald die Suche von links und die von rechts einander überkreuzt haben.

```
while(i ≤ j) {
  while(a[i] < Trenner) i = i+1;
  while(a[j] > Trenner) j = j-1;
  if(i ≤ j) {
    vertausche a[i] mit a[j];
    i = i+1;
    j = j-1;
    }
  }
```

Die zu sortierende Zahlenfolge ist jetzt in zwei Teilfolgen zerlegt worden. In der linken Folge (mit den Positionen 1 bis j) befinden sich nur Zahlen, die kleiner oder höchstens gleich groß wie der Trenner sind, und in der rechten (mit den Positionen i bis n) nur größere oder mindestens gleich große wie der Trenner. Der Trenner selbst kann in die linke oder in die rechte Teilfolge gelangt sein. In der Abbildung 4-5 ist eine Zerlegung an einem Zahlenbeispiel dargestellt worden.

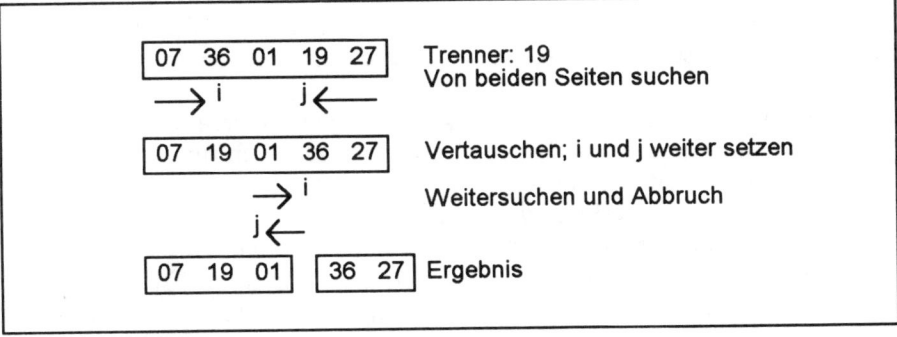

Abb. 4-5: Zerlegung beim Quicksort

Die Zerlegung einer 5-elementigen Folge in eine 3- und eine 2-elementige ist optimal. Allerdings ist dafür die (glückliche) Wahl von 19 als Trenner verantwortlich. Wird als Trenner beispielsweise stets die erste Zahl der Folge genommen (hier 07), dann liefert die Zerlegung (man vergleiche dazu die Übung 4.4) die beiden Teilfolgen 01 und 36 07 19 27. Das Beispiel zeigt die Bedeutung des Trenners für das Quicksortverfahren, das durch das folgende Programm realisiert werden kann:

```
QUICKSORT(l,r) {                    /* l: linker Rand      */
   i = l;                           /* r: rechter Rand     */
   j = r;
   trenner = a[l];                  /* erstes Element      */
   while(i ≤ j) {
      while(a[i] < m) i = i+1;      /* Suchen von links    */
      while(a[j] > m) j = j-1;      /* Suchen von rechts   */
      if(i ≤ j) {
         vertausche a[i] mit a[j];
         i = i+1;
         j = j-1;
      }
   }
   if(j > l) sort(l,j);             /* Rekursion           */
   if(i < r) sort(i,r);
}
```

Das Programm wird als QUICKSORT(1,n) gestartet und arbeitet rekursiv, das heißt, es ruft sich selbst (mit den jeweiligen (Teil-)Folgengrenzen) auf. Wirth [WIR83] weist darauf hin, daß rekursiv arbeitende Programme aufwendiger zu verwalten sind als iterativ (in Schleifen) arbeitende, und gibt für Quicksort auch eine iterative Realisierung an. Für die folgende Programmanalyse spielt diese Überlegung jedoch keine Rolle.

Zuerst soll die Anzahl der benötigten Vergleichsoperationen bestimmt werden, und zwar sowohl für den günstigsten, als auch für den ungünstigsten Fall. Wird eine n-elementige Folge mit dem beschriebenen Verfahren in zwei Teilfolgen zerlegt, dann fallen dabei n+1 Vergleiche an, wie anhand der Abbildung 4-5 nachvollzogen werden kann. Angenommen, die Zahlenfolge habe die Länge $n=2^m$ (m∈**N**, m>0) und als Trenner sei das Element gewählt worden, das wertemäßig am nächsten zum arithmetischen Mittel aller Elemente liegt. Kommen dafür zwei Elemente in Betracht, soll (willkürlich) das kleinere der beiden genommen werden. Dann entstehen durch die Zerlegung zwei Folgen mit je 2^{m-1} Elementen. Für einelementige Folgen wird das QUICKSORT-Programm nicht mehr aufgerufen. Dieser Fall ist nach genau m Zerlegungen erreicht. Ist beispielsweise $n=2^3=8$, dann liefert die:

```
1-te Zerlegung 2 Folgen mit je 4 Elementen
2-te Zerlegung 4 Folgen mit je 2 Elementen
3-te Zerlegung 8 Folgen mit je 1 Element
```

Dem folgenden Schema kann die Zahl der Vergleiche entnommen werden:

```
Die 1-te Zerlegung benötigt 2⁰(2ᵐ+1)    =2ᵐ+2⁰ Vergleiche
Die 2-te Zerlegung benötigt 2¹(2ᵐ⁻¹+1)  =2ᵐ+2¹ Vergleiche
...
Die m-te Zerlegung benötigt 2ᵐ(2⁰+1)    =2ᵐ+2ᵐ Vergleiche
```

Das sind zusammen `m2`^{m} + `2`^{m}+`2`$^{m-1}$+`...`+`2`^{0} Vergleiche. Mit `m=lg(n)` (`lg(n)`: Logarithmus von n zur Basis 2) und `n=2`^{m} ist

```
Vergleiche(n) = n*lg(n) +2ᵐ+2ᵐ⁻¹+...+2⁰
```

Das heißt, daß die Zahl der Vergleiche als Funktion von n in der Ordnung von `o(n*lg(n))` liegt. Das ist ein besserer Wert als bei allen bisher untersuchten Sortierverfahren. Ist die Länge der Ausgangsfolge keine Zweierpotenz, dann ist `lg(n)` keine natürliche Zahl. Die Länge ist hier nur deshalb so speziell gewählt worden, weil mit einer natürlichen Zahl als Schrittzahl besonders anschaulich argumentiert werden konnte. Auf die prinzipielle Herleitung des Aufwands für Vergleiche hat das keinen Einfluß.

Die Wahl des Trenners als wertemäßig (so gut wie möglich) mittleres Element war sehr günstig für das Verfahren. Nur dadurch ist diese symmetrische und schnell (logarithmisch) zu Ende kommende Zerlegung der Ausgangsfolge möglich geworden. Im allgemeinen ist die wertemäßige Mitte einer Zahlenfolge nicht bekannt, so daß irgendeines der Elemente, vielleicht das an der ersten Stelle, als Trenner verwendet wird. Angenommen, bei der Durchführung des QUICKSORT-Programms wird (unglücklicherweise) immer das wertemäßig kleinste (man kann auch mit dem größten argumentieren) Element als Trenner gewählt, dann wird die Ausgangsfolge in eine 1-elementige und eine `(n-1)`-elementige Teilfolge zerlegt. Die 1-elementige enthält das Minimum der Folge und wird nicht weiter verfolgt. Die `(n-1)`-elementige wird in eine 1-elementige und eine `(n-2)`-elementige Folge zerlegt usw. Das ist aber genau das gleiche Sortierverfahren, das dem direkten Auswählen zugrunde liegt: Von links her wird von der jeweiligen Restfolge das Minimum auf die relative Position 1 gebracht. Aus dem folgenden Schema kann die Zahl der Vergleiche abgeleitet werden:

```
n    Elemente erfordern n+1 Vergleiche
n-1  Elemente erfordern n   Vergleiche
...
2    Elemente erfordern 3   Vergleiche.
```

Das heißt, daß

```
Vergleiche(n) = ½(n-1)(n+4) = ½(n²+3n-4)
```

ist und die Zahl der Vergleiche als Funktion von n in der Ordnung $O(n^2)$ liegt. Die Aussagen über das Wachstum der Wertzuweisungen mit steigender Länge der Sortierfolge beruhen im wesentlichen auf den gleichen Überlegungen wie bei den Vergleichsoperationen. Wird als Trenner (so gut wie möglich) das wertemäßig mittlere Element genommen, sind höchstens ½n Vertauschungen (oder ½3n Wertzuweisungen) durchzuführen. Wird der Einfachheit halber wieder mit $n=2^m$ argumentiert, ergibt sich:

```
2^m    Elemente mit maximal 2^0 2^{m-1} = 2^{m-1} Vertauschungen
2^{m-1} Elemente mit maximal 2^1 2^{m-2} = 2^{m-1} Vertauschungen
...
2^1    Elemente mit maximal 2^{m-2} 2^m  = 2^{m-1} Vertauschungen
```

Zusammen sind das höchstens $m2^{m-1} = ½m2^m = ½n*lg(n)$ Vertauschungen oder ½3n*lg(n) Wertzuweisungen. Das heißt, daß die Funktion zur Berechnung von Wertzuweisungen(n) in der Ordnung $O(n*lg(n))$ liegt. Die Komplexität (Vergleiche und Wertzuweisungen zusammen) beim Quicksort-Verfahren wächst mit n*lg(n), wenn stets das wertemäßig mittlere Element für eine Zerlegung gewählt wird.

Es ist bereits darauf hingewiesen worden, daß in dem Fall, in dem bei jeder Zerlegung immer das kleinste (oder größte) Element gewählt wird, das Quicksort-Verfahren zum direkten Auswählen ausartet. Bei einer gegebenen Zahlenfolge wird das Minimum gesucht und an die erste Stelle gebracht. Dafür ist genau eine Vertauschung erforderlich. Dieser Vorgang wiederholt sich bis zur Länge 1, also (n-1)-mal. Das heißt, daß in diesem Fall die Vertauschungen und damit die Wertzuweisungen als Funktion von n in der Ordnung $O(n)$ liegen. Vergleichsoperationen und Wertzuweisungen zusammen liegen wegen der Vergleiche in der Ordnung $O(n^2)$.

Zusammengefaßt heißt das, daß Quicksort im besten Fall ein o(n*lg(n))- und im schlechtesten Fall ein o(n²)-Verfahren ist. Für unregelmäßige (nicht vorgeordnete) Zahlenfolgen ist Quicksort vorteilhaft, sonst ist das Verfahren nicht besser als die elementaren o(n²)-Sortierer. Wirth [WIR83] gibt die folgenden Laufzeiten (in ms (Millisekunden)) an, die mit einem Pascal-System auf einer Anlage Cyber-CDC6400 ermittelt wurden.

	Direktes Einfügen	Direktes Auswählen	Bubble-Sort	Quicksort
Schlüssel	366 ms	509 ms	1026 ms	60 ms
Datensätze	1129 ms	607 ms	3212 ms	137 ms

Sortiert wurden Folgen mit 256 Elementen. Einmal bestanden die Elemente nur aus Schlüsselwerten (Integerzahlen), beim anderen Mal waren es Datensätze der siebenfache Länge eines Schlüssels mit den Schlüsseln als Sortierkriterium. Die zu sortierenden Folgen waren zufällig angeordnet. Die schlechtesten Werte hat Bubble-Sort. Sobald Datensätze bewegt werden müssen, ist das direkte Auswählen das beste o(n²)-Verfahren. Quicksort ist deutlich besser als die anderen drei Sortieralgorithmen.

4.3 Übungen

4.1   Auf dem sonst leeren Band einer Turing-Maschine befinde sich
       eine nichtleere Strichfolge. Man gebe ein Turing-Programm an,
       das im Zustand 1 auf dem ersten Strich von links startet und die
       Strichfolge löscht. Zu diesem Programm bestimme man die Zeit-
       und die Speicherkomplexität.

4.2   Man gebe für $y=\sin^2(x)+\cos^2(x)$ zwei Funktionen an, die y nach
       oben bzw. nach unten beschränken.

4.3   Für die drei vorgestellten $O(n^2)$-Sortieralgorithmen bestimme man
       die Anzahl der Vergleiche, die für n Daten im jeweils günstigsten
       Fall anfallen.

4.4   Man zerlege mit dem Quicksort unter Verwendung des Trenners
       07 die folgende Zahlenfolge in zwei Teilfolgen:

       07   36   01   19   17

4.5   Man zeige, daß die Komplexität der binären Suche in einer n-ele-
       mentigen Folge durch $\lg(n)$ nach oben beschränkt ist.

5

Nebenläufigkeit

5.1 Nichtdeterminismus

Gleichzeitigkeit und Nebenläufigkeit

Bei der Vorstellung der Turing-Maschine im Abschnitt 2.1 und des Berechenbarkeitsbegriffs im Abschnitt 3.1 ist immer wieder auf einen prinzipiell vorhandenen Nichtdeterminismus in den Programmen hingewiesen worden. Typisch dafür ist eine Situation, bei der die Abarbeitung eines Turing-Programms ein Befehlspaar wie

```
( 3  #  R  4 )
( 3  #  |  5 )
```

erreicht. Die Maschine ist im Zustand 3 und *sieht* ein Nummernzeichen. Jetzt ist aber nicht eindeutig festgelegt, was sie machen soll. Sie kann den Lese-Schreibkopf nach rechts um ein Feld verschieben und in den Zustand 4 übergehen. Sie kann aber auch das Nummernzeichen mit einem Strich überschreiben und den Zustand 5 annehmen. Beide Möglichkeiten sind gleichberechtigt und müssen gemeinsam und unabhängig voneinander weiter verfolgt werden. Mit Nichtdeterminismus ist *nicht* gemeint, daß durch eine Zufallsentscheidung eine der Möglichkeiten (im allgemeinen sind es mehr als zwei) herausgegriffen wird, sondern es müssen immer *alle* Möglichkeiten behandelt werden. Zur Beschreibung nichtdeterministischer Programme ist es naheliegend, den Begriff der *Gleichzeitigkeit* zu verwenden. Die Maschine im Beispiel setzt gleichzeitig den Lese-Schreibkopf nach rechts (und geht in den Zustand 4 über), und sie läßt ihn dort, wo er ist, schreibt einen Strich und geht in den Zustand 5 über.

Daß ein Programm von der Maschine, die es ausführt, zwei (oder mehr) gleichzeitige Handlungen verlangt, führt zu der Frage nach einer technischen Realisierung dieser gleichzeitigen Bearbeitung. Darauf wird gleich eingegangen werden. Vorher jedoch ist eine Bemerkung zur Gleichzeitigkeit angebracht. Der Begriff ist naiv benutzt worden, und intuitiv haben die Leser(innen) sicherlich verstanden, was damit zum Ausdruck gebracht werden sollte. Es gibt jedoch eine Reihe von Gründen, die in Fällen wie dem vorliegenden gegen die Zugrundelegung eines Zeitbegriffs sprechen. Beispielsweise kann die Physik, genauer gesagt die Relativitätstheorie, angeführt werden. Dort wird gezeigt, daß Zeitbeziehungen zwischen Ereignissen (und damit die Gleichzeitigkeit) beobachterabhängig sind.

Mit dieser Problematik hat sich unter anderem der deutsche Informatiker C.A. Petri [REI86] intensiv auseinandergesetzt. Die (Petri-)Netztheorie betrachtet (unter anderem) *Ereignisse* und *Abhängigkeitsbeziehungen* zwischen Ereignissen. Beide werden erst durch ihr Einsatzgebiet näher bestimmt. Zwei Ereignisse heißen **nebenläufig**, wenn sie **voneinander unabhängig** sind. Dieser Begriff ist fundamentaler als ein Zeitbegriff, denn aus Zeitbeziehungen kann nicht auf Abhängigkeit oder Unabhängigkeit von Ereignissen geschlossen worden. Umgekehrt jedoch kann aus der Abhängigkeit (nicht aus der Unabhängigkeit!) zweier Ereignisse voneinander auf ihr relatives zeitliches Verhalten geschlossen werden.

Ist beispielsweise ein Ereignis E_2 von einem Ereignis E_1 abhängig, dann kann E_2 nicht vor E_1 stattfinden. Man sagt, die beiden Ereignisse finden *in Folge* oder *sequentiell* statt. Als Beispiel denke man an einen klassischen von-Neumann-Prozessor (John von Neumann, amerikanischer Mathematiker, 1903-1957), bei dem der (einzige) Befehlszähler immer auf den als nächstes auszuführenden Befehl im Hauptspeicher zeigt. Die Arbeitsweise des Prozessors läßt einen Zugriff (über den Befehlszähler) auf einen Befehl im Hauptspeicher erst zu, wenn der (aktuelle) Befehl im Prozessor abgeschlossen ist. Dadurch werden die einzelnen Befehlsabarbeitungen, das sind hier die Ereignisse, voneinander abhängig. Diese (spezielle) Abhängigkeitsbeziehung wird aufgehoben und es liegt Nebenläufigkeit vor, wenn beispielsweise zwei von-Neumann-Prozessoren (gemeinsam) betrachtet werden oder wenn ein Prozessor über mehr als einen Befehlszähler verfügt, wie immer eine technische Realisierung des letzteren auch aussehen mag.

Mit den beiden Begriffen *sequentiell* und *nebenläufig* kann die Abarbeitung von Turing-Programmen angemessen beschrieben werden. Ein deterministisches Turing-Programm weist eine Turing-Maschine an, seine Befehle sequentiell durchzuführen. Determinismus bei Turing-Programmen heißt, daß zu jedem Paar (q_1, c) (die Maschine ist im Zustand q_1 und *sieht* ein Zeichen c) im Programm genau ein Paar (A, q_2) (die Maschine führt die Aktion A aus und geht in den Zustand q_2 über) existiert.

Bei nichtdeterministischen Turing-Programmen sind alle Programmabarbeitungsmöglichkeiten gemeinsam, gleichberechtigt und unabhängig voneinander zu verfolgen. Eine nebenläufige Durchführung der gleichberechtigten Programmabarbeitungen wird dieser Forderung gerecht. Im Abschnitt 2.1 ist für *Programmabarbeitung* der Begriff *Prozeß* eingeführt worden, der hier wieder aufgegriffen werden soll. Die Abarbeitung eines einzelnen Turing-Befehls kann als elementarer (minimaler) Prozeß aufgefaßt werden. Ein deterministisches Programm führt dann zu einer Sequenz von Prozessen. Eine solche Sequenz kann als Einheit angesehen werden und wird dann *sequentieller Prozeß* genannt. Das heißt, daß einem deterministischen Turing-Programm (genau) ein sequentieller Prozeß entspricht.

Zu einem nichtdeterministischen Turing-Programm gehören mehrere sequentielle Prozesse, die von der zugrundeliegenden Turing-Maschine gleichberechtigt, gemeinsam und unabhängig voneinander durchzuführen sind. Kommt beispielsweise ein Prozeß an ein Befehlspaar wie

```
(3 # R 4)
(3 # | 5)
```

dann wird er durch zwei Prozesse ersetzt, die nebenläufig abgearbeitet werden [HOA85]. Dazu kann man sich eine Turing-Maschine vorstellen, die es erlaubt, einen Prozeß zu verdoppeln, allgemeiner gesagt, ihn zu vervielfachen. Man beachte, daß ein *Prozeß* und nicht etwa ein *Programm* oder gar eine Maschine vervielfacht wird. Insbesondere ist das Turing-Band allen nebenläufigen Prozessen, die aus einem nichtdeterministischen Programm entstehen, gemeinsam. Eine Möglichkeit, einer Turing-Maschine die Fähigkeit zu geben, Prozesse nebenläufig durchzuführen, besteht darin, ihr mehrere (endlich viele) voneinander unabhängige Zustandszähler zu geben und jedem Prozeß einen eigenen Zustandszähler zuzuordnen. Ein universelles Turing-Programm könnte diese *Hardware* geeignet einsetzen, und die Prozesse würden *echt nebenläufig* arbeiten können.

Eine andere Möglichkeit zur Prozeßdurchführung, die zu einer echten Nebenläufigkeit wirkungsgleich ist, besteht darin, mit einem universellen Turing-Programm auf einer elementaren Turing-Maschine die erforderlichen (endlich vielen) Zustandszähler zu simulieren und die Prozesse befehlsweise abwechselnd weiterzuführen. Bei einer solchen Realisierung spricht man von einer *unechten Nebenläufigkeit*.

Eine Reihe von Betriebssystemen, dazu gehört auch UNIX, sind *multitaskingfähig* [BRE93], das heißt, daß sie Prozesse (*Tasks*) verwalten. Kann ein solches Betriebssystem auf mehr als einen Prozessor zugreifen, dann ist eine nebenläufige Programmabarbeitung prinzipiell möglich. Viele konkrete Rechenanlagen verfügen jedoch nach wie vor nur über einen (einzigen) zentralen Prozessor (mit genau einem Befehlszähler). Eine echte nebenläufige Programmabarbeitung ist hier nicht möglich, denn die Arbeitsweise des Prozessors läßt nur eine sequentielle Abarbeitung der Befehle zu. Aber multitaskingfähige Betriebssysteme bilden durch einen ständigen und schnellen (spätesten nach etwa 50 ms) Wechsel zwischen der Bearbeitung der Prozesse Nebenläufigkeit nach. In diesem Fall liegt unechte Nebenläufigkeit vor. In den folgenden Betrachtungen wird zwischen echter und unechter Nebenläufigkeit nur dann unterschieden, wenn Auswirkungen auf das jeweilige Ergebnis zu erwarten sind.

Der Vorgang der Prozeßvervielfachung zum Erreichen von Nebenläufigkeit soll am Beispiel eines Programms demonstriert werden, das bereits im Abschnitt 2.1 vorgestellt worden ist, und mit dem ein beidseitig unendliches Turing-Band gelöscht werden kann. Das Band sei irgendwie mit Nummernzeichen und Strichen beschriftet und der Lese-Schreibkopf stehe auf irgendeinem Feld. Das folgende Programm werde im Zustand 1 gestartet:

```
(1 | # 1)
(1 # L 2)      <-- Nichtdeterminismus
(1 # R 3)      <--
(2 | # 2)
(2 # L 2)
(3 | # 3)
(3 # R 3)
```

Wenn die Maschine im Zustand 1 ist und einen Strich *sieht*, löscht sie ihn und bleibt im Zustand 1. In diesem Zustand *sieht* sie ein Nummernzeichen und ist damit in einer Situation, die auch Startsituation hätte sein können. Das Programm verlangt jetzt nichtdeterministisch die Ausführung von zwei Befehlen und deren Folgebefehle.

Anschaulich entstehen zwei Prozesse. Der eine führt (1 # L 2) aus und löscht in der Folge das Band nach links, während der andere (1 # R 3) ausführt und das Band nach rechts löscht.

Regeln von Bernstein

Eine nebenläufige Befehlsausführung ist keineswegs immer sinnvoll. Als Beispiel betrachte man die beiden folgenden C-Befehle:

```
a = 7;
a = 8;
```

Eine nebenläufige Ausführung dieser beiden Befehle führt zu einem unbestimmten Wert der Variablen a. Damit ist gemeint, daß ihr Wert nicht vorausgesagt werden kann. Er wird je nach dem relativen zeitlichen Verhalten der beiden Befehlsausführungen 7 oder 8 betragen. Dabei ist vorausgesetzt worden, daß ein Zugriff auf eine Variable atomar (im Sinne von *ununterbrechbar*) ist. Im Zusammenhang mit nichtdeterministischen Turing-Programmen im Abschnitt 2.1 ist auf diese Art von Unbestimmtheit bereits hingewiesen worden. Soll das Ergebnis bestimmt sein, dann dürfen Befehle wie die beiden C-Befehle des Beispiels nicht nebenläufig durchgeführt werden. Erfolgt ihre Abarbeitung jedoch konstruktionsbedingt durch zwei nebenläufige Mechanismen, dann muß diese Nebenläufigkeit zunichte gemacht und Sequentialität erzwungen werden. Das ist eine für die praktische Programmierung von Mehrprozessorsystemen und vernetzten Systemen typische Aufgabe. Prozessoren und Betriebssysteme stellen dafür (anwendungsbezogen) Techniken zur Verfügung. Vertiefungen dieser Thematik findet man in der Literatur über *verteilte Systeme*, zum Beispiel bei Brecht [BRE92].

Multiprozessorsysteme und vernetzte Systeme finden zunehmend Eingang in die praktische Datenverarbeitung. Rechnernetze erlauben unter anderem eine dezentrale Verarbeitung der Daten am Ort ihres Anfallens, eine Erhöhung der Ausfallsicherheit von Programmen und Daten und die Nutzung (räumlich zum Teil weit entfernter) gemeinsamer Betriebsmittel. Das Vorhandensein mehrerer Prozessoren ist leistungssteigernd. Ist beispielsweise aus einer in einem (globalen) Array a gespeicherten Folge von n Integerzahlen das Maximum zu bestimmen, dann kann (unter anderem) der folgende Algorithmus verwendet werden, der den Index des Maximums liefert:

```
MAX(1,n) {
   ind = 1;                           /* Index setzen   */
   for(i von 2 bis n)
      if(a[i] > a[ind]) ind = i;      /* Index umsetzen */
   return(ind);
}
```

Der Algorithmus benötigt n-1 Vergleiche von Arrayelementen. Die Zahl der Indexoperationen wächst ebenfalls linear mit n, so daß die Komplexität des MAX-Programms als Funktion von n in der Ordnung O(n) liegt. Man vergleiche dazu die Komplexitätsbetrachtungen im vierten Kapitel. Das Array kann je zur Hälfte nebenläufig von zwei Prozessen, die beide das MAX-Programm durchführen, durchsucht werden:

```
MAXIMUM() {
   Nichtdeterminismus
      i = MAX(1,½n);
      k = MAX(½n+1,n);
   Ende des Nichtdeterminismus
   if(a[i] > a[k]) return(i);
                 else return(k);
}
```

Auf die etwas merkwürdige Sprachkonstruktion für ein nichtdeterministisches Verhalten wird noch in diesem Abschnitt eingegangen werden. Bei einer echt nebenläufigen Abarbeitung der beiden MAX-Programme wird im günstigsten Fall einer (fast) vollständigen zeitlichen Überlappung nur wenig mehr als die Hälfte der Zeit benötigt als für einen Programmlauf über das gesamte Array. Man beachte, daß die Komplexität des MAX-Programms dadurch nicht verändert wird, aber die Abarbeitungszeit hat sich (in etwa) halbiert, weil die Zahl der zu durchsuchenden Elemente halbiert worden ist.

Bei Neuentwicklungen von Programmen für Mehrprozessorsysteme oder vernetzte Systeme und bei der Umstellung vorhandener (sequentieller) Programme auf moderne Rechenanlagen kann die prinzipiell vorhandene Nebenläufigkeit (angemessen) berücksichtigt werden. Auf entsprechende nichtdeterministische (höher-)sprachliche Mittel wird in einem der nächsten Absätze eingegangen werden. Ob zwei Befehle nebenläufig sinnvoll durchgeführt werden können, hängt davon ab, ob und wie sie bezüglich ihrer gemeinsamen Daten voneinander abhängig sind. Von dem amerikanischen Informatiker A.J. Bernstein stammen Regeln (aufgestellt 1966), mit deren Hilfe entschieden werden kann, ob zwei Befehle nebenläufig sinnvoll ausführbar sind. Für diese Regeln wird hier kein Beweis angegeben, da sie direkt einsichtig sind. Um die Schreibweise kurz zu halten, bezeichnet

I(Befehl)   die Menge der Eingangsvariablen eines Befehls und

O(Befehl)   die Menge seiner Ausgangsvariablen.

Dabei ist jede Variable, deren Wert sich auf die Abarbeitung des zugehörigen Befehls auswirkt, *Eingangsvariable* und jede, deren Wert durch diese Abarbeitung verändert wird, *Ausgangsvariable*. Damit sind als *Befehle* auch Unterprogrammaufrufe mit mehreren Ein- und Ausgangsparametern erfaßt. Wenn die folgenden drei Regeln *alle* erfüllt sind, dann dürfen die beiden Befehle nebenläufig ausgeführt werden:

[1] $I(Befehl_1) \cap O(Befehl_2) = \varnothing$

[2] $O(Befehl_1) \cap I(Befehl_2) = \varnothing$

[3] $O(Befehl_1) \cap O(Befehl_2) = \varnothing$

Zwei Befehle müssen, um ein bestimmtes (im Sinne von *verläßliches*) Ergebnis zu erhalten, sequentiell ausgeführt werden, wenn auch nur eine der drei Regeln verletzt ist. Im Prinzip kann dies ein Compiler feststellen, was bei größeren Programmen in der Praxis jedoch sehr schwierig ist. Zum einen sind viele Befehle in Wirklichkeit Befehlsfolgen. Damit ist nicht nur die Umsetzung zum Beispiel eines C-Befehls in entsprechende Maschinensprachebefehle gemeint, sondern auch Unterprogrammaufrufe, die ebenfalls Befehlscharakter haben. Zum anderen muß ein entsprechender Compiler, beginnend beim ersten Befehl durch systematische Paarvergleiche notwendige sequentielle Befehlsfolgen ermitteln. Diese *Programmstränge* können dann einer nebenläufigen Abarbeitung zugeführt werden. Besteht das Programm aus n Befehlen, dann werden

für den 1-ten	Befehl	n-1 Tests
für den 2-ten	Befehl	n-2 Tests
...		
für den (n-1)-ten	Befehl	1 Test

benötigt. Das sind (man vergleiche dazu das vierte Kapitel) $\frac{1}{2}(n^2-n)$ Tests. Das heißt, daß allein das Ermitteln der nebenläufig durchführbaren Befehlsfolgen als Funktion von n in der Ordnung $o(n^2)$ liegt.

Programmiersprachliche Formulierungen

Das Beispiel mit der Maximumsuche hat zu einem Sprachproblem geführt, denn irgendwie mußte ausgedrückt werden, daß die beiden Suchvorgänge nebenläufig durchgeführt werden sollen. Nur wenige Programmiersprachen wie beispielsweise Ada stellen dafür sprachliche Mittel zur Verfügung. Das liegt daran, daß die meisten Programmiersprachen für Einprozessormaschinen entwickelt worden sind, so daß keine Notwendigkeit bestand, Sprachkonstrukte aufzunehmen, die nicht benutzt werden können. Inzwischen hat sich die Situation geändert. Zum einen kommen zunehmend Mehrprozessorsysteme und vernetzte Systeme in den Handel, zum anderen macht das prozeßorientierte Arbeiten, man denke an ein Schlagwort wie *Client-Server-Computing* [BRE92], einen beträchtlichen Teil der praktischen Datenverarbeitung aus. Prozesse sind voneinander unabhängige Programmabarbeitungen und können im Prinzip nebenläufig durchgeführt werden. Sprachen wie Pascal und C haben dafür keine sprachlichen Mittel, sondern müssen (mit Hilfe geeigneter Programmbibliotheken) auf entsprechende Betriebssystemkonzepte zurückgreifen. Damit nehmen sie die zugehörigen Systemaufrufe betriebssystem- und vielleicht sogar prozessorabhängig in ihren Quellcode auf. Die Portabilität derartiger Programme ist sehr stark eingeschränkt, außer man bewegt sich in einer homogenen Rechner- und Betriebssystemlandschaft, was derzeit aufgrund der sehr schnell fortschreitenden technischen Entwicklung nicht lange aufrecht erhalten werden kann.

Wenn eben gesagt worden ist, daß Sprachen wie Pascal und C keine sprachlichen Mittel hätten, um die Möglichkeit nebenläufiger Befehlsausführungen formulieren zu können, dann war das etwas oberflächlich ausgedrückt. Gemeint war damit, daß die zugehörigen Compiler eine Übersetzung derartiger Konstruktionen ablehnen und Syntaxfehler melden. Dazu betrachte man das folgende C-ähnliche Programmfragment:

```
main() {
  goto A;
  A: { print("1");
       exit();
     }
  A: { print("2");
       exit();
     }
}
```

Das ist offensichtlich ein nichtdeterministisches Programm. Formuliert wird, daß zwei Teilprogramme nebenläufig durchgeführt werden sollen. Aber kein (mir bekannter) C-Compiler wird eine derartige Konstruktion übersetzen. Werden Sprungbefehle, wie das `goto` im Beispiel, als deterministisch beibehalten, dann muß, um Nichtdeterminismus formulieren zu können, eine Spracherweiterung vorgenommen werden. Im folgenden sollen einige Aspekte des Weges nachgezeichnet werden, den die Diskussion um nichtdeterministische Spracherweiterungen in der Praxis genommen hat. Der erste Schritt war naheliegend und bestand darin, eine nichtdeterministische Sprunganweisung zu implementieren [AXF89]. Der Befehl wird `fork` (Gabel) genannt und ist mit einem *Label*, einer Einsprungstelle in ein Programm, verbunden.

```
fork L;                   /* Label L */
```

Das Programm wird dadurch nichtdeterministisch. Der eine der nebenläufig durchzuführenden Prozesse macht mit dem Befehl nach dem `fork`, der andere mit dem, der das Label trägt, weiter. Das folgende Beispiel soll dies verdeutlichen:

```
main() {
  print("1");
  fork A;
    print("2");
    exit();
A:print("3");
  }
```

Mit dem Programm wird formuliert, daß der Prozeß, der 2 schreibt, und der, der 3 schreibt, (wenn möglich echt) nebenläufig durchgeführt werden sollen. Man beachte den programmiersprachlich bedingten expliziten `exit()`-Aufruf.

Bei vielen praktischen Aufgaben wird verlangt, daß an einer bestimmten Programmstelle nebenläufige Prozesse zusammengeführt und an ihrer Stelle ein (einziger) sequentieller Prozeß fortgesetzt wird. Dafür wird der `join`-Befehl benutzt, der mit einem Zähler z (als Parameter) arbeitet. z muß als Integerzahl (Ganzzahl) vereinbart sein und einen Wert haben, der größer oder höchstens gleich Null ist.

```
join z;                   /* Zähler z (z≥0) */
```

Ist z größer als Null, wird der Prozeß, der den join-Befehl aufruft, beendet. Das folgende Beispiel zeigt diese Arbeitsweise:

```
main() {
    z = 2;
    print("1");
    fork A;
        print("2");
        goto B;
A:  print("3");
B:  join z;
    print("4");
    }
```

In der in der Abbildung 5-1 dargestellten graphischen Veranschaulichung der nichtdeterministischen Prozeßverzweigung stellen die Knoten Befehle und die Pfeile eine Wartebeziehung dar. Ein Pfeil von einem Knoten zu einem anderen bedeutet, daß mit der Abarbeitung eines Befehls, auf dem ein Pfeil mündet, erst begonnen werden darf, wenn der Befehl, von dem der Pfeil kommt, abgeschlossen ist. Solche Graphen nennt man *Präzedenz-* oder (vielleicht anschaulicher) *Wartegraphen*.

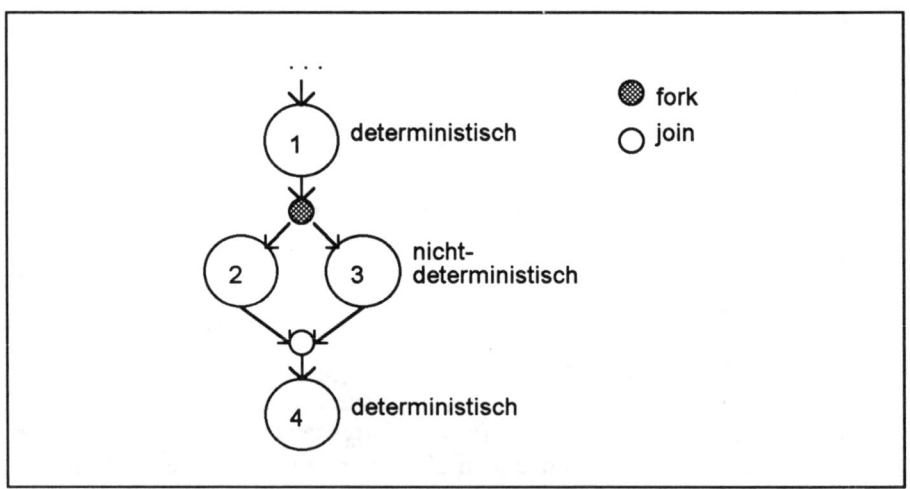

Abb. 5-1: Fork-Join-Konstruktion als Wartegraph

Die Knoten des Graphen in der Abbildung 5-1 sind mit den jeweiligen print-Ausgaben des zugehörigen Programms gekennzeichnet, um den Zusammenhang zwischen Programm und Graphik deutlich zu machen. Das UNIX-Betriebssystem bildet mit seinen Systemaufrufen fork() und wait() in etwa die Fork-Join-Konstruktion nach. Für Programmbeispiele, die meist in C vorliegen, und für Vertiefungen sei auf die reichhaltige UNIX-Literatur, zum Beispiel auf Brecht [BRE92], verwiesen.

Die Befehle fork und join führen zu einer Goto-Programmierung. Das *Strukturierte Programmieren* [DIJ72] sollte dieser Programmierart entgegenwirken. Der niederländische Informatiker E.W. Dijkstra hat deshalb bereits 1965 anstelle von fork und join ein strukturiertes Sprachelement vorgeschlagen:

```
parbegin
   Befehl₁; Befehl₂; ..., Befehlₙ;
parend
```

Es heißt *Parallel-Statement* und formuliert eine Aufforderung zur nebenläufigen Ausführung der Befehle, die zwischen den Schlüsselwörtern parbegin und parend (sie haben Klammercharakter) angegeben werden. Das Parallel-Statement hat nicht die Mächtigkeit der Fork-Join-Konstruktion, mit der jede Nebenläufigkeit formuliert werden kann, reicht jedoch für viele Anwendungen aus. In der Praxis kann das Parallel-Statement durch zusätzliche Mechanismen wie zum Beispiel *Semaphore* [BRE92] ergänzt werden und erreicht damit die Mächtigkeit von fork und join.

Das Beispiel in der Abbildung 5-2 zeigt die Schwäche des Parallel-Statements, denn der dort gezeigte Präzedenzgraph ist mit dem Parallel-Statement allein nicht strukturiert umsetzbar. Das liegt daran, daß mit diesem Graphen unter anderem ausgedrückt wird, daß der Befehl, der zum Knoten d gehört, durchgeführt werden darf, ohne daß der zum Knoten c gehörende Befehl beendet sein müßte. Dieser Sachverhalt läßt sich zwar mit fork und join formulieren, jedoch nicht mit parbegin und parend, weil dabei keine Überlappungen zulässig sind und die zu den Knoten c und d gehörenden Befehle sich in verschiedenen parbegin-parend-Klammern befinden müßten.

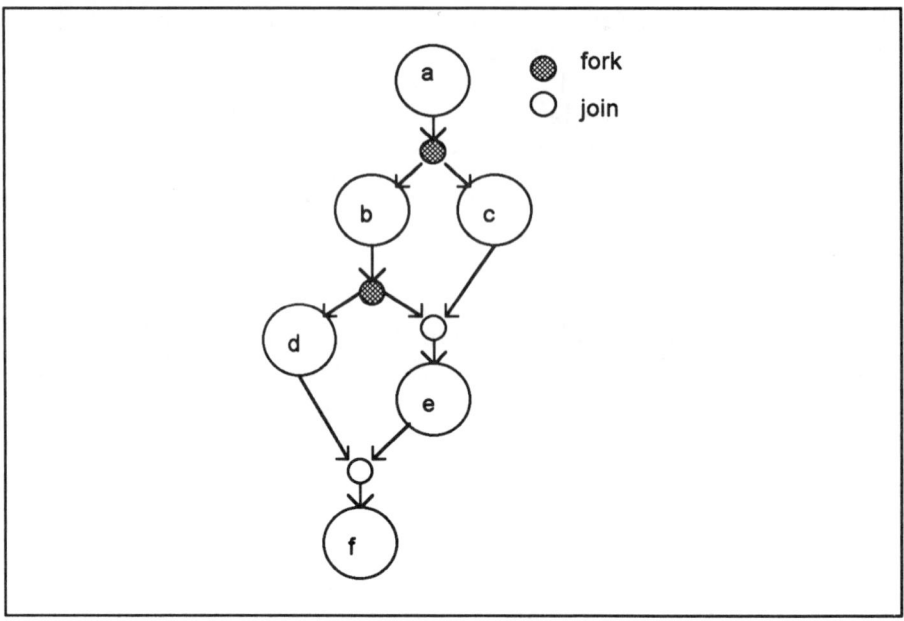

Abb. 5-2: Präzedenzgraph und Parallel-Statement

Das UNIX-Betriebssystem stellt mit Hilfe seiner Standard-Kommando-interpreter (seiner Shells) sogenannte *Hintergrundprozesse* zur Verfügung. Das sind Prozesse, deren Verbindung zum Terminal, von dem sie gestartet werden, gelöst wird. Dadurch wird die Multitaskingfähigkeit des Betriebs-systems gezielt angesprochen. Die (weit verbreitete) Bourne-Shell [BRE93] beispielsweise führt ein Kommando, dessen Formulierung mit dem Sonderzeichen & abgeschlossen wird, als Prozeß aus, der zu anderen Hintergrundprozessen und zur Shell nebenläufig ist. Im Abschnitt 5.2 wird diese UNIX-Fähigkeit eingesetzt werden, um Experimente mit nichtdeter-ministischen Turing-Programmen durchzuführen. Das folgende Shell-Script zeigt die Shell-Schreibweise des Parallel-Statements, und in der Abbildung 5.3 ist der zugehörige Präzedenzgraph dargestellt. Die Knoten dort sind mit den jeweiligen Kommandonamen beschriftet.

```
echo "Beginn der Nebenläufigkeit"
cat /etc/passwd &
ls /bin &
wait
echo "Ende der Nebenläufigkeit"
```

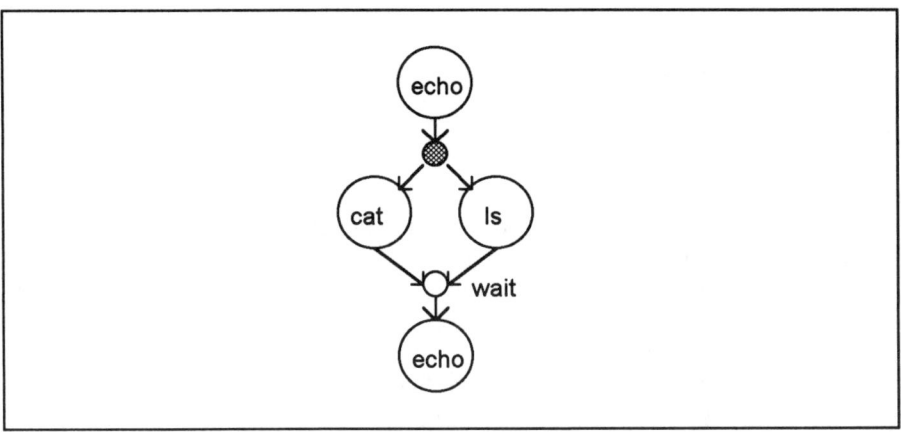

Abb. 5-3: Präzedenzgraph zu Hintergrundprozessen

Interessierte Leser(innen) mit Zugriffsmöglichkeiten auf ein UNIX-System sollten dieses Script erstellen und zur Ausführung bringen. Es ist (für Anfänger) instruktiv zu sehen, welche Auswirkungen die nebenläufige Ausführung zweier Programme (zweier Shell-Kommandos) auf ein gemeinsames Betriebsmittel hat. Im Beispiel ist der Bildschirm als Ausgabemedium ein solches gemeinsames Betriebsmittel.

5.2   Nebenläufige Prozesse

Experimentiermaschine

Turing-Maschinen sind wegen ihrer Einfachheit hervorragend geeignet, fundamentale Einsichten in algorithmische Fragestellungen zu geben und prinzipielle Lösungswege aufzuzeigen. Im folgenden soll die nebenläufige Ausführung von Turing-Programmen behandelt werden. Interessierte Leser(innen) mit Zugriffsmöglichkeiten auf eine UNIX-Anlage haben die Möglichkeit, durch eine kleine Erweiterung der bereits im Abschnitt 2.1 vorgestellten Experimentiermaschine nichtdeterministische Turing-Programme zur Ausführung zu bringen und ihr Verhalten praktisch zu studieren. Um die erforderliche Erweiterung leichter zu verstehen, soll zuerst an die prinzipielle Arbeitsweise der Experimentiermaschine aus dem Abschnitt 2.1 erinnert werden. Dort wird aus einer von den Experimentatoren (relativ benutzerfreundlich) zu erstellenden Eingabedatei automatisch ein (internes und endliches) Turing-Band samt entsprechender Beschriftung erzeugt. Eine Eingabedatei könnte zum Beispiel folgendermaßen aussehen:

```
(1 | R 1)
(1 # | 0)
@
| | | # # #
```

Es sei in diesem Zusammenhang daran erinnert, daß im Datenteil (also nach dem Sonderzeichen @) Wortlücken als Trenner zwischen die einzelnen (atomaren) Zeichen zu setzen sind. Das daraus entstehende Turing-Band enthält eine Längenangabe, und zwar die Programmlänge (in Feldern), das Programm (ohne die runden Klammern) und die Daten (ohne das Trennsymbol @ und ohne die Wortlücken). Aus der Eingabedatei des Beispiels entsteht folgende Bandbeschriftung:

Feldwert	8	1	|	R	1	1	#	|	0	|	|	|	#	#	#
Feldnummer	01	02	03	04	05	06	07	08	09	10	11	12	13	14	15

Mit dem Shell-Script utm (universelle Turing-Maschine, vgl. Abschnitt 2.1) wird zuerst aus einer Eingabedatei ein Band, realisiert als Textdatei, erstellt, dann der Programmlauf mit dem Anfangszustand, in der Regel ist

das der Zustand 1, gestartet. Am Ende von utm wird zur Kontrolle der
vom Programm zurückgelassene Bandinhalt auf dem Bildschirm ausgegeben. Die Abarbeitung des Programms wird von einem Shell-Script namens
stp (Simulation eines Turing-Programms, vgl. Abschnitt 2.1) übernom-
men. Es arbeitet folgendermaßen:

```
stp(Zustand Z, Position P) {
  while(1==1) {
    Feldwert W an der Position P ermitteln;
    Befehl(e) zu (Z,W) suchen;
    if(kein Befehl gefunden) {
      Simulation ist beendet;
      exit();
    }
    if(zwei oder mehr Befehle gefunden) {
      Simulation (vorläufig) abbrechen;
      exit();
    }
    Aktion (aus dem Befehl) durchführen, wodurch die
    Position P verändert werden kann;
    Zustand Z auf den Folgezustand setzen;
  }
}
```

Die Abarbeitung der Turing-Befehle erfolgt in einer while-Schleife.
Alternativ hätte beispielsweise mit rekursiven Funktionsaufrufen gearbeitet
werden können. Das Multitasking des UNIX-Systems erlaubt jedoch noch
(wenigstens) eine weitere Ausprägung. Bei ihr wird jeweils genau ein
Befehl als UNIX-Prozeß ausgeführt und für den Folgebefehl, wenn es
einen gibt, ein neuer UNIX-Prozeß im Hintergrund gestartet und der
ursprüngliche UNIX-Prozeß beendet. Diese Modifikation von stp hat folgendes Aussehen:

```
stp(Zustand Z, Position P) {
  Feldwert W an der Position P ermitteln;
  Befehl(e) zu (Z,W) suchen;
  if(kein Befehl gefunden) {
    Simulation ist beendet;
    exit();
  }
/* Weiter auf der nächsten Seite */
```

```
if(zwei oder mehr Befehle gefunden) {
   Simulation (vorläufig) abbrechen;
   exit();
}
Aktion A und Folgezustand F bestimmen;
befehl(Z, P, W, A, F) im Hintergrund ausführen;
}


befehl(Z, P, W, A, F) {
   Aktion A durchführen, wodurch die Position P verändert
   werden kann;
   stp(F, P);              /* Folgebefehl bearbeiten */
}
```

Der Teil des bisherigen stp-Programms, der einen Befehl abgearbeitet hat, wird in ein eigenes Shell-Script namens befehl ausgelagert und von dem modifizierten stp aufgerufen. Am Ende des befehl-Scripts wird stp mit neuer Anfangsparametrisierung aufgerufen. Von diesem strukturell veränderten stp-Script ist der Schritt zur Behandlung nichtdeterministischer Turing-Programme einfach geworden. Das entsprechend erweiterte stp-Script heißt jetzt nstp (das n soll an *nichtdeterministisch* erinnern) und arbeitet folgendermaßen:

```
nstp(Zustand Z, Position P) {
   Feldwert W an der Position P ermitteln;
   Befehl(e) zu (Z,W) suchen;
   if(kein Befehl gefunden) {
      Simulation ist beendet;
      exit();
   }
   for(jeden gefundenen Befehl) {
      Aktion A und Folgezustand F bestimmen;
      befehl(Z, P, W, A, F) im Hintergrund ausführen;
   }
}


befehl(Z, P, W, A, F) {
   Aktion A durchführen, wodurch die Position P verändert
   werden kann;
   nstp(F, P);              /* Folgebefehl bearbeiten */
}
```

Ob ein oder mehrere Folgebefehle gefunden werden, wird nicht mehr
unterschieden. Für jeden gefundenen Folgebefehl wird das `befehl`-Script,
also die Befehlsausführung, im Hintergrund gestartet, von wo aus am Ende
eines jeden Exemplars das Script `nstp` mit neuer Anfangsparametrisierung
aufgerufen wird. Damit ist der eventuell vorhandene Nichtdeterminismus
durch nebenläufige Prozesse umgesetzt worden. Im Shell-Script `nstp` wird
die `for`-Schleife aus Gründen einer einfacheren Programmierung als
`while`-Schleife realisiert. Es folgt jetzt eine Auflistung der Shell-Scripts
`nstp` und `befehl`. Auf eine erneute Angabe von `utm` wird verzichtet, weil
dort nur eine einzige Zeile geändert werden muß. Anstelle von `stp` ist (in
der siebten Zeile von unten) `nstp` zu schreiben.

```
# nstp    Shell-Script zur Simulation eines nichtdeterministischen
#         Turing-Programms
#
#         Aufruf: --->$ nstp Zustand Feldnummer Bandlaenge
#
#         nstp wird von utm aufgerufen
#
Zustand=$1
Feldnr=$2
Bandlaenge=$3
#
echo "Das Programm startet im Zustand \c"
echo "$Zustand auf dem Feld Nummer $Feldnr."
#
# Wert des aktuellen Feldes ermitteln
Feldwert=`grep $Feldnr: tape | sed -e 's/.*://'`
#
# Aktion und Folgezustand zu (Zustand,Feldwert) suchen
# Die Programmlaenge koennte veraendert worden sein
# Programmlaenge+2 bilden fuer die Endabfrage
read Pl < tape
Pl=`echo $Pl | sed -e 's/.*://'`
Plp2=`expr $Pl + 2`
#
# Weiter auf der nächsten Seite
```

```
awk 'BEGIN { FS=":"; zaehler=0; treffer=0; ende=0 }
    { ende=ende+1; zaehler=zaehler+1
      if(ende=='$Plp2') exit
      if(zaehler==2 && $2=="'$Zustand'") treffer=treffer+1
      if(zaehler==3 && $2=="'$Feldwert'") treffer=treffer+1
      if(zaehler==4 && treffer==2) print $2
      if(zaehler==5 && treffer==2) print $2
      if(zaehler==5) { treffer=0; zaehler=1 }
      }' tape > hlp$$.flg
#
# Ist kein Befehl mehr gefunden worden?
if [ ! -s hlp$$.flg ]
    then echo "Kein Befehl zu ( $Zustand $Feldwert ) gefunden."
        echo "Das Turing-Programm endet normal."
        # Hilfsdatei loeschen und Ende
        rm hlp$$.flg 2> /dev/null
        exit
    fi
#
# Es ist wenigstens ein Befehl gefunden worden. Aktion und
# Folgezustand ermitteln.
set `cat hlp$$.flg`
while [ "$1" != "" ]
do Aktion=$1
   Folgezustand=$2
#
# Gefund. Befehl im Hintergrund auf dem akt. Feld interpretieren
# Im Hintergrund (aus dem Script befehl heraus) Programm fortsetzen
   befehl $Zustand $Feldnr $Feldwert $Aktion \
        $Folgezustand $Bandlaenge &
   shift
   shift
done
#
# Auf das Ende der Hintergrundprozesse warten
wait
#
# Hilfsdatei loeschen
rm hlp$$.flg 2> /dev/null
#
# Ende von nstp
```

```
# befehl    Shell-Script zu Ausfuehrung eines Befehls
#           und Fortsetzung der Simulation eines Turing-Programms
#
# Aufruf:
# ->$ befehl Zustand Feldnr Feldwert Aktion Folgezustand Bandlaenge
#
Zustand=$1
Feldnr=$2
Feldwert=$3
Aktion=$4
Folgezustand=$5
Bandlaenge=$6
#
# Gefundenen Befehl auf dem aktuellen Feld interpretieren
echo "Befehl -> \c"
echo "( $Zustand [$Feldnr $Feldwert] $Aktion $Folgezustand)"
case $Aktion in
R)  if [ $Feldnr -eq $Bandlaenge ]
        then echo "Die Bandlaenge $Bandlaenge wird ueberschritten"
            exit
        fi
    Feldnr=`expr $Feldnr + 1`
    ;;
L)  if [ $Feldnr -eq 1 ]
        then echo "Band wird links verlassen"
            exit
        fi
    Feldnr=`expr $Feldnr - 1`
    ;;
*)  ed tape > /dev/null <<+
    $Feldnr s/:$Feldwert/:$Aktion/
    w
    q
+
esac
#
# Simulation fortsetzen
nstp $Folgezustand $Feldnr $Bandlaenge
#
# Ende befehl-Script
```

Damit Leser(innen), die an der Implementierung einer Experimentiermaschine nicht interessiert sind oder keine Möglichkeit dazu haben, dennoch ihre Arbeitsweise verfolgen können, sollen zwei Programmläufe beispielhaft vorgestellt werden. Bei dem ersten Experiment lag folgende Eingabedatei vor:

```
(1 | a 2)
(1 | b 3)
@ |
```

Die Datei hatte den Namen a.b und enthielt nur zwei Befehle. Das Turing-
Programm ist nichtdeterministisch und es ist unbestimmt, mit welchem
Zeichen (a oder b) der einzige Strich im Datenteil bei einem Programmlauf
überschrieben wird. Nach dem Programmaufruf utm a.b zeigt die Bild-
schirmausgabe sehr anschaulich die nebenläufige Abarbeitung der beiden
Befehle. Der Programmaufruf ist als erste Zeile angegeben. Die Bemerkung beim Programmstart und die beiden Kontrollausgaben des Bandes
werden durch das Script utm erzeugt. Die numerierten Zeilen dagegen
stammen von der Abarbeitung des Turing-Programms. Die Zeilennummern sind erst im nachhinein per Hand (genauer per Editor) eingefügt
worden, um leichter auf die nichtdeterministischen Programmzweige hinweisen zu können. Auch das Startfeld ist erst im nachhinein mit einem
Sternchen markiert worden. Zu einem ersten Prozeß gehört die Zeile 1.
Dann entstehen zwei nebenläufige Prozesse. Zu dem einen gehören die
Zeilen 2, 4, 6 und 7, zu dem anderen die Zeilen 3, 5, 8 und 9.

```
     utm a.b
     Aus der Eingabedatei a.b wird ein Turing-Band erstellt.
     Das Turing-Band ist erstellt worden.
     8
     1 | a 2    1 | b 3     |
                            *
1.   Das Programm startet im Zustand 1 auf dem Feld Nummer 10.
2.   Befehl -> ( 1 [10 |] a 2)
3.   Befehl -> ( 1 [10 |] b 3)
4.   Das Programm startet im Zustand 2 auf dem Feld Nummer 10.
5.   Das Programm startet im Zustand 3 auf dem Feld Nummer 10.
6.   Kein Befehl zu ( 2 b ) gefunden.
7.   Das Turing-Programm endet normal.
8.   Kein Befehl zu ( 3 b ) gefunden.
     Weiter auf der nächsten Seite
```

```
9.    Das Turing-Programm endet normal.

     8

     1 | a 2    1 | b 3     b
```

Beim zweiten Experiment soll nebenläufig *addiert* werden. Das Turing-Programm in der Datei a.c

```
(1 |  R 1)
(1 #  | 0)
(1 #  R 2)
(2 |  R 2)
(2 #  L 3)
(3 |  # 0)
@
| | # | | | # #
```

arbeitet mit zwei durch genau ein Nummernzeichen getrennten nichtleeren Strichfolgen. Es führt zu zwei nebenläufigen Prozessen, von denen der eine das trennende Nummernzeichen sucht, mit einem Strich überschreibt und dann anhält, während der zweite das Ende der zweiten Strichfolge sucht, dort einen Strich entfernt und dann ebenfalls anhält. Die beiden Prozesse zusammen haben die beiden Strichfolgen konkateniert. Bei einer n-Strich-kodierung natürlicher Zahlen ist das eine nebenläufig durchgeführte Addition. Wieder sind in der Programmausgabe erst im nachhinein die Zeilennummern und die Markierung des Startfeldes eingefügt worden. Am Anfang gibt es nur einen (einzigen) Prozeß, zu dem die Zeilennummern

```
Prozeß₁        ↔     1 2 3 4 5
```

gehören. Dann entstehen zwei nebenläufige Prozesse mit den Zeilennummern:

```
Prozeß₂        ↔     6 9 12 und 13
Prozeß₃        ↔     7 8 10 11 14 15 ... 22 und 23
```

```
     utm a.c
     Aus der Eingabedatei a.c wird ein Turing-Band erstellt.
     Das Turing-Band ist erstellt worden.
     24
     Weiter auf der nächsten Seite
```

```
        1 | R 1      1 # | 0      1 # R 2      2 | R 2      2 # L 3
        3 | # 0      | | # |      | | # #
                *
```

1. Das Programm startet im Zustand 1 auf dem Feld Nummer 26.
2. Befehl -> (1 [26 |] R 1)
3. Das Programm startet im Zustand 1 auf dem Feld Nummer 27.
4. Befehl -> (1 [27 |] R 1)
5. Das Programm startet im Zustand 1 auf dem Feld Nummer 28.
6. Befehl -> (1 [28 #] | 0)
7. Befehl -> (1 [28 #] R 2)
8. Das Programm startet im Zustand 2 auf dem Feld Nummer 29.
9. Das Programm startet im Zustand 0 auf dem Feld Nummer 28.
10. Befehl -> (2 [29 |] R 2)
11. Das Programm startet im Zustand 2 auf dem Feld Nummer 30.
12. Kein Befehl zu (0 |) gefunden.
13. Das Turing-Programm endet normal.
14. Befehl -> (2 [30 |] R 2)
15. Das Programm startet im Zustand 2 auf dem Feld Nummer 31.
16. Befehl -> (2 [31 |] R 2)
17. Das Programm startet im Zustand 2 auf dem Feld Nummer 32.
18. Befehl -> (2 [32 #] L 3)
19. Das Programm startet im Zustand 3 auf dem Feld Nummer 31.
20. Befehl -> (3 [31 |] # 0)
21. Das Programm startet im Zustand 0 auf dem Feld Nummer 31.
22. Kein Befehl zu (0 #) gefunden.
23. Das Turing-Programm endet normal.
        24

```
        1 | R 1      1 # | 0      1 # R 2      2 | R 2      2 # L 3
        3 | # 0      | | | |      | # # #
```

Enge Kopplung

Nichtdeterministische Turing-Programme werden durch nebenläufige Prozesse realisiert. Dabei steht auf dem Band einer universellen Turing-
Maschine ein Turing-Programm samt den zugehörigen Daten, und das
Turing-Programm wird mehrfach und nebenläufig abgearbeitet. Alle diese
Programmabarbeitungen wirken, miteinander um den Zugriff konkurrierend, auf ein und dasselbe Band. Bei konkreten Rechenanlagen spiegelt
sich ein solches Verhalten dadurch wider, daß die nebenläufigen Prozesse
auf einen gemeinsamen Hauptspeicher zugreifen.

Liegt ein Mehrprozessorsystem zugrunde, dessen Prozessoren alle diesen
gemeinsamen Hauptspeicher verwenden, dann spricht man von einem *eng
gekoppelten* Mehrprozessorsystem. Eines der wichtigsten Probleme, die
beim nebenläufigen Arbeiten mit einem gemeinsamen Hauptspeicher auftreten, ist durch das erste Experiment bereits angesprochen worden. Daß
beim zweiten Experiment das (gemeinsame) Ergebnis der beiden nebenläufigen Prozesse brauchbar (bestimmt) war, lag daran, daß die beiden
Prozesse auf unterschiedliche Teile des Bandes schreibend zugegriffen
haben. Beim ersten Experiment dagegen gab es einen Zugriffskonflikt.
Beide Prozesse haben miteinander konkurrierend ein und dasselbe Feld des
Bandes beschrieben.

Derartige Situationen sind immer dann zu erwarten, wenn nebenläufige
Prozesse an einer gemeinsamen Aufgabenstellung arbeiten. Der Vergleich
mit einem *Wettrennen* ist sehr anschaulich, auch wenn die *Sieger-Verlie-
rer-Relation* umgedreht ist. Es ist nicht vorhersagbar, wer das Rennen
gewinnen (und als letzter schreiben) wird. Man stelle sich eine Situation
vor, bei der an eine nichtleere Strichfolge rechts ein Strich angefügt (ADD)
und nebenläufig rechts ein Strich entfernt wird (SUB). Die beiden folgenden
Programme sollen nebenläufig jeweils im Zustand 1 auf dem ersten Strich
einer nichtleeren Strichfolge gestartet werden:

```
ADD:    (1 | R 1)           SUB:    (1 | R 1)
        (1 # | 2)                   (1 # L 2)
                                    (2 | # 3)
```

Die beiden Prozesse haben möglicherweise unterschiedliche *Ansichten*
(Informationen) darüber, welches Feld genau das *rechte* ist. Es ist instruktiv, die zugehörige Übungsaufgabe (Übung 5.5) zu bearbeiten oder zumindest die nebenläufigen Prozesse mit Papier und Bleistift zu verfolgen.
Dabei kann aus Gründen einer Vereinfachung davon ausgegangen werden,
daß eine Befehlsdurchführung atomar im Sinne von ununterbrechbar ist.

Konkrete Prozessoren und Betriebssysteme (und einige wenige Programmiersprachen wie Ada) stellen Techniken zur Verfügung, um mit derartigen Zugriffskonflikten umgehen zu können. An einer Vertiefung interessierte Leser(innen) können auf die Literatur über Parallelprogrammierung,
zum Beispiel auf das Buch *Concurrent Programming* von Axford
[AXF89], verwiesen werden.

Lose Kopplung

Eine Kopplung von Prozessoren über einen gemeinsamen Hauptspeicher ist nicht die einzige Möglichkeit, echt nebenläufige Prozesse an einer gemeinsamen Aufgabe arbeiten zu lassen. Prozessoren können auch über Kommunikationsverbindungen gekoppelt sein. Sie heißen dann *lose gekoppelt* oder *vernetzt*. Inhaltlich zusammengehörige Prozesse, die auf verschiedenen Prozessoren nebenläufig ausgeführt werden, müssen in der Lage sein, Informationen auszutauschen. Zumindest müssen sie sich synchronisieren (in der Reihenfolge aufeinander abstimmen) können, sonst ist eine Zusammenarbeit nicht möglich.

Eine *logische* Verbindung zwischen Prozessen wird als *Kanal* bezeichnet. Man kann sich vorstellen, daß ein Prozeß in einen Kanal schreibt, ein anderer aus dem (gleichen) Kanal liest. Anschaulich wird oft eine Analogie mit schreibenden und lesenden Zugriffen auf eine Datei hergestellt. Das Schreiben in einen Kanal heißt *Senden*, das Lesen aus ihm heißt *Empfangen*. Der Begriff *logische Verbindung* weist darauf hin, daß von physikalisch-technischen Realisierungen abstrahiert wird. Leser(innen), die an derartigen Realisierungen interessiert sind, können auf die Literatur über Computernetzwerke und über verteilte Systeme [BRE92] hingewiesen werden. Kanälen können unterschiedliche Eigenschaften zugeschrieben werden. So könnte zwischen zwei Prozessen ein *unidirektionaler* Kanal eingerichtet werden. Damit ist gemeint, daß damit Informationen nur von einem Prozeß P_1 zu einem Prozeß P_2 übertragen werden können, aber nicht umgekehrt. *Bidirektionale* Kanäle sind komfortabler, aber auch schwieriger zu realisieren und zu kontrollieren. Ein Kanal hat unter anderem eine bestimmte *Kapazität*, die minimal 1 bit (Informationseinheit) beträgt. Möglicherweise *puffert* er und stellt seinen Inhalt asynchron zur Verfügung. Haben mehr als zwei Prozesse Zugriff auf einen (einzigen) Kanal, dann heißt er rundruffähig (*broadcastfähig*) und es können Zugriffskonflikte beim *Senden* entstehen, die einer Behandlung bedürfen. Funkverbindungen, Bus-Systeme und Ring-Netze sind typische Realisierungen broadcastfähiger Kanäle.

Wieder soll aufgrund ihrer Einfachheit die elementare Turing-Maschine herangezogen werden, um grundsätzliche Eigenschaften nebenläufiger Prozesse in lose gekoppelten Systemen aufzuzeigen. Dazu wird zwischen zwei Turing-Maschinen genau ein bidirektionaler Kanal eingerichtet, der eine Kapazität von genau einem bit hat und der Sender und Empfänger synchronisiert. Die Übertragung kann als eine Art *Signal* verstanden werden, mit dem der Sender dem Empfänger mitteilt, daß er eine bestimmte Stelle in seiner Abarbeitung erreicht hat. Um auf einen Kanal zugreifen zu können, müssen die Aktionsmöglichkeiten der Turing-Maschine erweitert werden. Ein Turing-Befehl hat jetzt die Form:

```
(q_i c_j A q_k)  mit    A =   c_1
                              R
                              L
                              !
                              ?
```

c_1, R und L haben die bereits bekannte Bedeutung (vgl. Abschnitt 2.1). Wird in einem Prozeß die Aktion ! ausgeführt, dann wird er solange angehalten, bis der Partnerprozeß (es wird der Einfachheit halber von genau zwei Prozessen ausgegangen) eine Aktion ? durchführt. Umgekehrt wartet ein Prozeß mit einer ?-Aktion auf eine !-Aktion des Partners. Es werden also keine Feldinhalte ausgetauscht, sondern es wird ausschließlich Synchronisationsinformation übertragen. Der mit den Aktionen ! und ? verbundene Wartemechanismus wird als *Rendezvous* bezeichnet. Ein Befehl ! in dem einen Programm zusammen mit einem Befehl ? in dem anderen wird *Rendezvousstelle* genannt. Der Prozeß, der zuerst eine Rendezvousstelle erreicht, wartet auf den Partner(-Prozeß). Sie treffen sich und arbeiten dann wieder getrennt (unabhängig voneinander) weiter.

Die Herbeiführung eines Rendezvous ist keineswegs die einzige Möglichkeit, zwei Prozesse zu synchronisieren [AXF89], aber es ist eine, deren Auswirkungen noch relativ einfach zu überschauen sind [HOA85]. Als Beispiel soll eine *Addition* durch Strichkumulation beschrieben werden. Dazu soll es zwei Turing-Maschinen mit ihrem jeweils individuellen Band geben. Strichfolgen auf einem Band sollen natürliche Zahlen in der n-Strichdarstellung sein.

```
Maschine_1 mit Programm_1        Maschine_2 mit Programm_2

( 1 | ! 2 )  <----- Rendezvous ------>  ( 1 # ? 2 )
( 2 | R 1 )                             ( 2 # | 2 )
( 1 + R 1 )                             ( 2 | R 1 )
( 1 # # 0 )
```

Das zweite Programm wird auf einem leeren Band im Zustand 1 gestartet. Der zugehörige Prozeß wartet auf einem Nummernzeichen (in der ?-Aktion) auf ein Rendezvous. Sobald es stattgefunden hat, überschreibt er das Nummernzeichen mit einem Strich, geht ein Feld nach rechts und wartet auf das nächste Rendezvous.

Das erste Programm wird ebenfalls im Zustand 1 gestartet. Der zugehörige Prozeß erwartet ein Band, das leer sein könnte. Ist es leer, terminiert er sofort. Ist das Band nicht leer, dann erwartet er eine Folge von Strichen und Pluszeichen. Ist seine Startposition das erste Zeichen dieser Folge, dann geht er für jeden Strich ein Rendezvous mit dem zweiten Prozeß ein, der diese Rendezvousinformation (1 bit) wieder in einen Strich umsetzt und diese Striche kumuliert. Das kann als *Addition* der durch +-Zeichen verbundenen *Zahlen* des Bandes der ersten Maschine verstanden werden.

Die Lösung ist etwas unbefriedigend, weil der zweite Prozeß zwar die Summe der Striche korrekt schreibt, dann aber im Warten auf ein Rendezvous verharrt. Er kann nicht wissen, ob nicht doch noch ein Rendezvous stattfinden wird und muß deshalb weiter warten. Es ist für eine praktische Programmierung offensichtlich günstiger, mehr als nur Synchronisationsinformation zu übertragen. Naheliegend ist ein Ansatz, der mit ! und ? die folgende Bedeutung verbindet:

!   Warte auf den Partner und sende ihm das Zeichen unter dem Lese-Schreibkopf;

?   Warte auf den Partner und überschreibe das Zeichen unter dem Lese-Schreibkopf mit dem empfangenen Zeichen.

Damit kann ein *Sender* dem *Empfänger* das Ende einer Übertragung mitteilen. Die folgenden beiden Programme sind entsprechende Modifikationen der kooperativen Additionsprogramme, die wieder nebenläufig durchgeführt werden sollen.

```
( 1 | ! 2 ) <----- Rendezvous ----->   ( 1 # ? 2 )
( 2 | R 1 )                            ( 2 | R 1 )
( 1 + R 1 )                            ( 2 a # 0 )
( 1 # a 3 )
( 3 a ! 4 ) <----- Letztes Rendezvous
( 4 a # 0 )
```

Der zweite Prozeß wartet auf einem Nummernzeichen eines anfangs leeren Bandes auf ein Rendezvous. Hat es stattgefunden schreibt er das empfangene Zeichen und prüft es. War es ein Strich, wartet er auf ein weiteres Rendezvous; war es ein Endezeichen (hier ein a), dann löscht er es und hält an. Der erste Prozeß sendet solange Striche, bis er auf ein Nummernzeichen stößt. In diesem Fall schreibt er ein a, sendet es, löscht es wieder und hält an.

In unserer C-ähnlichen Sprache kann ein Rendezvous mit Wertübertragung durch die Befehle `send(Wert)` und `Variable=receive()` implementiert werden. Wird einer dieser Befehle ausgeführt, so wartet er auf die Ausführung des jeweiligen Gegenstücks beim Partnerprozeß. Zu diesen beiden Befehlen ist eine Übungsaufgabe (Übung 5.6) formuliert worden.

Mit den Betrachtungen lose gekoppelter Turing-Maschinen ist ein praktisch sehr wichtiges Gebiet der theoretischen Informatik angerissen worden. Das Thema ist jedoch zu umfangreich, um es hier zu vertiefen. Ausgezeichnete Darstellungen, die für Weiterführungen empfohlen werden können, stellen die Bücher *Communicating Sequential Processes* von Hoare [HOA85] für theoretisch Interessierte und *Concurrent Programming* von Axford [AXF89] für Programmierpraktiker dar.

5.3 Übungen

5.1   Man entscheide mit Hilfe der Regeln von Bernstein, ob die beiden
       folgenden Befehle nebenläufig durchgeführt werden dürfen:

```
a=read();          /* Wert für a einlesen   */
print(a);          /* Wert von a ausgeben   */
```

5.2   Man erstelle ein nichtdeterministisches Turing-Programm, das eine
       nichtleere Strichfolge, ohne einen Zugriffskonflikt zu verursachen,
       um zwei Striche erweitert.

5.3   Teile des folgenden Programms können nebenläufig abgearbeitet
       werden. Man formuliere dies einmal mit den Befehlen `fork` und
       `join` und einmal mit dem Parallel-Statement.

```
main() {
    float x,y,z;
    x = 3.14;
    y = sin(x) + cos(x);
    z = tan(x) + 0.5;
    print(x+y+z);
    }
```

5.4   Man implementiere die Shell-Scripts `nstp` und `befehl` und expe-
       rimentiere mit ihnen (zum Beispiel durch Bearbeitung der Übung
       5.5).

5.5   Man lasse zwei Prozesse ADD und SUB (mit den Programmen, die
       im Abschnitt 5.2 angegeben worden sind) auf einer nichtleeren
       Strichfolge nebenläufig arbeiten.

5.6   Zwei Prozesse sollen gemeinsam den Ausdruck `y=sin(x)+`
       `cos(x)` für `x=2.38` berechnen. Dabei soll ein Prozeß für `sin(x)`,
       ein anderer für `cos(x)` zuständig sein. Man gebe dazu zwei Pro-
       gramme an, die einen Kanal mit Wertübertragung benutzen und
       mit `send()` und `receive()` arbeiten. Die beiden trigonometri-
       schen Funktionen sollen über eine Funktionsbibliothek zur Verfü-
       gung stehen.

6

Selbstmodifizierende und selbstreproduzierende Algorithmen

6.1   Selbstbezüglichkeit

Rekursion

Im Alltag wird Selbstbezüglichkeit oft als ein *Trick* angesehen, um die Mitmenschen zu verwirren und letztlich zu betrügen. Sehr vereinfacht beschrieben, besteht der Trick darin, etwas, das man nicht erklären kann, mit sich selbst zu erklären. Die instinktiv vorsichtige Haltung vieler Menschen zur Selbstbezüglichkeit ist durchaus gerechtfertigt, gerät man doch gerade durch sie sehr schnell an verwirrende Grenzen des *gesunden Menschenverstands*. Als Beispiel für eine ganze Klasse von Problemstellungen kann der folgende Satz der deutschen Sprache dienen:

```
Dieser Satz ist falsch.
```

Er kann nur wahr oder falsch sein, aber jede diesbezügliche Annahme führt zu einem Widerspruch. Das Buch *Gödel, Escher, Bach - ein Endloses Geflochtenes Band* von Hofstadter [HOF85] gibt (unter anderem) eine populärwissenschaftliche Einführung in diese Problematik und in den Umgang mit ihr. Die Mathematik hat sich viele Jahrhunderte lang vergeblich um eine Auflösung derartiger Paradoxien bemüht. Noch Anfang dieses Jahrhunderts hat der englische Mathematiker Bertrand Russell (1872-1970) an den Grundfesten der Mathematik (zumindest eines Teils davon) gerüttelt, als er

```
Die Menge aller Mengen, die sich nicht selbst als Element
enthalten,
```

gebildet und gefragt hat, ob diese Menge sich selbst als Element enthält. Leser(innen), die sich für derartige Problemstellungen interessieren, können auf die Literatur über mathematische Logik und Mengenlehre, zum Beispiel auf die Bücher *Symbolic Logic and Mechanical Theorem Proving* von Chang und Lee [CHA73] und *Mengenlehre* von Schmidt [SCH66] verwiesen werden. Wie diese Beispiele zeigen, hat Selbstbezüglichkeit gefährliche Aspekte. Daß sie jedoch kein Trick, sondern ein mächtiges Instrument ist, soll in den folgenden Absätzen dargelegt und in den nächsten Abschnitten in einer speziellen Ausprägung vertieft werden.

Im Abschnitt 3.3 ist, ohne daß darauf besonders hingewiesen wurde, ein selbstbezügliches Verfahren zur Konstruktion primitiv-rekursiver Funktionen bereits vorgestellt worden. Gemeint ist die Rekursion, mit deren Hilfe eine Funktion durch Bezugnahme auf sich selbst definiert wird. Dazu sei an das Beispiel mit der Fakultätsfunktion (für $n \in \mathbf{N}$) erinnert, deren rekursive algorithmische Formulierung folgendermaßen lautet:

```
fak(n) {
  if(n == 0) return(1);
      else return(n*fak(n-1));
}
```

Die Fakultätsfunktion wird mit sich selbst definiert. Allerdings gibt es zwei wesentliche Voraussetzungen für die Funktionsfähigkeit des Definitionsverfahrens. Dazu betrachte man die einzelnen Schritte, die im folgenden Beispiel zur Berechnung von fak(3) führen:

```
fak(3) = 3 * fak(2)
       = 3 * [2 * fak(1)]
       = 3 * [2 * [1 * fak(0)]]
       = 3 * [2 * [1 * 1]]
       = 3 * [2 * 1]
       = 3 * 2
       = 6
```

Erstens ist für einen bestimmten Parameterwert, hier für 0, als Funktionswert eine Konstante und keineswegs ein Bezug auf sich selbst angegeben. Dadurch wird eine Abbruchbedingung für die Rekursion formuliert. Zweitens fällt der Wert des Parameters der Funktionsaufrufe streng monoton und wird früher oder später den Wert für die Abbruchbedingung erreichen, vorausgesetzt er war anfangs größer als dieser. Typische Anwendungen für derartige selbstbezügliche Programme findet man bei Manipulationen von Baumstrukturen. Man denke an einen Suchvorgang in einem binären Baum und einen (nichtdeterministischen) Algorithmus der Form

```
suche(im Knoten) {
  if(Suchbedingung ist erfüllt) {
       führe die zugehörigen Aktionen aus;
       exit();
       }
  else parbegin
       if(es gibt einen linken Nachfolgeknoten)
          suche(im linken Nachfolgeknoten);
       if(es gibt einen rechten Nachfolgeknoten)
          suche(im rechten Nachfolgeknoten);
       parend
  }
```

Selbstähnlichkeit

Rekursion ist keineswegs die einzige Form einer Selbstbezüglichkeit. Ein sehr modernes Teilgebiet der Mathematik und Informatik, die sogenannte *Chaosforschung*, beschäftigt sich ebenfalls mit selbstbezüglichen Programmen. Etwa um 1970 untersuchte der polnisch-französische Mathematiker Benoit B. Mandelbrot Iterationsgleichungen auf eine Art und Weise, wie sie erst durch den Einsatz von Rechenanlagen als direktes Hilfsmittel am Arbeitsplatz sinnvoll möglich geworden war. Eine Iterationsgleichung hat die Form

$$x_{n+1} = f(x_n)$$

und wird mit einem Anfangswert x_0 gestartet. Aus x_0 wird $x_1=f(x_0)$ berechnet, daraus $x_2=f(x_1)$ usw. Es entsteht eine (unendliche) Zahlenfolge. Jeder Wert geht als *Rückkopplung* in die Berechnung des nächsten Wertes ein. Werden komplexe Zahlen verwendet, dann entstehen Punktmengen in der euklidischen Ebene. Mandelbrot stieß bei der Untersuchung nichtlinearer Gleichungen mit komplexen Zahlen auf zweidimensionale Gebilde, die sich mit Begriffen wie *Linie* und *Fläche* nicht mehr beschreiben ließen. Er nannte sie *Fraktale*. Typisch für ein Fraktal ist seine *Selbstähnlichkeit*. Damit ist gemeint, daß jedes Teilgebilde die Form des Ganzen enthält. Der Rechenaufwand für die Erzeugung derartiger Punktmengen ist sehr groß, so daß es verständlich wird, weshalb erst relativ spät mit der Erforschung von Fraktalen begonnen wurde. Die zugehörigen Graphiken sind hinreichend bekannt und ihre Ähnlichkeit mit natürlichen Gebilden wie Küstenlinien, Wolken, Bäumen und Landschaften ist verblüffend [BEC89]. Das hat dazu geführt, daß versucht wird, Fraktale in die entsprechenden Disziplinen als Arbeitsmittel aufzunehmen. Neuere Anwendungen finden sich in der Biologie, speziell bei Evolutionsvorgängen, und in den Wirtschaftswissenschaften. Einen guten Überblick über diese außermathematischen Anwendungen gibt das Buch *Der Flügelschlag des Schmetterlings - Ein neues Weltbild durch die Chaosforschung* von Breuer (Hrsg.) [BRR93]. Das Verhalten nichtlinearer Iterationsgleichungen soll an einem einfachen Beispiel vorgestellt werden. Dazu betrachte man die Gleichung:

$$x_{n+1} = R*x_n*(1-x_n)$$

Für einen Startwert x_0, der betragsmäßig größer als 1 ist, wird die Folge wegen des quadratischen Glieds über alle Grenzen wachsen. Interessant ist im Grunde für x_0 nur ein Zahlenbereich zwischen 0 und 1. Wie sich die Zahlenfolge mit einem derartigen Startwert allerdings verhält, hängt vom Wert der Konstanten R ab. Es ist recht instruktiv, mit Hilfe eines Taschenrechners, besser mit Hilfe eines kleinen Programms oder einer Tabellenkalkulation, für einige spezielle Werte von R die ersten (etwa zehn) Glieder der Zahlenfolge zu berechnen. Eine solche Berechnung wird zeigen, daß für 0≤R≤1 die Folge gegen 0 und für 1<R≤3 gegen 1-(1/R) konvergiert. Für Werte von R, die größer als 3 sind, bilden sich sogenannte *Attraktoren*. Das sind Fixpunkte, auf die die Zahlenwerte zulaufen. Anfangs sind es zwei, und der Vorgang ist noch überschaubar. Aber mit zunehmendem R nimmt die Zahl der Attraktoren zu, und bei Werten von R etwa ab 3.6 können keine mehr festgestellt werden. Man sagt, das Verhalten der Zahlenfolge sei *chaotisch* geworden. Dieser Begriff hat der *Chaosforschung* den Namen gegeben.

Selbstmodifikation und Selbstreproduktion

Neben der Rekursion und der Selbstähnlichkeit gibt es weitere Selbstbezüglichkeiten bei Programmen. Dazu gehört die Eigenschaft eines Programms, durch seinen Ablauf seinen eigenen Programmcode modifizieren und reproduzieren zu können. Derartige Programme sind als *Computerviren* (oder kurz als *Viren*) bekannt. Wegen ihrer zum Teil beträchtlichen praktischen Auswirkungen auf den Rechenbetrieb sollen diese speziellen Algorithmen etwas ausführlicher vorgestellt werden. Durch eine systematische Untersuchung ihrer Arbeitsweise werden sich Maßnahmen zu ihrer Vermeidung beziehungsweise ihrer Bekämpfung ergeben, die dann im Abschnitt 6.4 zusammengestellt werden. Um ein grundlegendes Verständnis für ihre Arbeitsweise zu bekommen, soll wieder mit der Betrachtung von Turing-Programmen begonnen werden.

Bei einer elementaren Turing-Maschine befinden sich lediglich die Daten für ein Programm auf dem Band. Das Programm ist integraler Bestandteil der Maschine, steht jedoch nicht auf dem Band und ist durch Turing-Befehle nicht ansprechbar. Turing-Befehle beziehen sich immer auf die Felder eines Turing-Bandes. Bei einer elementaren Turing-Maschine ist es nicht möglich, ein Turing-Programm zu schreiben, das auf seinen eigenen Programmcode (auf seine Befehle oder Befehlsteile) zugreifen kann. Selbstmodifikation und Selbstreproduktion sind nicht möglich. Man beachte, daß man ein Band selbstverständlich mit einem Programm beschriften und ein Programm schreiben kann, mit dem ein Programm auf dem Band bearbeitet werden kann. Im äußersten Fall kann damit ein Programmlauf eine Kopie seines Programms, aber nicht sein Programm selbst, bearbeiten.

Ganz anders sieht das bei einer universellen Turing-Maschine aus. Dort befinden sich ein Programm und seine Daten gemeinsam auf dem Band, und ein universelles Turing-Programm interpretiert das Programm über seinen Daten. Jetzt können Programme geschrieben werden, mit denen ihr eigener Programmcode bearbeitet werden kann. Er kann verändert und vervielfältigt werden. Man betrachte dazu als Beispiel das Programm:

```
(1 1 # 1)
(1 # R 1)
```

Es soll sich auf einem sonst leeren Band einer universellen Turing-Maschine befinden. Werden die nur optisch wirkenden runden Klammern weggelassen, hat das Band folgendes Aussehen:

```
... # # 1 1 # 1 1 # R 1 # # ...
        *
```

Das Sternchen unter dem Band soll optisch das Feld hervorheben, über dem sich gerade der von dem universellen Turing-Programm simulierte Lese-Schreibkopf befindet. Angenommen, ein universelles Turing-Programm startet die Programmsimulation mit dem Zustand 1 auf dem durch ein Sternchen markierten Feld. Dann wird zu dem Paar (Zustand, Feldwert), das ist beim Start (1,1), eindeutig der erste der beiden Befehle gefunden und ausgeführt. Das verändert die Bandbeschriftung zu:

```
... # # # 1 # 1 1 # R 1 # # ...
        *
```

Die simulierte Maschine ist jetzt im Zustand 1 und *sieht* ein Nummernzeichen. Dazu wird eindeutig der zweite Befehl gefunden und ausgeführt. Der Lese-Schreibkopf gelangt dadurch um ein Feld nach rechts.

```
... # # # 1 # 1 1 # R 1 # # ...
        *
```

Zu dem Paar (Zustand,Feldwert), es ist wieder (1,1), kann kein Befehl gefunden werden, und der Prozeß hält an. Offensichtlich hat die Programmausführung das eigene Programm verändert. Sie hat es zerstört. Ein ähnliches Programm ist bereits bei den praktischen Arbeiten mit der Experimentiermaschine am Ende des Abschnitts 2.1 vorgestellt worden und kann zur Vertiefung herangezogen werden. Wird ein universelles Turing-Programm so konstruiert, daß es mehrere Programme, die sich alle auf dem Band befinden, abwechselnd in einer Art Time-Sharing interpretiert, dann können die zugehörigen Prozesse nicht nur auf ihren eigenen Programmcode, sondern auch auf den der anderen zugreifen. Genau das ist der Weg, den Selbst- und Fremdmodifikationen in der Praxis nehmen.

Mit diesen Überlegungen ist die prinzipielle Arbeitsweise von selbstmodifizierenden und selbstreproduzierenden Algorithmen beschrieben. Die wichtigste Erkenntnis ist, daß sie nur dann wirksam werden können, wenn es eine ihre Befehle interpretierende Instanz, ein universelles Turing-Programm, für sie gibt. Im Abschnitt 6.3 wird gezeigt werden, daß es dafür in konkreten Rechenanlagen eine Vielzahl von Möglichkeiten gibt.

6.2   Computerviren: Grundbegriffe

Historisches

Die Untersuchung selbstmodifizierender und selbstreproduzierender Algorithmen ist keineswegs neu. Bereits 1949 hat sich der amerikanische Mathematiker und Computerpionier John von Neumann (1903-1957) mit ihnen beschäftigt. Der Begriff *Computervirus* ist erstmals im Jahr 1981 in den Arbeiten von Adleman [ADL89] und Cohen [COH87] aufgetaucht. Von Cohen stammt die erste systematische Darstellung der Arbeitsweise dieser Algorithmen, der damit verbundenen Sicherheitsaspekte und möglicher rechtlicher Konsequenzen [COH87]. Die in Deutschland 1986 verabschiedeten Strafgesetze gegen Computerkriminalität unterscheiden zwischen den Straftatbeständen Computersabotage, Computerbetrug und Computerspionage. Dabei können Computerviren eindeutig dem Bereich der Sabotage zugeordnet werden. Die durch sie verursachten Schäden sind zum Teil beträchtlich. 3M, ein Hersteller von Massendatenträgern, schätzt die Kosten der Wiederherstellung von Datenbeständen auf Festplatten auf DM 1.500,- pro MB (Megabyte, $1MB=10^6$ Bytes) [JAM92]. Das bedeutet, daß bei vollständiger Zerstörung des Inhalts einer 240-MB-Festplatte ein Schaden von DM 360.000,- entsteht. Diese Angaben werden durch eine Leserumfrage des PC-Magazins vom 23.03.1994 unterstützt, bei der 46,8 % der Befragten die Wiederherstellung einer 20-MB-Festplatte mit DM 20.000,- und 29,7 % mit DM 50.000,- angegeben haben.

Derzeit (1994) sind bereits über 2.500 verschiedene Viren bekannt. Die Tendenz ist steigend und ihre Bösartigkeit nimmt zu. Virusinfektionen zeigen in der Regel ein virustypisches Erscheinungsbild, das im wesentlichen durch die Schadensfunktion des jeweiligen Virus bestimmt wird. Dazu sollen einige Beispiele gegeben werden. Bei einer Infektion (näheres zu diesem Begriff wird im Abschnitt 6.3 ausgeführt) mit dem Virus namens EAT verschwinden nach und nach Nullen (spurlos) vom Bildschirm. Das Virus zerstört keine Datenbestände und greift auch keine Datenträger an, ist jedoch sehr lästig. Ganz ähnlich ist das FACE-Virus einzuordnen, das an irgendwelchen Stellen des Bildschirms das ASCII-Zeichen 01, das als kleines Gesicht dargestellt wird, erscheinen läßt. Die wenigsten Viren sind so harmlos wie EAT und FACE. Das Virus STONED beispielsweise gibt sich mit dem Text

```
Your PC is now stoned. LEGALIZE MARIJUANA.
```

zu erkennen, den es auf den Bildschirm schreibt. Das Virus greift den Bootsektor, genauer gesagt den Master-Boot-Record, der Festplatte (vgl. Abschnitt 6.3) an und kann zerstörend wirken, weil es auch den letzten Teil der Dateizuordnungstabelle überschreibt. In dieser Tabelle registriert ein Betriebssystem die Plattenbereiche, in denen seine Dateien abgelegt worden sind. Ein auch nur teilweises Überschreiben dieser Daten macht die entsprechenden Dateien unzugänglich. Während STONED an dem Text, den es auf den Bildschirm schreibt, erkennbar ist, hat das Virus ALAMEDA-C kein optisches Erscheinungsbild. Es befällt ebenfalls Bootsektoren und zählt die Betätigung der <ctrl/alt/del>-Taste, mit der bei einem IBM-kompatiblen Personal-Computer ein Warmstart durchgeführt wird. Das ist ein spezieller Bootvorgang (vgl. Abschnitt 6.3), bei dem der Rechner nicht ausgeschaltet werden muß. Hat der Zählvorgang 100 erreicht, wird das Warmstarten blockiert oder (bei einer Virusvariante) ein Datenträger formatiert.

Eine Früherkennung eines Virenbefalls durch menschliche Sinnesorgane ist praktisch nicht möglich. Eine Infektion kann sich beispielsweise durch eine Verlängerung der Programmladezeit oder eine Verlangsamung von Programmläufen äußern. Es kann vorkommen, daß plötzlich Programme nicht mehr in den Hauptspeicher passen oder daß der Speicherplatz auf den Festplatten oder Disketten ohne Zutun des Benutzers abnimmt. Manchmal treten Probleme mit speicherresidenten Programmen auf, oder auf den Festplatten oder Disketten häufen sich die als unlesbar markierten Sektoren. Diese Liste ist fast beliebig fortsetzbar. Aber alle diese Auffälligkeiten, wenn sie überhaupt bemerkt werden, können auch Ursachen haben, die nicht auf Viren zurückzuführen, sondern in der häufig fehlerhaften Arbeitsweise selbsterstellter und kommerzieller Software begründet sind.

Viren, Würmer und Ähnliches

Der Begriff *Computervirus* als Anlehnung an den Virusbegriff aus der Biologie ist durchaus treffend gewählt. Die Abschnitte 6.3 und 6.4 werden dies deutlich machen. Computerviren sind sehr spezielle schadensträchtige Programme. Daneben gibt es weitere, die zum Teil ebenfalls Bezeichnungen haben, die (vielleicht weniger berechtigt) aus der Biologie entnommen worden sind. Im folgenden sollen sie kurz vorgestellt und ihre Arbeitsweise gegen die der Computerviren abgegrenzt werden.

Als *Bugs* (Wanzen) bezeichnet man Fehler in der Hard- oder Software eines Computersystems, die beim Erstellungsprozeß (in der Regel unbeabsichtigt) entstehen. Jede Neu- oder Weiterentwicklung ist durch Bugs gefährdet. Intel mußte 1993 vorübergehend die Produktion des 50Mhz-80486-Chips einstellen, weil ein Bug zu Softwareproblemen führte.

Im Gegensatz zu Bugs können *Viren* nicht unbeabsichtigt auftreten. Sie werden bewußt erstellt. Charakteristisch für sie ist, daß sie erstens nicht selbständig existieren können, sondern Teil eines Programms oder besser gesagt eines übergeordneten Abarbeitungsverfahrens sind und zweitens die Fähigkeit haben, ihr eigenes Programm zu modifizieren und zu reproduzieren. Sie verändern andere Programme dadurch, daß sie sich in sie hineinkopieren. Sie entstehen dadurch, daß ein Programmierer ein nicht infiziertes Programm umarbeitet und dieses in ein Computersystem einschleust. Das Virus beginnt sein Werk, wenn dieses Programm zum ersten Mal aufgerufen wird. Typisch für dieses Verhalten ist das ISREALI-Virus, das wie einige weitere Viren nach dem Land oder dem Ort benannt worden ist, wo es zum ersten Mal beobachtet wurde. Das Virus infiziert Programmdateien, indem es sich vor den Programmanfang schreibt und die Programmdatei dadurch vergrößert. Beim nächsten Aufruf dieses Programms wird es dann erneut aktiviert. Es kann eine Programmdatei auch mehrfach infizieren. Deren Größe nimmt bei jeder Infektion um die Größe des Virus zu. Das ist für ein Virus ein sehr auffälliges Verhalten, so daß eine Infektion leicht zu erkennen ist.

Computerwürmer (oder kurz *Würmer*) sind eigenständige Programme mit der Fähigkeit, sich reproduzieren zu können. Das besondere an ihnen ist ihre Eigenständigkeit. Sie pflanzen sich nicht fort, indem sie andere Programme infizieren, sondern indem sie sich verdoppeln. In Multitasking-Umgebungen versuchen sie, ständig aktiv zu bleiben und ihren angestammten Bereich im Computersystem zu verlassen. Im Jahr 1988 hat der sogenannte Internet-Wurm systematisch versucht, Netzwerkanschlüsse an das Internet aufzubauen und sich auf andere Rechner zu übertragen. Der Wurm hat in zwei Tagen 6.200 Rechner lahmgelegt und einen Schaden von 96 Mio US\$ verursacht. Sein Autor ist gefaßt und zu drei Jahren Haft verurteilt worden [JAM92].

Weder Viren noch Würmer entstehen durch Programmierfehler. Sie werden gezielt entwickelt. Um sie in ein fremdes Computersystem oder in Teile eines Computersystems, auf das man keinen Zugriff hat, einzuschleusen, bedient man sich gerne sogenannter *Trojanischer Pferde*. Das sind Programme, die vorgeben, eine andere Dienstleistung zu erbringen, als dies tatsächlich der Fall ist. Viele Viren werden beispielsweise über

Spielprogramme und Raubkopien (kommerzieller Software) verbreitet. Ein Programm ist zu einem trojanischen Pferd geworden, wenn es (bewußt) infiziert worden ist. Mit einem Virus kann in einer Art Huckepackverfahren ein Wurm transportiert werden und umgekehrt. Dieser Hinweis soll das Bewußtsein dafür wecken, daß Viren und Würmer (und alle damit in Zusammenhang stehenden Programmausprägungen) kombiniert auftreten und sich gegenseitig unterstützen (allerdings durch Überschreiben auch schaden) können.

Der Schaden, der von Viren und Würmern angerichtet wird, kann so programmiert sein, daß er erst dann entsteht, wenn eine bestimmte Startbedingung, ein sogenannter *Trigger*, aktiviert wird. Man spricht dann von *Zeitbomben* oder *logischen Bomben*. Typische Trigger sind ein bestimmtes Datum, zum Beispiel Freitag, der 13., eine bestimmte Anzahl von Programmaufrufen oder die Auswahl einer bestimmten Programmfunktion.

Bislang ist, bezogen auf Viren und Würmer, immer nur von Schadensfunktionen gesprochen worden. Man denkt sofort an das von einem Virus ausgelöste völlig überraschende Formatieren einer Festplatte oder an falsch aufgebaute Bildschirminhalte. Es soll hier wenigstens am Rande bemerkt werden, daß Viren und Würmer eigentlich schadensneutral sind. In den fünfziger und frühen sechziger Jahren, als der Autor dieses Buchs seine ersten Programmierkontakte hatte, war es wegen der sehr kleinen Hauptspeicher (ein Großrechner hatte 16 KB) üblich, selbstmodifizierende Programme zu schreiben. Auch heute kann man prinzipiell an Programme mit Virus- oder Wurmcharakter denken, die organisatorischen, vielleicht überwachenden, registrierenden, ordnenden oder reinigenden Zwecken dienen. Sie gehören in den Bereich der Systemverwaltung und machen sich Benutzern gegenüber in der Regel nicht bemerkbar, insbesondere schaden sie ihnen nicht. Eine Beschäftigung mit Viren und Würmern bezieht sich deshalb üblicherweise auf solche mit Schadensfunktionen.

Es darf nicht übersehen werden, daß ein Schaden, der einem Computersystem absichtlich zugefügt wird, nicht nur von Viren und Würmern ausgeht, sondern in vielen Fällen auf einem *Trickbetrug* beruht. Als Beispiel soll das sogenannte *Paßwort-Fischen* beschrieben werden, das im Bereich der Mehrbenutzersysteme (Multiuser-Systems) verbreitet ist. Dabei wird an einem Terminal einer Mehrbenutzeranlage ein Programm gestartet, das ein leeres, login-bereites Terminal nachbildet. Das Terminal wird dann verlassen. Der nächste Benutzer, der ein freies Terminal sucht, findet dieses manipulierte Gerät und versucht, den Rechenbetrieb aufzunehmen. Das

Nachbildungsprogramm erfragt seinen Benutzernamen und sein Paßwort, speichert diese und beendet sich. Der Benutzer vermutet einen Eingabefehler beim (nicht sichtbaren) Paßwort und wiederholt die Login-Prozedur, diesmal mit dem System. Daraus ist als in der Praxis bewährte Sicherheitsregel für Mehrbenutzersysteme ableitbar, daß man nach einem mißglückten Login-Versuch keinen Schreibfehler, sondern eine Manipulation vermuten und das Paßwort sofort ändern soll.

Ebenfalls nicht in den Virenbereich gehören Zeitbomben, die von kommerziellen Software-Erstellern in ihr Produkt eingebaut werden. So sind beispielsweise mehrere Fälle bekannt geworden, bei denen Lohnabrechnungsprogramme durch ihre Programmierer manipuliert worden sind. Typisch sind illegale Überweisungen und die Führung nichtexistierender Mitarbeiter. Fast nicht zu glauben sind die Geschehnisse mit der (sehr medienwirksamen) AIDS-Zeitbombe. Im Jahr 1989 verschickte die in Panama registrierte Firma PC Cyborg Corporation eine Diskette an insgesamt 100.000 Rechenzentrumsleiter und an Teilnehmer an einer AIDS-Konferenz mit dem Hinweis, sie enthalte Informationsmaterial über die Krankheit. Zur Nutzung mußte ein auf gleicher Diskette mitgeliefertes INSTALL-Programm eingesetzt werden. Auf der Anleitung war vermerkt, daß die Benutzung kostenpflichtig sei. Die Empfänger wurden aufgefordert, 378 US$ zu überweisen oder das Programm nicht zu benutzen. Das INSTALL-Programm modifizierte die Startup-Datei AUTOEXEC.BAT dahingehend, daß nach genau 90-maligem Einschalten des Rechners die Festplatte formatiert wurde [JAM92].

6.3   Arbeitsweise von Computerviren

Virensitze

Für die Betrachtungen in diesem und dem nächsten Abschnitt sind allein aus Platzgründen einige Beschränkungen erforderlich. Beispielsweise sollen Computerwürmer nicht weiter untersucht und behandelt werden. Das liegt daran, daß Würmer nur in vernetzten Computersystemen eine Bedeutung haben und eine Beschäftigung damit Vorbereitungen erfordert, die über den Rahmen dieses Buchs hinausgehen. Ihre Grundfunktionalität ist virusähnlich und kann deshalb im Zusammenhang mit Viren behandelt werden. Die zweite Beschränkung bezieht sich auf die zugrundeliegenden konkreten Rechenanlagen. UNIX-Systeme, genauer gesagt ihre Kommandointerpreter mit ihren Kommandoprozeduren (Shell-Scripts), eignen sich ganz hervorragend, um den Aufbau und die Arbeitsweise von Viren zu studieren und experimentell zu erproben. Andererseits stellen UNIX-Systeme mit ihren Dateischutzverfahren für Viren eine sehr große Hürde dar, so daß davon ausgegangen werden kann, daß sich das Interesse der Leser(innen) an Computerviren hauptsächlich auf Personal-Computer bezieht. Unter diesen sind IBM-kompatible Systeme mit dem Betriebssystem MS-DOS und einer Windows-Benutzeroberfläche derzeit am weitesten verbreitet. Dieser und der folgende Abschnitt beschäftigen sich deshalb im wesentlichen (auf Ausnahmen wird eigens hingewiesen werden) mit dieser Klasse von Computersystemen. Begonnen werden soll mit einer Darstellung der Systemteile, an denen Viren angetroffen werden können.

Die Überlegungen mit Turing-Maschinen im Abschnitt 6.1 und die Erkenntnis, daß Selbstmodifikation und Selbstreproduktion von Programmen nur möglich sind, wenn eine die Programmbefehle interpretierende Instanz, eine Art universelles Turing-Programm, vorhanden ist, führt auf eine Einteilung der Viren gemäß der Art dieser interpretierenden Instanz. Ein Virus ist kein eigenständiges Programm, sondern benötigt einen Wirt und macht sich zu einem Teil von ihm. Es wird aktiv, wenn sein Wirt aktiv wird. Dieser Wirt kann ein Programm sein, zum Beispiel ein Programm in Maschinensprache, mit dessen Hilfe Dateien kopiert werden können. Aber auch ein zum Rechnersystem gehörender Abarbeitungsmechanismus kann Wirt sein. Das ist beispielsweise bei Bootvorgängen, mit denen das Betriebssystem geladen wird, der Fall.

Bei Programmen denkt man zuerst an solche in Maschinensprache. Das ist sicherlich auch eine wichtige Angriffsstelle für Viren, jedoch ist dieser Programmbegriff zu einschränkend. Ein Programm besteht aus Befehlen, und als Befehl wird jedes Datum bezeichnet, zu dem es eine Instanz gibt, die es als Befehl interpretiert. Liegt ein Programm (ausführbar) in Maschinensprache vor, dann ist der zentrale Prozessor (die CPU) diese interpretierende Instanz. Programme in einer ASSEMBLER-Sprache müssen vor ihrer Abarbeitung übersetzt (assembliert) werden. Das Laden der Programme soll aus Vereinfachungsgründen hier übergangen werden. Für diese Programme ist die Kombination von Übersetzer (Assemblierer) und zentralem Prozessor die interpretierende Instanz.

Das gleiche gilt für Programme in höheren Sprachen wie Pascal und C, bei denen die Kombination aus Übersetzer (Compiler), Binder (Linker) und zentralem Prozessor als Interpreter aufgefaßt werden kann. Damit ist gemeint, daß beispielsweise ein C-Programm geschrieben werden kann, dessen Abarbeitung (nach erfolgtem Übersetzen und Binden) auf seine Quelldatei zugreift und diese manipuliert, so daß nach dem nächsten Übersetzen und Binden das modifizierte Programm ausgeführt wird. Das ist allerdings eine Arbeitsweise, die nur während einer Programmentwicklung gepflegt wird. Normalerweise wird ein getestetes und als abgeschlossen angesehenes Programm nicht ständig neu übersetzt, so daß die für Viren erforderliche interpretierende Instanz in der Praxis nur selten eingesetzt wird. Das hat zur Folge, daß ASSEMBLER- und Pascal- oder C-Viren (und ähnliche) kaum vorkommen, denn ihre Fortpflanzungsmöglichkeiten sind sehr gering.

Anders sieht das bei den Kommandosprachen für Betriebssysteme aus, die ebenfalls den Charakter von Hochsprachen haben. Ihre Programme heißen *Kommandoprozeduren* oder *Shell-Scripts* (weil der Kommandointerpreter als *Shell* bezeichnet wird). Hier ist die Shell in Verbindung mit dem zentralen Prozessor unmittelbar die interpretierende Instanz. Das Paar (Shell-Script, Shell) ähnelt funktional sehr dem Paar (Maschinenspracheprogramm, Zentralprozessor). Daß Shell-Viren nur selten beobachtet werden, hat im wesentlichen den Grund, daß komfortable (und reichhaltige) Kommandosprachen nur bei Multitasking- und Multiuser-Systemen vorhanden sind. Aber gerade bei denen gibt es ausgezeichnete Dateischutzverfahren, die einer Ausbreitung von Viren entgegenwirken.

Zusammenfassend soll noch einmal gesagt werden, daß in einem Computersystem überall dort, wo eine Instanz existiert, die Daten als Befehle interpretiert, prinzipiell mit Viren zu rechnen ist. Dazu gehören auch Datenbankabfrage- und Textverarbeitungssysteme und ähnliche Anwendungsprogramme, die jedoch im allgemeinen sprachlich nicht reichhaltig genug sind, um Selbstmodifikation und Selbstreproduktion formulieren zu können.

Für Virusrealisierungen werden Programme in Maschinensprache bevorzugt. Ihre Interpretation erfolgt direkt durch den zentralen Prozessor, Veränderungen fallen optisch nicht direkt (vielleicht aber indirekt) auf, und mit Maschinensprache kann auf alle Komponenten eines Rechnersystems zugegriffen werden. Es ist deshalb angebracht, sich bei Virenbetrachtungen auf Maschinenspracheviren zu beziehen und nur für Zwecke eines leichteren Verständnisses auf höhere Sprachen und Shell-Scripts zurückzugreifen.

Ein Virus kann nur dort (sinnvoll) angesiedelt sein, wo sich Befehle befinden. Dort, wo Daten stehen, die nie als Befehle interpretiert werden, macht ein Virus keinen Sinn. Daten sind für Viren keine Wirte. Ein Virus kann jedoch Datenbestände angreifen und verändern. Diese Veränderung kann sich indirekt fortpflanzen, wodurch größere Schäden entstehen können. Alle Teile eines Rechnersystems, in denen sich Befehle befinden, sind potentielle Virensitze. Ausführbare Programme in Maschinensprache befinden sich überwiegend auf Dateien, die *Programmdateien* genannt werden. Von dort werden sie durch einen Programmaufruf in den Hauptspeicher geladen und ausgeführt. Sie befinden sich aber auch auf festen Speicherplätzen, die nicht als Dateien angesprochen werden. Dazu gehören insbesondere die Bootsektoren der Festplatten und Disketten.

Aufgrund dieser eben vorgenommen groben Einteilung wird zwischen *Programmdateiviren* (kurz *Programmviren*) und *Bootsektorviren* unterschieden. Im folgenden sollen diese beiden Virusarten etwas näher untersucht und einige typische Eigenschaften und einige Voraussetzungen für ihre Existenz herausgestellt werden. Es muß jedoch darauf hingewiesen werden, daß diese Einteilung nicht streng durchgeführt werden kann. So gibt es Viren, die in beide Gruppen gehören und als Programm- und als Bootsektorvirus arbeiten.

Programmviren

Programmviren infizieren Programmdateien. Anschaulich und sehr vereinfacht dargestellt wird durch eine Virusinfektion ein Programm auf einer

Datei durch einen Unterprogrammaufruf und das zugehörige Unterpro-
gramm erweitert. Die Abbildung 6-1 zeigt anschaulich eine derartige Pro-
gramm(datei)veränderung. Zur Darstellung wird ein C-ähnlicher Pseudocode benutzt, gemeint sind aber Programme in Maschinensprache.

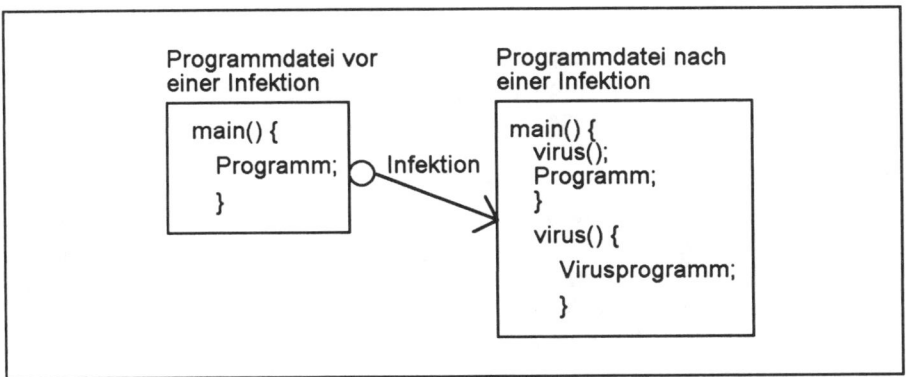

Abb. 6-1: Infektion einer Programmdatei

Einige Programmviren überschreiben Teile des Wirtsprogramms und
machen dieses zumindest stellenweise unbrauchbar. Derartige Viren verra-
ten sich dadurch sehr schnell. In der Abbildung 6-2 ist eine solche überschreibende Infektion schematisch dargestellt.

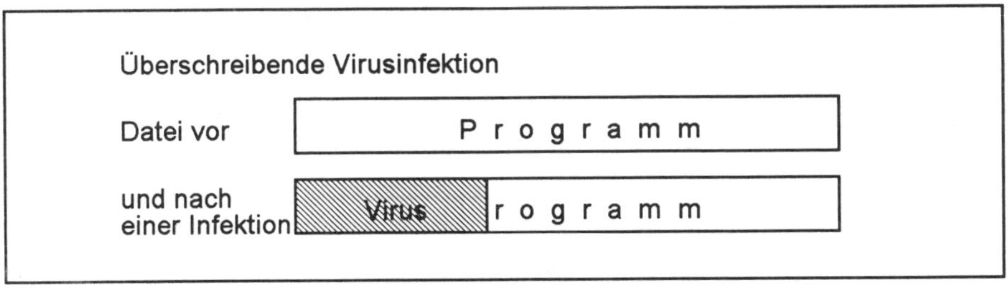

Abb. 6-2: Überschreibende Programmvirusinfektion

Ein Programmvirus muß eine Datei als Programmdatei, das heißt als
Datei, die ein Programm in Maschinensprache enthält, erkennen können.
Dazu gibt es im Prinzip zwei Möglichkeiten. Bei der einen nutzt das Virus
die Namenskonventionen des zugrundeliegenden Betriebssystems aus. Bei
MS-DOS beispielsweise haben Programmdateien in der Regel die Endung
EXE, COM oder SYS. Anwendungssoftware verwendet für Unterprogramme

oft Dateien, deren Namen typische Endungen wie zum Beispiel OVL haben. Viren, die so verfahren, sind durch (vorübergehende) Umbenennung der Dateien leicht zu bekämpfen, so daß viele Viren einen anderen Weg gehen, wenn sie nach Programmen suchen, die sie infizieren können. Bei dieser zweiten Möglichkeit wird der Dateianfang untersucht, der bei Programmdateien einen ganz typischen Aufbau hat. Am Dateianfang wird nämlich Verwaltungsinformation über das Programm gespeichert, erst danach folgt der Programmcode. Der Dateianfang ist so typisch, daß Viren praktisch nicht getäuscht werden können.

Bei Programmviren kann man zwei Arten unterscheiden. Die erste Art heißt *direkt* und ist die harmlosere (leichter zu bekämpfende) der beiden. Ein direktes Programmvirus befindet sich nur dann im Hauptspeicher, wenn sein Wirtsprogramm geladen worden ist. Ist das Wirtsprogramm abgearbeitet, ist zwar das Virus aktiviert worden, aber mit dem Ende des Programmlaufs des Wirts ist auch das Virus beendet. Die andere Art von Programmviren heißt *resident*. Sie nutzt eine fundamentale Arbeitsweise von Betriebssystemen aus, auf die hier wegen der Bedeutung dieser Virenart kurz eingegangen werden soll. Ein Betriebssystem stellt Anwendungsprogrammen seine Dienste mit Hilfe eines Verfahrens zur Verfügung, das am Laden eines Programms von einer Programmdatei in den Hauptspeicher demonstriert werden soll. Zu dem Betriebssystemdienst *Laden eines Programms* gehört ein fester Speicherplatz im Hauptspeicher, der *Vektor*, hier genauer *Ladevektor*, genannt wird. Dort steht die Adresse des Betriebssystemprogramms, das den Betriebssystemdienst, im Beispiel das Laden, ausführt.

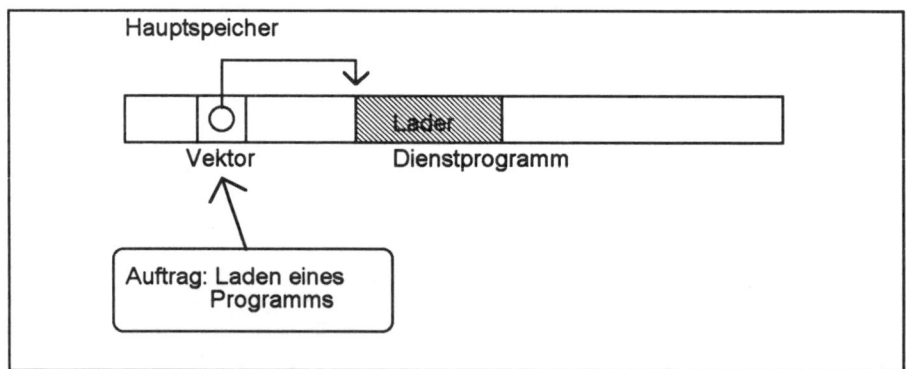

Abb. 6-3: Vektor zum Laden eines Programms

In der Abbildung 6-3 wird diese Situation anschaulich dargestellt. Die Graphik zeigt, daß ein Auftrag zum Laden eines Programms zu einem Vektor und von dort zum Ladeprogramm führt. Soll ein Programm geladen werden, ruft das Betriebssystem das Programm auf, auf das der Ladevektor zeigt. An dieser Stelle greifen die Viren an. Sie erklären dem Betriebssystem, sie seien ein neues Ladeprogramm und setzen den Ladevektor auf ihre Anfangsadresse. Unter MS-DOS sind derartige Programme nicht ungewöhnlich und werden von vielen Dienstleistungsprogrammen verwendet. Sie heißen TSR-Programme (*Terminate and Stay Resident*). Damit weiterhin Programme geladen werden können, rufen sie, wenn sie dies möchten, das Original-Ladeprogramm auf. In der Abbildung 6-4 ist die durch ein residentes Virus veränderte Verzeigerung dargestellt.

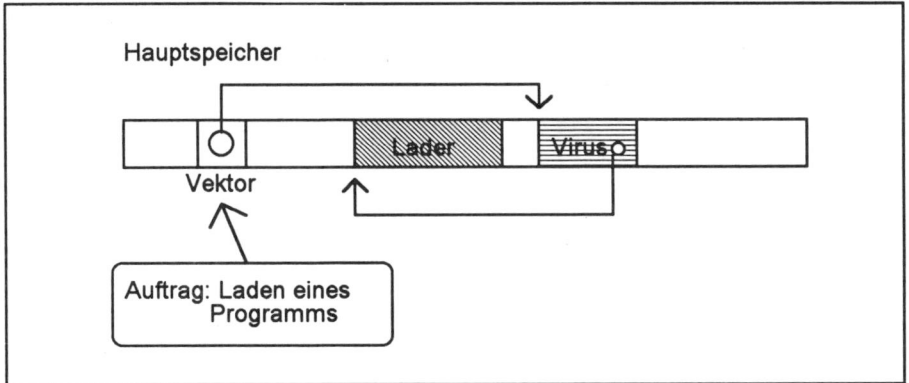

Abb. 6-4: Residentes Virus

Jedesmal wenn das Betriebssystem jetzt einem Auftrag zum Laden irgendeines Programms folgen will, startet es das Virus. Umgangssprachlich sagt man, das Virus habe den Ladevektor *verbogen*. Neben dem Ladevektor gibt es sehr viele weitere, die von Viren bevorzugt werden. Dazu gehört z.B. der *Diskettenschreibvektor*, der zu einem Betriebssystemprogramm führt, das vom Hauptspeicher Daten auf eine Diskette überträgt. Ein Virus, das diesen Vektor verbiegt, ist an allen Schreibvorgängen auf Disketten beteiligt.

Ein Betriebssystem besteht selbst aus Programmen und selbstverständlich sind diese Programme Angriffsziele für Viren. Eine gewisse Verbreitung haben Programmviren gefunden, die in die Dateiverwaltung eindringen und die zugehörigen Datenstrukturen zu ihren Gunsten verändern. Beispielsweise könnte eine ausführbare Datei durch eine ebenfalls ausführbare und gleichnamige andere (schadensträchtige) Datei ausgetauscht werden. Die ursprüngliche Datei könnte umbenannt und von der neuen bei Bedarf aufgerufen werden. Etwas raffinierter ist die Methode, in das gleiche Dateiverzeichnis, in dem sich eine Datei mit der Namensendung EXE befindet, eine versteckte mit der Namensendung COM aber sonst identischem Namen einzubringen. Dabei wird die Eigenschaft des Kommandointerpreters COMMAND.COM benutzt, bei einem Kommandoaufruf ohne Angabe einer Namensendung zuerst nach einer zugehörigen Datei mit der Endung COM zu suchen, um sie zur Ausführung zu bringen. Erst dann, wenn keine derartige Datei gefunden wird, wird nach einer mit der Endung EXE gesucht.

Eine weitergehende Methode nutzt aus, daß ein Betriebssystem auf jedem Datenträger in einer Dateizuordnungstabelle (File-Allocation-Table) die konkrete Lage der zugehörigen Dateien registriert. Die Abbildung 6-5 zeigt den prinzipiellen Aufbau dieser Tabelle.

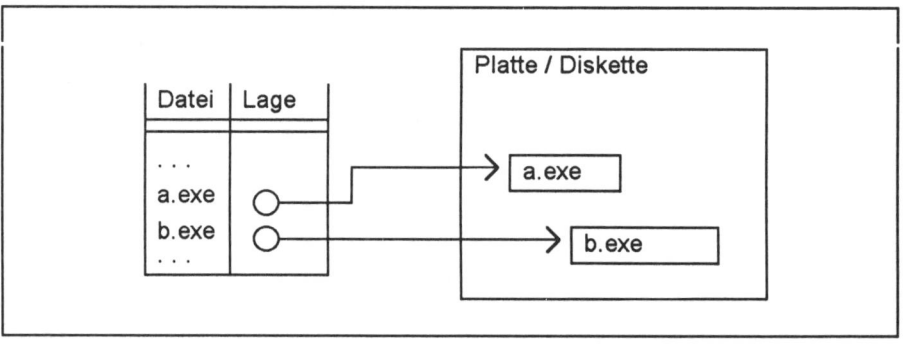

Abb. 6-5: Dateizuordnungstabelle

Nach dieser *File-Allocation-Table* (FAT) werden die entsprechenden Programmviren manchmal FAT-Viren genannt. Sie verändern die Verzeigerung von Programmdateien (bei Datendateien wäre es sinnlos) in dieser Tabelle so, wie das in der Abbildung 6-6 dargestellt worden ist. Damit hat sich das Virus, ähnlich wie beim Verbiegen von Vektoren, in das Programmaufrufverfahren des Betriebssystems eingenistet. Soll ein Programm gestartet werden, lädt das Betriebssystem das Virusprogramm. Dieses hat in der Regel die ursprüngliche Tabelle gespeichert, um nach Auslösung der Schadensfunktion das gewünschte Programm starten zu können. Damit verschleiert das Virus seine Existenz.

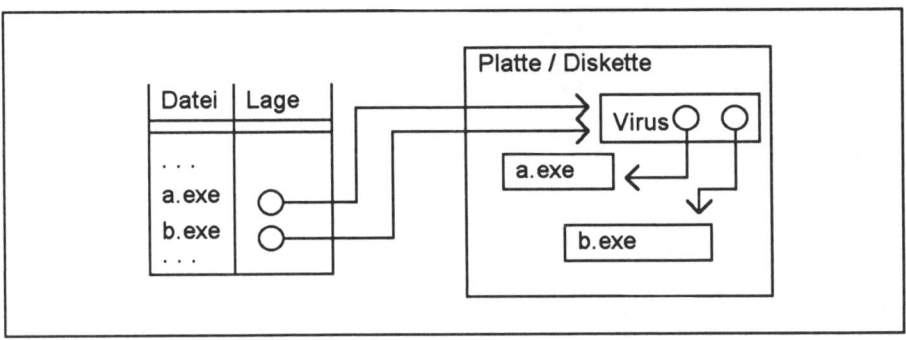

Abb. 6-6: Dateizuordnungstabelle mit Virus

Bootsektorviren

Programmviren kommen als Teil eines Wirtsprogramm in den Hauptspeicher. Dies ist jedoch für ein Virus nicht der einzige Weg, um dorthin zu gelangen. In den folgenden Absätzen sollen weitere Möglichkeiten zusammengestellt und auf ihre Anfälligkeit gegen Virusinfektionen hin untersucht werden. Dabei wird sich zeigen, daß die Bootsektoren der Festplatten und der Disketten ein großes Gefahrenpotential darstellen.

In jedem Rechnersystem gibt es neben dem Hauptspeicher weitere Speicherplätze, die Programme aufnehmen können. Beispielsweise gibt es ein ROM-BIOS (*Read-Only-Memory-Basic-Input-Output-System*). Das ist ein Speicher, der physikalisch nur gelesen, nicht jedoch beschrieben werden kann. Er enthält unter anderem einen *Urlader*. Das ist ein Programm, das beim Einschalten der Stromversorgung automatisch gestartet wird und mit dem Bootvorgang beginnt. Darunter versteht man das Laden, man sagt dazu auch *Hochfahren*, des Betriebssystems. Ein ROM-BIOS kann nicht umprogrammiert werden, so daß hier keine Viren eindringen können. Allerdings besteht die (theoretische) Möglichkeit, daß herstellerseitig (vielleicht durch einen unzufriedenen Programmierer) in das ROM-BIOS ein Virus eingearbeitet wird. Praktisch würde ein solcher Vorgang heftige Reaktionen auf dem Computermarkt zur Folge haben, so daß ROM-BIOS-Viren bislang noch nicht beobachtet werden konnten. Bugs hingegen sind hier schon einige gefunden worden.

Neben einem ROM-BIOS können in einem Rechnersystem Zusatzkarten für spezielle Funktionen wie Sound, Graphik oder Netzwerkanbindungen vorhanden sein, die ebenfalls ROMs mit speziellen Programmen enthalten.

Auch sie sind im nachhinein von Viren nicht angreifbar. Es sind jedoch bereits Zusatzkarten in den Handel gelangt, die im ROM ein herstellerseitig eingebrachtes Virus enthielten.

IBM-kompatible Rechner verwenden einen speziellen Speicher, um Konfigurationsinformation über das jeweilige Computersystem zu verwalten. Dieser Speicher wird als CMOS (*Complementary-Metal-Oxide-Semiconductor*) bezeichnet und ist ein batterie- (oder akku-) gepufferter RAM-Baustein (*Random-Access-Memory*), der Daten über vorhandene Laufwerke, Art der Festplatte, Größe des Hauptspeichers usw. enthält. Er wird mit einem SETUP-Programm oder mit speziellen Dienstprogrammen wie PC-TOOLS (von Symantec, 10201 Torre Avenue, Cupertino, CA 95014, USA) gelesen und beschrieben. Ein CMOS ist oft nur 64 Bytes groß. Es ist denkbar, hier ein Virus oder Teile eines Virus anzusiedeln. Das CMOS wird jedoch nicht direkt interpretiert und ist deshalb für Viren lediglich Zerstörungsziel oder Lager für Virenteile. Eine CMOS-Veränderung wird in der Regel schnell (beim nächsten Bootvorgang) bemerkt.

Die bisher beschriebenen Speicher sind keine ernsthaften Virensitze. Ganz anders sieht das bei den letzten hier vorzustellenden Speicherstellen für Maschinespracheprogramme, den Bootsektoren der Disketten und Festplatten, aus. Dazu sind vorab ein paar technische Gegebenheiten anzusprechen. Disketten sind, wie in der Abbildung 6-7 dargestellt, (seit vielen Jahren) auf beiden Seiten in *Spuren* und *Sektoren* eingeteilt.

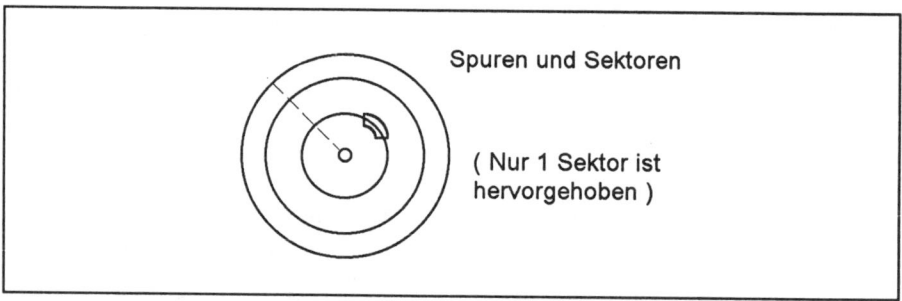

Abb. 6-7: Diskettenaufbau

Ein Sektor enthält 512 Bytes (oder ein Vielfaches davon) und stellt die Lese- und Schreibeinheit dar, die zwischen Hauptspeicher und Datenträger ausgetauscht wird. Das Abbild eines Sektors im Hauptspeicher wird als *Block* bezeichnet. Bei MS-DOS heißt der erste Sektor der ersten Spur einer Diskette *Bootsektor*. Eine neue Diskette wird mit dem MS-DOS-Befehl FORMAT auf die Arbeit mit MS-DOS vorbereitet, ein Vorgang, der als *Formatierung* der Diskette bezeichnet wird. Wird der FORMAT-Befehl ohne den Parameter /s benutzt, erzeugt er eine *Datendiskette*. Darunter versteht man, daß in den Bootsektor dieser Diskette ein Ladeprogramm (als Fortsetzung des ROM-BIOS-Urladers) geschrieben und eine vorerst leere Dateizuordnungstabelle angelegt wird. Weil diese Tabelle sehr wichtig ist, wird sie doppelt geführt.

Wird das FORMAT-Kommando mit /s parametrisiert (FORMAT/s), dann wird eine *Bootdiskette* (eine bootfähige Diskette) erzeugt. Das heißt, daß zu den Aktionen, die zu einer Datendiskette führen, weitere hinzukommen. Und zwar werden die drei Programmdateien IO.SYS, MSDOS.SYS und COMMAND.COM auf die Diskette geschrieben und in der Dateizuordnungs-tabelle registriert. Die ersten beiden Dateien enthalten den Kern des MS-DOS-Betriebssystems, und COMMAND.COM ist der Kommandointerpreter (die Shell). Es gibt eine IBM-Variante des MS-DOS-Betriebssystems na-mens PC-DOS. Dort heißen die beiden Systemdateien IBMBIO.COM und IBMDOS.COM.

Bei Festplatten ist die Situation etwas komplexer als bei Disketten. Sie bestehen aus mehreren übereinanderliegenden, beidseitig beschriebenen Scheiben, so daß eine bestimmte Spur auf allen Oberflächen vorkommt. Eine solche Spur, über alle Scheiben betrachtet, heißt *Zylinder*. Der strukturelle Aufbau der ersten Festplatten für MS-DOS-Systeme war dem der Disketten vergleichbar. Der erste Sektor der ersten Spur des ersten Zylinders war der Bootsektor. Inzwischen sind die Platten so groß gewor-den, daß sie aufgeteilt werden können und sich jeder Teil wie eine eigen-ständige (ursprüngliche) Festplatte verhält. Der Vorgang der Aufteilung heißt *Partitionierung*. Auf einer derart partitionierten Platte kann es meh-rere Betriebssysteme geben, zum Beispiel UNIX und MS-DOS, so daß beim Einschalten des Rechners zu entscheiden ist, welches dieser Systeme hochgefahren werden soll.

Das Problem wird dadurch gelöst, daß jede Partition einen eigenen Boot-sektor erhält und der ursprüngliche Bootsektor (der erste Sektor der ersten Spur des ersten Zylinders) eine Steuerfunktion bekommt. Dieser ursprüng-liche Bootsektor heißt jetzt *Master-Boot-Record* (MBR). Er enthält ein Ladeprogramm für den Bootsektor einer der Partitionen, eine Partitions-tabelle mit Angaben über die Aufteilung der Platte und einen Hinweis, welche Partition die aktuelle sein soll. Jede MS-DOS-Partition ist wie eine

Diskette aufgebaut. Der logische Aufbau einer Festplatte mit zwei Partitionen ist in der Abbildung 6-8 dargestellt worden.

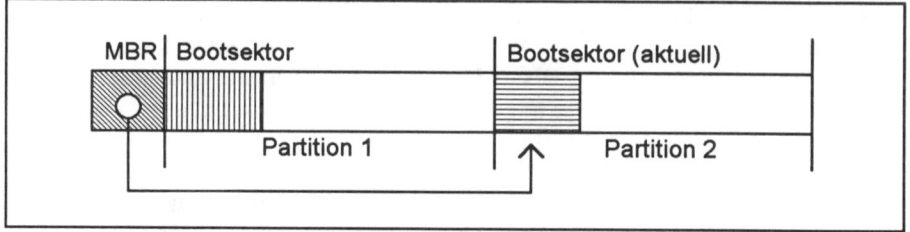

Abb. 6-8: Logisches Bild einer Festplatte

Die Partitionierung einer Festplatte wird mit dem MS-DOS-Kommando FDISK durchgeführt. Nach der Partitionierung müssen die Partitionen einzeln und nach den Konventionen und mit den Werkzeugen der Betriebssysteme, die sie aufnehmen sollen, formatiert werden. Es erscheint nebensächlich, ist aber für den Umgang mit Viren substantiell, daß das FORMAT-Kommando von MS-DOS auf Festplatten anders wirkt als auf Disketten. Wird eine Diskette formatiert, werden die Spuren und Sektoren neu geschrieben. Eine Konsequenz davon ist, daß durch das Formatieren einer Diskette ein dort eventuell vorhandenes Virus (auch im Bootsektor) gelöscht wird. Im Gegensatz zu Disketten werden Festplatten vom Hersteller vorformatiert und das FORMAT-Kommando von MS-DOS respektiert diese Formatierung. Es schreibt den Inhalt des Bootsektors der zugehörigen Partition (und nur dieser) neu und bereinigt ihre Dateizuordnungstabelle. Der Master-Boot-Record wird jedoch durch das FORMAT-Kommando nicht beeinflußt, so daß ein Virus, das sich dort eingenistet hat, durch Formatierung der Partition nicht gelöscht werden kann. Auf diese Eigenheit der Festplattenformatierung wird im Abschnitt 6.4 noch einmal hingewiesen werden.

Um die Angriffsstrategie von Bootsektorviren leichter nachvollziehen zu können, sollen jetzt die Vorgänge beschrieben werden, die man als Hochfahren des Systems (als Bootsequenz) bezeichnet. Durch das Einschalten des Rechners oder durch Betätigen einer RESET-Taste wird ein Urlader im ROM-BIOS gestartet. Er beginnt mit einem Rechner-Selbsttest und liest Konfigurationsinformationen aus dem CMOS. Dann versucht er, von einem der Laufwerke in festgelegter Suchfolge einen Bootsektor zu lesen. Die Suchfolge kann manchmal durch einen Eintrag im CMOS beeinflußt werden. In der Regel greift der Urlader zuerst auf das Laufwerk A: zu. Ist das Lesen nicht erfolgreich, wird auf den ersten Sektor des Festplattenlaufwerks C: zugegriffen. Ist auch dieses Lesen nicht erfolgreich, bleibt der Rechner mit einer Fehlermeldung stehen. Bei den ersten Personal-Computern von IBM ist statt dessen ein ROM-BASIC aufgerufen worden.

Konnte erfolgreich gelesen werden, so ist entweder ein Bootsektor oder ein Master-Boot-Record in den Hauptspeicher übertragen (geladen) worden. War es ein Master-Boot-Record, dann enthält er ein Programm, um den Bootsektor der entsprechenden Partition nachzuladen, was dann auch geschieht. In jedem dieser beiden Fälle ist jetzt ein Bootsektor geladen worden, und das in ihm enthaltene Programm wird gestartet. Es sucht auf dem zugehörigen Datenträger die Systemdateien IO.SYS und MSDOS.SYS. Ist die Suche erfolglos, wird eine Fehlermeldung ausgegeben und der Bootvorgang unterbrochen. Die Fehlermeldung ist als ASCII-String im Bootsektor enthalten. Werden beide Dateien gefunden, wird IO.SYS geladen und gestartet. IO.SYS realisiert die Schnittstelle zwischen MS-DOS und den Peripheriegeräten. Das Programm liest eine Datei namens CONFIG.SYS, wenn eine solche vorhanden ist, lädt die darin genannten Gerätetreiber und erzeugt erste Vektoren. Dann lädt und startet es MS-DOS.SYS. Das ist die Schnittstelle zwischen MS-DOS und den Anwendungsprogrammen. Das Programm legt Systemtabellen an, ergänzt die Vektoren und kehrt zu IO.SYS zurück. Von dort wird der Kommandointerpreter COMMAND.COM geladen und gestartet. Dieser liest eine Datei namens AUTOEXEC.BAT, wenn sie existiert, und bringt die darin enthaltenen Befehle zur Ausführung. Eine Datei wie AUTOEXEC.BAT wird als Startup-Datei bezeichnet. Mit ihrer Hilfe kann eine bestimmte Systemumgebung eingerichtet werden, oft wird sofort ein Anwenderprogramm, zum Beispiel die Windows-Benutzeroberfläche, gestartet. Sonst fordert der Kommandointerpreter COMMAND.COM den Benutzer zur Eingabe von Kommandos auf.

Programmbeispiele

Computerviren basieren auf der prinzipiellen Fähigkeit des von Neumann-Rechners, daß Programme sich selbst (und andere Programme) als Daten auffassen und manipulieren können. Um ihre Arbeitsweise zu verstehen, werden im folgenden ein paar Beispiele vorgestellt, die auf einer hohen programmiersprachlichen Ebene angesiedelt sind. Hier spielt eine UNIX-Shell (ein Kommandointerpreter) die Rolle des zentralen Prozessors (der interpretierenden Instanz).

Das aktuelle Dateiverzeichnis kann als Hauptspeicher verstanden werden, und Shell-Kommandos spielen die Rolle von Maschinenbefehlen. Shell-Scripts sind dann die zugehörigen Programme. Der Grund dafür, daß auf dieser Ebene und überhaupt bei UNIX bislang nur wenige Viren in der Praxis gefunden worden sind, liegt an den Dateischutzmechanismen, die ein Verlassen der eigenen Benutzerbereiche (Verzeichnisse) erschweren. Bei MS-DOS gibt es derartige Schutzverfahren nicht, weshalb gerade dieses Betriebssystem zu einem beliebten Angriffsziel für Viren geworden ist. Bezüglich der optischen Erkennbarkeit von Kommandointerpreterviren sei darauf hingewiesen, daß es genügt, in ein Shell-Script einen Virusaufruf einzubringen und das eigentliche Virus außerhalb des Scripts, vielleicht sogar in einem anderen Verzeichnis, unterzubringen. Bei großen Scripts ist in einem solchen Fall ist eine rein optische Erkennung eines Virenbefalls sehr erschwert.

In den folgenden Beispielen werden nur leicht verständliche UNIX-Kommandos verwendet, so daß die Scripts, mit kleinen Kommentaren versehen, auch ohne UNIX-Kenntnisse verstanden werden können. Begonnen werden soll mit einem Programm, das seinen Programmcode, also sich selbst, auf dem Bildschirm ausgibt:

```
# Script virexp1
cat $0              # concatenate (Dateiinhalt ausgeben)
```

Kommentare in Scripts beginnen mit dem Zeichen # und reichen bis zum Zeilenende. $0 (Dollarzeichen und die Ziffer Null) ist der Name einer vorgegebenen Variable der Shell, die immer den Namen der Datei enthält, auf der sich das aktuelle Script befindet. Wenn man genau weiß, daß die Datei mit dem Script a.b heißt, könnte man mit gleicher Wirkung programmieren:

```
# Script a.b (virexp2)
cat a.b
```

Das Arbeiten mit der $0-Variablen ist allgemeiner als die Benutzung eines expliziten Dateinamens. Darüber hinaus wird mit ihrer Hilfe der Selbstbezug hergestellt. Das wird auch an dem nächsten Beispiel deutlich, bei dem ein Script angegeben wird, das beim Ablauf seine Programmdatei (sich selbst) löscht.

```
# Script virexp3
rm $0                   # remove (Datei löschen)
```

Es folgt ein Programm, das in der Lage ist, sich zu verdoppeln.

```
# Script virexp4
cat $0 $0 > tmp
mv tmp $0               # move (Datei umbenennen)
```

Der Selbstbezug mit Hilfe der $0-Variablen erlaubt einen Programmaufruf von sich selbst. Derartig modifiziert wird das Verdopplungsprogramm zu einem Dauerverdoppler, der in kurzer Zeit den gesamten verfügbaren Plattenspeicherplatz belegen wird und deshalb bereits schadensträchtig ist.

```
# Script virexp5
cat $0 $0 > tmp
mv tmp $0
$0                      # Selbstaufruf
```

Mit diesem Dauerverdopplungs-Script kann der Plattenspeicherplatz einer Rechenanlage angegriffen und das Arbeiten mit dem System behindert werden. Es soll an dieser Stelle ausdrücklich darauf hingewiesen werden, daß mit einer praktischen Ausführung derartiger Programme die Grenze zu *strafrechtlich zu verfolgenden Handlungen* erreicht ist. Um die Arbeitsweise von Computerviren zu verstehen, ist es ausreichend, die hier beschriebenen Algorithmen gedanklich nachzuvollziehen. Praktische Experimente müssen vorab mit der Systemverwaltung abgesprochen werden. Im Ausbildungsbereich ist es häufig möglich, eine geeignete Experimentierumgebung herzustellen, bei der eventuell auftretende Schäden lokal bleiben. Neben dem Plattenspeicher ist die Prozeßverwaltung eines Betriebssystems ein weiteres Angriffsziel. Das folgende Script führt zu einer ungebremsten Prozeßvermehrung. Auch vor seiner Realisierung ist dringend zu warnen.

```
# Script virexp6
$0 &                    # im Hintergrund
wait
```

Das Sonderzeichen & nach einem Befehl benutzt das UNIX-Multitasking und startet das zugehörige Kommando im Hintergrund. Mit dem wait-Kommando wird auf das Ende des Hintergrundprozesses gewartet.

Für Leser(innen) mit UNIX-Kenntnissen mag es ganz amüsant sein, die folgende Modifikation von `virexp6` zu studieren:

```
# Script virexp7
$0 &
```

Die bisher vorgestellten Programme waren zwar zum Teil schadensträchtig, haben sich jedoch, wenn man vom Löschen der ganzen Datei absieht, nicht selbst modifiziert. Zur Selbstmodifikation von Scripts wird am einfachsten ein Editor eingesetzt, der innerhalb eines Scripts wie ein Befehl aufgerufen werden kann. Der zeilenorientierte UNIX-Standard-Editor `ed` ist dafür hervorragend geeignet. Es folgt ein erstes selbstmodifizierendes Programm, das den Editor `ed` mit seiner eigenen Quelldatei ($0) aufruft. Der Aufruf bewirkt, daß alle Ausgaben, die normalerweise zum Bildschirm gelangen würden, unterdrückt werden (Umleitung: `>/dev/null`).

Der Editor liest seine Steuerbefehle ab den Sonderzeichen `<<+` bis zu der Zeile, die mit einem + beginnt. In dem angegebenen Beispiel gibt es drei Steuerbefehle für `ed`. Der erste (`2 s/ a/ aa/`) bewirkt, daß in der zweiten Zeile der zu editierenden Datei die erste Kombination von Wortlücke und a (die Wortlücken in der Befehlszeile sind optisch schwer zu erkennen) durch eine Wortlücke und `aa` ersetzt wird. Die nächsten beiden Kommandos schreiben die Veränderung, die bislang nur im Hauptspeicher erfolgt ist, auf die Datei zurück (w: write) und beenden dann den Editor (q: quit).

```
# Script virexp8
echo a                  # Ausgabe des Arguments
#
ed $0 > /dev/null <<+
2 s/ a/ aa/
w
q
+
```

Beim ersten Aufruf dieses Scripts wird a ausgegeben und das Programm ändert die Zeile mit dem `echo`-Befehl. Beim zweiten Aufruf wird aa ausgegeben und der `echo`-Befehl erneut verändert. Jeder Aufruf gibt eine a-Folge aus und verlängert dann die auszugebende Folge um ein a. Wird dieses Programm durch einen Selbstaufruf als letztes Kommando ergänzt, dann bewirkt ein Start die nichtabbrechende Ausgabe einer immer breiter werdenden rechten Hälfte eines *Weihnachtsbaums*. Abschließend soll ein weiteres selbstmodifizierendes Programm angegeben werden. Es soll zwei Zahlen erst addieren, dann die Addition in eine Subtraktion verändern und diese ebenfalls durchführen. Die beiden Zahlen (es sind Integerwerte) werden am Scriptanfang fest vereinbart. Man kann hier an andere Möglichkeiten wie zum Beispiel an ein Einlesen denken, aber das Beispiel sollte nicht größer werden, als unbedingt erforderlich ist. Bei der Programmierung muß darauf geachtet werden, daß der Programmlauf nach dem Subtrahieren nicht erneut eine Modifikation des eigenen Codes versucht. Dies wird im Beispiel dadurch erreicht, daß nach der Rechenoperation mit Hilfe des grep-Kommandos geprüft wird, ob addiert worden ist.

Auch Leser(innen), die das grep-Tool nicht kennen, können das +-Zeichen im Vergleichsteil des Kommandos leicht erkennen. Wird kein +-Zeichen gefunden, wird das Script beendet. Im anderen Fall wird der Editor ed eingesetzt, der erstens aus der Addition (mit dem expr-Kommando in der vierten Zeile) eine Subtraktion macht und zweitens in der Ausgabe des Ergebnisses (mit dem echo-Kommando in der fünften Zeile) das Wort Addition durch Subtraktion ersetzt. Dann ruft das Script sich selbst auf.

```
# Script virexp9
#
i=35                    # Die beiden Zahlen werden den
k=12                    # Variablen i und k zugewiesen
#
m=`expr $i + $k`        # Die Rechenoperation
echo  "Ergebnis der Addition ist $m"
#
grep '^m=`expr $i + $k`$' $0 > /dev/null 2> /dev/null
if [ $? -ne 0 ]
    then exit
    fi
#
ed $0 > /dev/null <<+
4 s/+/-/
5 s/Addition/Subtraktion/
w
q
+
#
$0                      # zweiter Durchlauf
```

Infektionswege

Nach dieser kurzen und lediglich beispielhaften Vorstellung der prinzipiellen Arbeitsweise von Computerviren anhand von UNIX-Shell-Scripts sollen sich jetzt wieder Betrachtungen mit Maschinenspracheviren anschließen. Genauer gesagt sollen die prinzipiellen Möglichkeiten zusammengestellt werden, die Viren haben, um sich ausbreiten zu können. Ein noch nicht infizierter Rechner kann beispielsweise durch ein infiziertes Programm von einem Virus befallen werden. Dieses Programm kann von einer Diskette, einer Kassette oder einem sonstigen Datenträger kommen oder aus einem Netzwerk durch ein sogenanntes Downloading übertragen werden. Eine Infektion kann auch durch einen Bootvorgang mit einer im Bootsektor infizierten Diskette erfolgen. Damit sind die beiden häufigsten Infektionsquellen bereits beschrieben. Relativ selten erfolgt eine Virusprogrammierung unmittelbar am zu verseuchenden System direkt durch den Virusprogrammierer, und selten ist auch ein Virenbefall durch herstellerseitig infizierte Bausteine.

Viren gehen mit gewissen Variationen ganz typische Wege, um einen Rechner zu befallen. Zuerst soll dieser Weg für Programmviren beschrieben werden. Dabei wird von einem noch nicht infizierten Rechner ausgegangen. Damit ist gemeint, daß weder im Hauptspeicher noch auf der Festplatte noch sonst irgendwo ein Virus sitzen soll. Der Rechner sei bereits eingeschaltet und der Bootvorgang beendet. Angenommen, jetzt wird eine infizierte Diskette in eines der Laufwerke gelegt und mit ihren Dateien gearbeitet. Solange die Dateien als Datendateien behandelt werden, findet keine Infektion statt. Erst, wenn ein infiziertes Programm von der Diskette geladen und gestartet wird, beginnt die Infektion. Die Abbildung 6-9 zeigt anschaulich eine Infektion durch ein residentes Programmvirus, das von einer Diskette kommt. Es verbiegt Vektoren und wird damit Teil eines jeden Programms, das später geladen und ausgeführt wird. Dann erledigt es seine virusspezifische Aufgabe, das heißt es richtet den einprogrammierten Schaden an und führt schließlich den Nichtvirusteil des infizierten Programms aus. Nach dem Programmende bleibt das Virus im Hauptspeicher aktiv. Wird jetzt mit anderen Programmen gearbeitet, dann ist bei jedem Programmaufruf das Virus beteiligt. Es infiziert zuerst das neue Programm im Hauptspeicher und benutzt dann die vom Programmaufruf stammenden Informationen, um das bislang nur im Hauptspeicher infizierte Programm vom Hauptspeicher auf den Datenträger zurückzuschreiben. Auf diese Art werden nach und nach alle Programme, mit denen gearbeitet wird, befallen.

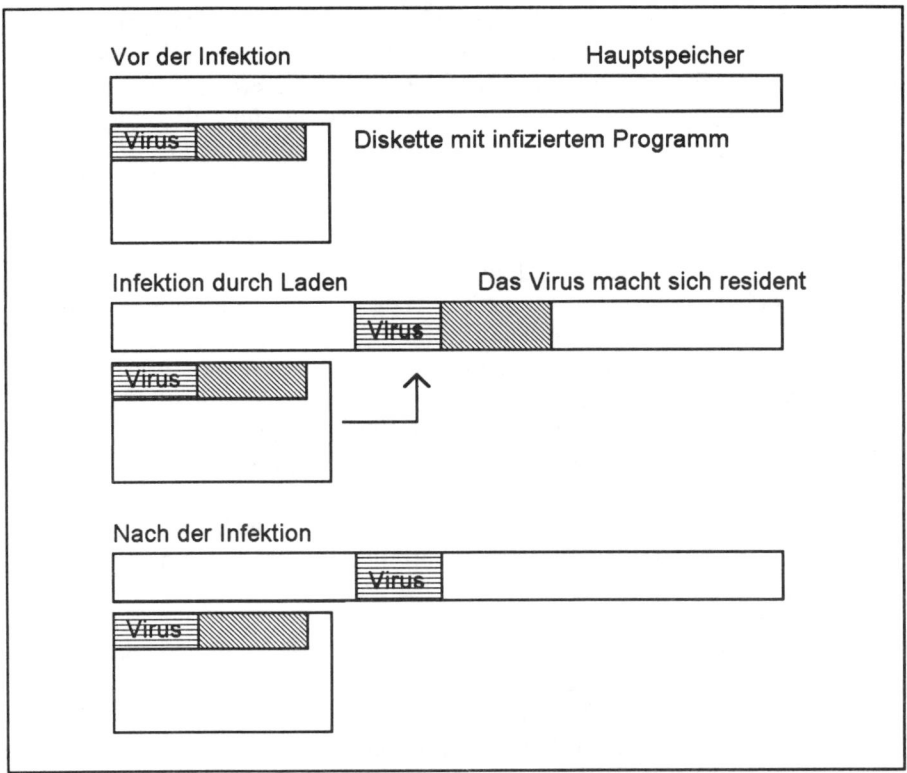

Abb. 6-9: Infektionsweg eines residenten Programmvirus

Es ist möglich, daß ein Virus zwar als Programmvirus in den Hauptspeicher kommt, aber nicht nur Programme, sondern auch die Bootsektoren der Festplatten und Disketten angreift. Wird der Rechner aus- und wieder eingeschaltet, so ist sein Hauptspeicher (nur bei reinen Programmviren) erst einmal nicht infiziert. Die Infektion findet statt, sobald das erste infizierte Programm von der Festplatte aufgerufen wird. Eine Ausbreitung auf andere Rechner kann stattfinden, wenn in eines der Laufwerke eine Diskette mit Programmen gelegt und eines dieser Programme aufgerufen wird. Es wird im Hauptspeicher infiziert und von dort auf die Diskette zurückgeschrieben. Die Diskette ist jetzt infiziert und trägt zur Verbreitung des Virus bei.

Bootsektorviren gehen einen anderen Infektionsweg als Programmviren, aber auch dieser Weg ist typisch. Zu seiner Beschreibung soll wieder von einem nicht infizierten Rechnersystem ausgegangen werden. Angenommen, es wird mit einer im Bootsektor infizierten Diskette, die sich zum Beispiel im Laufwerk A: befindet, gearbeitet. Dann wird der Rechner nicht infiziert, auch nicht dadurch, daß Programme von dieser Diskette gestartet werden. Die Gefahr ist etwas versteckt.

Angenommen, der Rechner wird ausgeschaltet, und dabei wird die Diskette im Laufwerk A: vergessen. Alternativ dazu denke man an eine Situation, in der ein Anwenderprogramm hängenbleibt (das ist ein Bug) und dann mit <ctrl/alt/del> oder mit einem RESET-Knopf der Rechner neu gestartet wird, ohne daß die Diskette aus dem Laufwerk A: entfernt worden ist. In beiden Fällen passiert jetzt das gleiche: Beim Neustart des Rechners wird der infizierte Bootsektor der Diskette im Laufwerk A: gelesen und das darauf befindliche Programm gestartet. Damit ist das Virus im Hauptspeicher und es ist gestartet worden. Es liest den richtigen Bootsektor, von dem es weiß, wo er steht, weil es ihn selbst dorthin gebracht hat, und bringt ihn zur Ausführung.

Möglicherweise hat das Virus vorher den Master-Boot-Record oder einen der Bootsektoren der Festplatte infiziert. Vielleicht wartet es auch auf Programme, die es dann als Programmvirus infizieren kann. Ein reines Bootsektorvirus infiziert jedoch keine Programme, sondern wartet im Hauptspeicher, bis auf eine Diskette zugegriffen wird. Dann infiziert es deren Bootsektor, auch wenn es sich um eine Datendiskette handelt.

Bisher ist bei (fast) allen Betrachtungen davon ausgegangen worden, daß ein Programm, eine Dateizuordnungstabelle, ein Bootsektor oder ein Master-Boot-Record von genau einem Virus befallen wird. Es ist jedoch durchaus möglich, daß Mehrfachinfektionen stattfinden und ein Rechner von mehreren (unterschiedlichen) Viren heimgesucht wird. In der Regel prüft ein Virus die Programme oder Speicherbereiche, die es befallen möchte, ob bereits eine Infektion vorliegt. Es will nicht zweimal infizieren, um nicht durch die Größenveränderung der Datei aufzufallen. Das Virus prüft jedoch lediglich seine eigene Existenz, nicht die anderer Viren. Dadurch können Programme, Dateizuordnungstabellen, Bootsektoren und Master-Boot-Records von mehreren Viren jeweils unabhängig voneinander befallen werden.

Es ist zwar möglich, daß die Viren sich gegenseitig stören, aber dies geht letztlich immer auf Kosten des Benutzers. Beispielsweise setzen sich die Viren MICHELANGELO und STONED beide in den Master-Boot-Record einer Festplatte. Beide speichern zufällig (?) den Inhalt des alten Master-Boot-Records im selben Sektor der Platte. Bei einer doppelten Infektion überschreibt die Zweitinfektion den Inhalt des verschobenen ursprünglichen Bootsektors. Ein Hochfahren des Systems von der Fest-platte ist damit nicht mehr möglich. In der Abbildung 6-10 ist eine Infek-tion durch das MICHELANGELO-Virus dargestellt, die durch eine Infek-tion mit dem STONED-Virus überlagert wird. Das STONED-Virus schreibt das MICHELANGELO-Virus auf den verschobenen Master-Boot-Record.

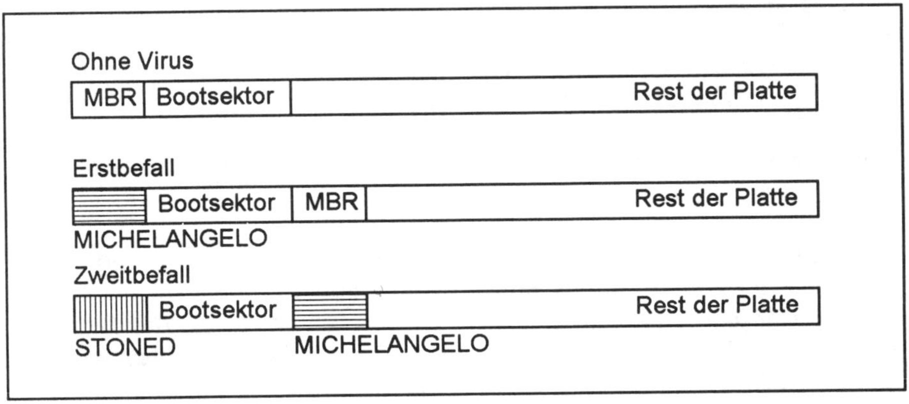

Abb. 6-10: Doppelinfektion

6.4   Umgang mit Computerviren

Vorbereitungsarbeiten zur Virenbeseitigung

Nach der Vorstellung der prinzipiellen Arbeitsweise von Computerviren und ihrer typischen Infektionswege, soll in diesem letzten Abschnitt beschrieben werden, wie der Schaden, der durch sie entstehen kann, möglichst klein gehalten wird. Dabei sind zwei Fälle zu unterscheiden. Im ersten hat ein Virenbefall bereits stattgefunden, oder es wird ein solcher vermutet. Im zweiten Fall ist das Rechnersystem noch nicht infiziert, und es soll ein Befall verhindert werden. In der Praxis vermischen sich diese Fälle, so daß eine Beschäftigung mit beiden notwendig ist. Eine Virenbeseitigung, die auch erforderlich werden kann, wenn vorbeugende Maßnahmen durchgeführt worden sind, erfordert eine Reihe zum Teil umfangreicher Vorbereitungen. Als zentral wird sich dabei das regelmäßige Anlegen von *Sicherungskopien* herausstellen, das der Grundpfeiler jeder Wiederherstellung von Programm- und Datenbeständen ist. Durch die Virenproblematik wird seine Bedeutung noch betont.

Die Überlegungen, welche Vorbereitungen zu treffen sind, um Viren beseitigen zu können, sollen mit der Situation beginnen, daß ein Virenbefall festgestellt oder vermutet wird. Es ist jetzt notwendig, das Betriebssystem so hochzufahren und zu betreiben, daß der Hauptspeicher virenfrei ist und bleibt. Ein Virus im Hauptspeicher kann Untersuchungsprogramme täuschen. Es ist weiterhin notwendig, alle infizierten Stellen zu lokalisieren. Auch dies muß von Viren unbeeinflußt erfolgen. Infiziert sein können Programmdateien, Dateiverzeichnisse, Dateizuordnungstabellen, Bootsektoren von Disketten und Festplattenpartitionen, Master-Boot-Records von Festplatten und CMOS-Inhalte.

Eine elementare und unabdingbare Voraussetzung, um einen Virenbefall zu behandeln, ist eine virenfreie, schreibgeschützte und bootfähige Diskette. Sie wird *Bootdiskette* genannt und enthält neben dem Betriebssystem (IO.SYS, MSDOS.SYS, COMMAND.COM) die wichtigsten MS-DOS-Kommandos sowie einfache Versionen der Dateien CONFIG.SYS und AUTOEXEC.BAT. Es ist sinnvoll, eine Bootdiskette bereits im Rahmen der Erstinstallation des Rechnersystems anzufertigen und dann sofort mit einem (mechanischen) Schreibschutz zu versehen.

Da auch Gerätetreiber wie alle Programme infiziert sein können, sind die in der Datei CONFIG.SYS genannten ebenfalls mit auf diese Diskette zu nehmen. Die MS-DOS-Version der Bootdiskette muß mit der bisher eingesetzten übereinstimmen, weil die verschiedenen Versionen dieses Betriebssystems nicht kompatibel sind.

Es ist empfehlenswert, neben einer Bootdiskette eine zweite virenfreie und schreibgeschützte Diskette mit Virenbekämpfungswerkzeugen (eine *Tooldiskette*) vorzubereiten. Um Viren lokalisieren und identifizieren zu können, sind Virensuchprogramme entwickelt worden. Sie stellen derzeit das wichtigste Werkzeug dar, das zur Virenbekämpfung eingesetzt wird. In der Regel werden sie nicht als isoliertes Werkzeug, sondern im Rahmen einer Programmsammlung zur Virenbekämpfung angeboten. Hersteller sind Firmen wie beispielsweise McAfee (McAfee Associates, 3350 Scott Blvd, Bldg 14, Santa Clara, California, 95054-3107 USA), die auf Computerviren spezialisiert sind, oder Firmen wie Symantec (10201 Torre Avenue, Cupertino, CA 95014, USA), die allgemeine Hilfsprogramme wie PC-TOOLS für Personal-Computer entwickeln und in deren Rahmen sogenannte Anti-Viren-Programme anbieten. Seit wenigen Jahren liefert auch Microsoft (Microsoft Info-Service, Postfach 101033, 80084 München) Virenbekämpfungssoftware zusammen mit MS-DOS (ab Version 6.0) aus.

Bei Virensuchprogrammen werden zwei prinzipielle Arbeitsweisen unterschieden. Die *Virenscanner* untersuchen gefährdete Stellen (Hauptspeicher, Programme, Bootsektoren usw.) auf virustypische Inhalte. Das können Zeichenketten sein, aber auch Befehle, mit denen beispielsweise auf ausführbare Dateien zugegriffen wird oder mit denen ein Datenträger formatiert werden kann. Ein Scanner kann dadurch ein Virus, wenn er es gefunden hat, auch identifizieren, was die praktische Beseitigung in vielen Fällen erleichtert. Allerdings ist auch festzustellen, daß es Viren gibt, die einen Scanner dadurch täuschen, daß sie keine virustypischen Aktionen durchführen. Das soll kurz an einem Beispiel erläutert werden.

Ein Virusverdacht kann aufkommen, wenn ein Programm einen bestimmten ROM-BIOS-Aufruf startet, zum Beispiel um auf eine ausführbare Datei zuzugreifen. Programme können auf das Vorhandensein solcher Aufrufe durchsucht werden. Die zu den ROM-BIOS-Aufrufen gehörenden Routinen haben aber Adressen im Hauptspeicher, die gesucht und direkt angesprungen (anschaulich per GOTO-Befehl) werden können. In diesem Zusammenhang spricht man von *tunnelnden* Viren.

Da ständig neue Viren produziert werden, geben professionelle Scanner-hersteller in kurzen Abständen, zum Teil alle zwei Monate, Fortschreibungen ihrer Viruserkennungsdatenbasis heraus. Aufgrund der Arbeitsweise der Scanner sind Fehlalarme einzukalkulieren, weil auch Anwenderprogramme virusverdächtige Operationen ausführen können. Weiterhin muß herausgestellt werden, daß ein Scanner nur solche Viren finden kann, die bereits in seiner Datenbasis enthalten sind.

Zu einer anderen Klasse von Virensuchprogrammen gehören die *Integritätsprüfer*. Das sind Programme, die zu bestimmten ihnen angegebenen Programmen Prüfzahlen ermitteln und diese (meist in einer Datei) abspeichern. Diese Prüfzahlen sind so empfindlich, daß jede Veränderung an einer der erfaßten Dateien zur Veränderung der Prüfzahl führt. Damit kann im Prinzip jeder Virenbefall festgestellt werden. Im Gegensatz zu den Scannern kann das Virus jedoch nicht identifiziert werden. Ein weiterer Nachteil gegenüber den Scannern liegt darin, daß auch harmlose selbst-modifizierende Programme (dazu gehören einige weitverbreitete kommerzielle Textverarbeitungssysteme, die Statusinformation über jede Sitzung in der Programmdatei speichern) ständig als befallen gemeldet werden, auch wenn keine Virusinfektion stattgefunden hat.

An der Technischen Fachhochschule in Berlin ist vom Autor ein solches Prüfzahlverfahren praktisch erprobt worden. Überwacht worden ist in diesem Experiment ein UNIX-Server durch nächtliche Prüfzahlvergleiche. Das Experiment hat gezeigt, daß ein Überwinden der UNIX-Dateischutz-mechanismen, verbunden mit einer streng reglementierten Systembetreuung in nicht öffentlich zugänglichen Räumen, ein Einbringen von Viren und deren Verbreitung sehr erschwert. Die Erfahrung lehrt, daß hier Trick-betrügereien der Vorzug gegeben wird.

Da es Viren gibt, die Virensuchprogramme befallen und so modifizieren, daß sie nur noch virenfreie Computer melden, müssen Virensuchprogramme virenfrei auf einer schreibgeschützten Diskette gehalten werden. Es ist empfehlenswert, Disketten mit Fortschreibungen des Virensuchprogramms vor einer Übernahme selbst auf Virenbefall zu untersuchen. Es ist gefährlich, Anti-Viren-Software auf einer Festplatte zu halten.

Viren zerstören durch ihre Schadensfunktion und durch ihre Existenz (sie haben Speicherstellen überschrieben) Programmdateien, Datendateien, Dateiverzeichnisse, Dateizuordnungstabellen, Bootsektoren und so weiter. Von allen Stellen, die von Viren direkt oder indirekt zerstört werden können, müssen in einem virenfreien Zustand *Sicherungskopien*, sogenannte *Backups*, angefertigt werden. Ohne solche Sicherungen sind Rechnersysteme oft nicht mehr wiederherzustellen.

Ein Teil der kommerziell verfügbaren Virenbekämpfungswerkzeuge stellt Dienste zur Verfügung, um Viren aus Programmen zu entfernen. Bei Viren, die ihren Wirt nicht überschreiben, ist dies problemlos möglich. Sind Wirtsprogramme auch nur teilweise überschrieben worden, so ist der Einsatz dieser Werkzeuge sehr riskant und führt möglicherweise zu Datenverlusten. Viele Benutzer von Rechenanlagen, gerade im Bereich unvernetzter Personal-Computer, sichern regelmäßig ihre Datendateien. Sehr selten sichern sie ihre Programmdateien und meist gar nicht ihre Verzeichniseinträge, ihre Dateizuordnungstabellen, ihre Bootsektoren einschließlich der Master-Boot-Records und ihr CMOS. Aber alle diese Stellen können von Viren befallen werden, so daß eine Wiederherstellung (oder ein Verzicht) ins Auge gefaßt werden muß.

Es ist sinnvoll, die Inhalte aller potentiellen Virensitze in Dateien zu übertragen und diese zusammen mit den Daten- und Programmdateien regelmäßig zu sichern. Selbst kleinere moderne Personal-Computer haben ein Datenvolumen, das auf Disketten nicht mehr sinnvoll gesichert werden kann, so daß Bandgeräte, die als *Streamer* bezeichnet werden, hier eine wichtige Rolle spielen.

Benutzer vernetzter Rechnersysteme haben den Vorteil, das Netzwerk als bequemes und schnelles Datensicherungsmedium einsetzen zu können. Die vorhandenen Fileserver sind meist multitasking- (und multiuser-) fähige Rechner. Häufig sind es UNIX-Systeme. Dort sind die Dateien und Dateiverzeichnisse der Benutzer voreinander geschützt. Damit können nicht nur Sicherungskopien von Datenbeständen eines Personalcomputers auf einem Fileserver angelegt werden, sondern diese können dort auch geschützt gehalten werden. In der Abbildung 6.11 ist ein solches Sicherungskonzept schematisiert dargestellt.

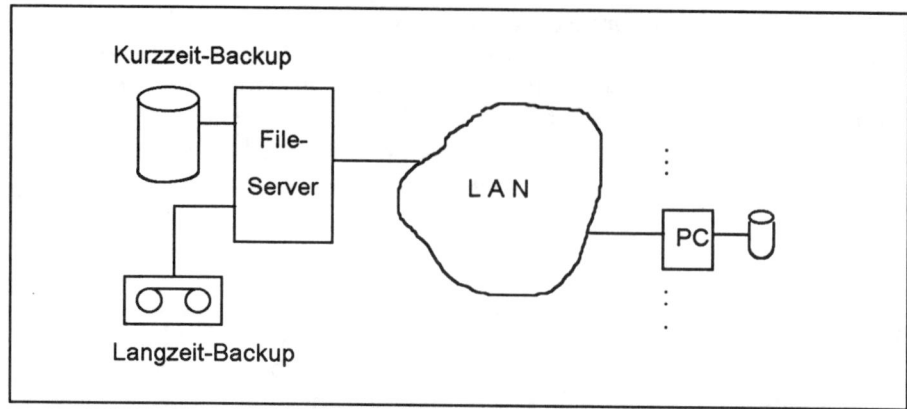

Abb. 6-11: Netzwerk als Datensicherungsmedium

Neben den Benutzerdaten und Benutzerprogrammen sind die Systemdaten und Systemprogramme zu sichern. Zu einigen potentiellen Virensitzen sind allerdings erst noch Dateien anzufertigen. Die beiden Systemdateien IO.SYS und MSDOS.SYS sind spezielle Programmdateien und befinden sich (als sogenannte versteckte Dateien) zusammen mit dem Kommandointerpreter COMMAND.COM auf der Bootdiskette. Von dort können die drei Dateien mit dem MS-DOS-Kommando SYS übertragen werden. Insofern sichert die Bootdiskette diese Dateien.

Die Einträge in den einzelnen Dateiverzeichnissen und die Verzeichnisstrukturen werden in der Regel vom MS-DOS-Datensicherungskommando zusammen mit den Dateien gesichert, so daß sie vom Sicherungsmedium aus wiederhergestellt werden können. Die Dateizuordnungstabelle wird dabei jedoch (in der Regel) nicht mitgesichert. Ihr Inhalt sollte auf eine Datei geschrieben und diese zusammen mit den anderen Dateien gesichert werden. Nicht nur Virenbekämpfungswerkzeuge, sondern auch Standardwerkzeuge bieten Dienste an, um eine Sicherungskopie einer Dateizuordnungstabelle anzulegen. Als Beispiel kann PC-TOOLS von Symantec dienen, das mit seinem Hilfsprogramm MIRROR genau diese Aufgabe erfüllt. Um die Inhalte der Bootsektoren der Disketten oder Festplattenpartitionen zu sichern, können Sicherungskopien in Dateiform angelegt werden. In der Regel stellt die Virenbekämpfungssoftware dafür Werkzeuge zur Verfügung. Aber auch viele allgemeine Hilfsprogrammsammlungen bieten entsprechende Dienste an. Darüber hinaus ist es relativ einfach, mit Hilfe des MS-DOS-Standardprogramms DEBUG die Sicherung selbst vorzunehmen.

Das folgende Beispiel soll zeigen, wie wenig Aufwand benötigt wird, um die Bootsektoren zu sichern. Dazu werden zwei DEBUG-Kommandofolgen angegeben. Mit der ersten (der links stehenden) wird der Bootsektor der Partition namens C: (das kann durch Editieren der Datei geändert werden) der Festplatte auf die Datei BOOTS.SAV geschrieben, mit der zweiten (der rechts stehenden) von dort wieder eingelesen.

```
L 100 2 0 1                    N BOOTS.SAV
R CX                           L
200                            R CX
N BOOTS.SAV                    200
W                              W 100 2 0 1
Q                              Q
```

Wird die Datei mit dem ersten der beiden Programme SAVE.DBG und die mit dem zweiten RESTORE.DBG genannt, dann kann der Bootsektor der Partition C: mit dem COMMAND.COM-Befehl DEBUG < SAVE.DBG gesichert und mit DEBUG < RESTORE.DBG wieder eingelesen werden. Auch das MS-DOS-Kommando SYS kann hilfreich sein, denn es schreibt unter anderem den Bootsektor neu und überschreibt damit ein eventuell vorhandenes Virus. Das SYS-Kommando überträgt auch (von einem virenfreien Medium) die Betriebssystemdateien IO.SYS, MSDOS.SYS und den Kommandointerpreter COMMAND.COM.

Während es, wie gerade gezeigt worden ist, eine Fülle von zum Teil recht einfacher Möglichkeiten gibt, einen Bootsektor zu sichern, gibt es erstaunlich wenige Werkzeuge, mit denen ein Master-Boot-Record einer Festplatte gesichert werden kann. Das liegt an seiner Betriebssystemunabhängigkeit. Eine partitionierte Festplatte kann mehrere Betriebssysteme gemeinsam aufnehmen, aber der Master-Boot-Record gehört zu keinem von ihnen. Er enthält die Partitionierungsdaten der Festplatte und verweist auf den Bootsektor der aktuellen Partition und damit auf das aktuelle Betriebssystem. Das hat zur Folge, daß sich kein Betriebssystem(hersteller) für ihn zuständig fühlt. Entsprechend wenige diesbezügliche Werkzeuge sind vorhanden. Eine Sicherungsmöglichkeit wird nur durch Virenbekämpfungswerkzeuge oder selbstgeschriebene, mit Interrupt-Serviceroutinen arbeitende Programme realisiert. Als einziges MS-DOS-Kommando greift FDISK lesend und schreibend auf den Master-Boot-Record zu. Mit FDISK wird eine Festplatte (neu) partitioniert. Anschließend müssen die MS-DOS-Partitionen mit dem FORMAT- bzw. dem FORMAT/S-Kommando für MS-DOS neu vorbereitet werden.

Die Untersuchung von Möglichkeiten zur Virenbekämpfung führt manchmal auf Systemkomponenten, die in den Handbüchern des jeweiligen Computersystems überhaupt nicht oder nur vage beschrieben sind. So schreibt beispielsweise das FDISK-Kommando mit dem undokumentierten Schalter /MBR (FDISK/MBR) ein neues Bootprogramm in den Master-Boot-Record und erhält die Partitionierungsdaten. Einige Virenbekämpfungsprogramme wissen auch, wohin ein bestimmtes Virus den Original-Master-Boot-Record verschiebt, und können ihn an seinen Stammplatz zurückkopieren.

Da auch ein CMOS Angriffsziel für Viren sein kann, sollte davon ebenfalls eine Sicherungskopie als Datei angelegt werden. Auch dafür stehen oft keine Werkzeuge zur Verfügung. Da dann mit einem zum Lieferumfang des Rechnersystems gehörenden SETUP-Programm eine Neubelegung des CMOS vorgenommen werden muß, ist es sinnvoll, wenigstens seinen Inhalt zu notieren. Dazu kann beispielsweise von der Anzeige des SETUP-Programms ein Bildschirmabzug gemacht werden.

Virenbeseitigung

Die Vorbereitungsarbeiten, um einem Virenbefall wirkungsvoll begegnen zu können, bestehen aus dem Anlegen einer (virenfreien) Boot- und einer Werkzeugdiskette und den Sicherungskopien der relevanten Systemteile. Sobald eine Virusinfektion erkannt oder vermutet wird, ist es empfehlenswert, folgendermaßen und in der angegebenen Reihenfolge zu verfahren:

---

1.   Der Rechner sollte sofort ausgeschaltet werden.

Auf keinen Fall darf mit einer Bootdiskette im Laufwerk A: ein Warmstart durchgeführt werden, denn es gibt Viren, die die Tastenkombination <ctrl/alt/del> für einen Warmstart abfangen und einen Bootvorgang vortäuschen, der nicht wirklich durchgeführt wird. Die Laufwerke, von denen das System hochzufahren ist und deren Reihenfolge, sind oft im CMOS mit einem SETUP-Programm einstellbar. Der Einfachheit halber soll im folgenden davon ausgegangen werden, daß der Rechner versucht, zuerst vom Laufwerk A: und dann von C: zu lesen.

> 2.   Mit der virenfreien und schreibgeschützten Bootdiskette im Lauf-
>   werk A: sollte jetzt der Rechner wieder eingeschaltet werden.

Es ist sehr zu empfehlen, die Laufwerkeinstellung des Betriebssystems bei
A: zu belassen, alle Arbeiten nur von diesem Laufwerk aus durchzuführen
und für Dateinamen absolute Pfadnamen zu benutzen. Das mag umständ-
lich erscheinen, aber dadurch ist sichergestellt, daß der Hauptspeicher
virenfrei ist und bleibt und daß keine Viren die Bootdiskette befallen können.

> 3.   Nach dem Hochfahren des Betriebssystems (und erst jetzt) kann,
>   falls dies erforderlich ist, eine Datensicherung vorgenommen wer-
>   den.

Leider besteht die Möglichkeit, daß die Festplatte formatiert werden muß,
wodurch die Sicherung sehr aufwendig werden kann. Zu beachten ist auch,
daß die Sicherungskopie infiziert sein könnte und deshalb besonders
gekennzeichnet werden sollte.

> 4.   Nach einer eventuellen Datensicherung ist der Start eines Viren-
>   suchprogramms angebracht.

Dafür sollte eine vorbereitete, virenfreie und schreibgeschützte Diskette
vorhanden sein. Mit dem Suchprogramm können infizierte Systemteile
und, wenn es ein Scanner ist, die zugehörigen Virusarten bestimmt werden.

> 5.   Erst jetzt kann mit der Beseitigung der Viren begonnen werden.

Das konkrete Vorgehen richtet sich dabei nach der Art des Virus und der
Stelle, die befallen worden ist. Wird beispielsweise eine Infektion von Programmdateien festgestellt, dann sind alle infizierten Dateien zu löschen
und danach neu einzulesen.

Einige Virenbekämpfungswerkzeuge bieten eine Virenbeseitigung auf der befallenen Programmdatei an. Bei einigen (nicht überschreibenden) Viren geht das auch gut. Im allgemeinen ist diese Methode jedoch riskant.

Hat ein Virus eine Verzeichnisstruktur oder eine Dateizuordnungstabelle angegriffen, und es existieren Sicherungskopien, dann können diese eingelesen werden. Gibt es keine Sicherungskopien, ist die Festplattenpartition zu formatieren und eine Neuinstallation des Dateisystems vorzunehmen, was ein beachtlicher Aufwand sein kann.

Wird ein Virus im Bootsektor einer Diskette gefunden, dann ist seine Beseitigung sehr einfach. Die Dateien können auf eine neue, virenfreie Diskette umkopiert werden. Durch die Übertragung mit dem COPY-Kommando des MS-DOS werden Dateien nicht infiziert. Wird die alte Diskette neu formatieren, dann ist das Virus beseitigt. Man beachte, daß das DISKCOPY-Kommando anstelle des COPY-Kommandos nicht verwendet werden darf, weil es den Bootsektor und damit das Virus mitkopieren würde.

Eine Bekämpfung von Viren in einem Master-Boot-Record und in Bootsektoren von Festplattenpartitionen erfolgt am einfachsten durch Einlesen entsprechender Sicherungskopien. Stehen solche nicht zur Verfügung, wird die Behandlung aufwendig. Festplatten sind vorformatiert und das MS-DOS-Kommando FORMAT respektiert bei Festplatten im Gegensatz zu Disketten diese Formatierung. Es bereinigt lediglich die Dateizuordnungstabelle und löscht dadurch alle Dateien (indem es sie unzugänglich macht). Der Grund für die unterschiedliche Behandlung von Disketten und Festplatten liegt in der Partitionierbarkeit der Platten, bei der beispielsweise eine der Partitionen MS-DOS und eine andere UNIX aufnehmen kann. Ein diskettenvergleichbares MS-DOS-Formatieren würde die UNIX-Partition mit formatieren. Eine direkte Folge dieser Formatierungsgegebenheit ist, daß ein Formatieren einer Festplatte ein Virus im Master-Boot-Record nicht entfernt. Allerdings wird der MS-DOS-Bootsektor neu geschrieben und damit virenfrei.

Ein physisches Neuformatieren (wie bei Disketten) ist bei einigen Plattentypen gar nicht möglich. Bei den Festplatten, bei denen es möglich ist, stellen die Hersteller häufig dafür keine Werkzeuge zur Verfügung. Gibt es entsprechende Werkzeuge, so löscht eine physische Formatierung den Master-Boot-Record und macht ihn virenfrei. Anschließend sind jedoch keine Partitionen mehr vorhanden, sondern müssen neu eingerichtet und betriebssystembezogen formatiert werden. Ein physisches Formatieren einer Festplatte bringt keine Vorteile gegenüber einer Neupartitionierung mit dem FDISK-Kommando, das den Master-Boot-Record vollständig neu schreibt und eine Neupartitionierung vornimmt. Auch hier ist ein anschließendes betriebssystemabhängiges Neuformatieren der einzelnen Partitionen erforderlich.

Ist das CMOS von einem Virus angegriffen worden, dann ist eine CMOS-Sicherungskopie, falls vorhanden, einzulesen, oder es ist mit einem SETUP-Programm das CMOS zu rekonstruieren, was in der Regel nicht sehr aufwendig ist. Allerdings sollte, um alle Angaben für das SETUP-Programm problemlos machen zu können, wenigstens eine Bildschirmkopie des CMOS-Inhalts vorhanden sein. Um ein Virus ganz sicher zu entfernen, können die Batterien ausgebaut werden. Danach ist zwanzig Minuten zu warten. Das CMOS ist dann vollständig gelöscht und kann neu belegt werden.

Die hier vorgestellten Methoden, um Viren zu beseitigen, machen deutlich, welche große Rolle dabei die vorbereitende Anfertigung von *Sicherungskopien* aller relevanten Systemteile spielt. Das Anfertigen von Sicherungskopien ist jedoch keineswegs virenspezifisch, sondern gehört, seit Rechenanlagen betrieben werden, zu den Standardaufgaben der Systemverwaltung. Dort werden alle Maßnahmen, um ausgefallene Systemteile wiederherzustellen, als *Recovery* bezeichnet.

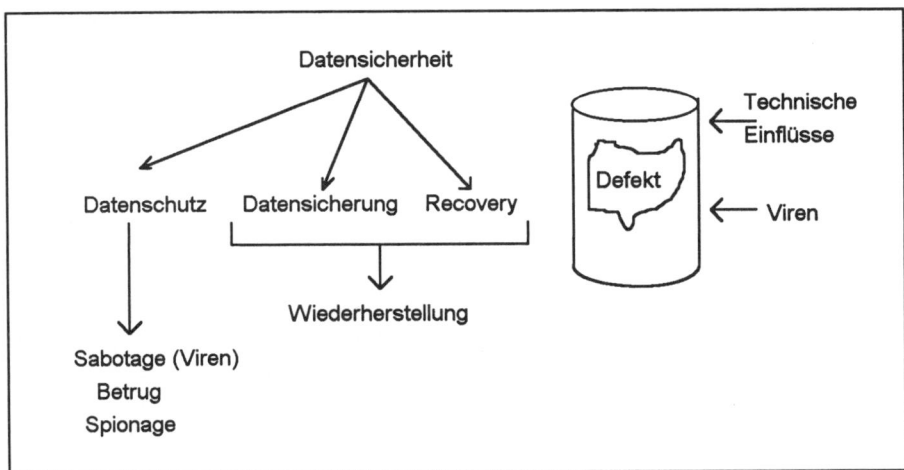

Abb. 6-12: Datensicherheit

In diesem Konzept sind Viren lediglich eine von vielen den Rechenbetrieb beeinträchtigenden Möglichkeiten und befinden sich in einer Reihe beispielsweise mit Datenverlusten durch Stromausfall, Plattenfehlern durch Aufsetzen des Lese-Schreibkopfes (Headcrash) und Diebstahl eines ganzen Datenträgers. Die Abbildung 6-12 zeigt den Zusammenhang zwischen den Begriffen Datensicherheit, Datensicherung, Datenschutz und Recovery.

Vorbeugende Maßnahmen

Private Betreiber von Rechenanlagen, insbesondere von Personal-Computern, können kaum auf professionelle Recovery-Verfahren zurückgreifen, um einen Virenbefall zu beseitigen. Es ist in den letzten Absätzen gezeigt worden, welcher Aufwand anfallen kann, wenn ein Virus in das Rechnersystem eingedrungen ist. Gerade für private Betreiber von Rechenanlagen ist es deshalb sinnvoll, darauf zu achten, die Infektions- und die Ausbreitungsmöglichkeiten so gering wie möglich zu halten.

Im folgenden sollen einige vorbeugende Maßnahmen vorgestellt werden, die je nach ihrer Ausprägung hardwarebezogen, softwarebezogen oder organisatorischer Art sein können, wobei sich ihre Funktionen teilweise überschneiden. Die konkreten Vorbeugungsmaßnahmen ergeben sich zum einen aus der prinzipiellen Arbeitsweise von Computerviren und zum anderen aus ihren Angriffszielen und Infektionswegen. Zentral dabei ist, daß Anstrengungen unternommen werden müssen, um zu verhindern, daß ein Virus in den Hauptspeicher eingeschleust wird und daß eine Verbreitung verhindert wird, wenn ein Virus doch den Hauptspeicher befallen hat.

Erste Maßnahmen gegen eine Einschleusung sind organisatorischer Art. Viren werden in der Regel durch Fremdsoftware, oft durch Computerspiele und Raubkopien kommerzieller Software, übertragen. Dort können Programme und Bootsektoren (wenn Disketten als Transportmedium dienen) infiziert sein. Eine streng reglementierte Kontrolle von Fremdsoftware zum Beispiel durch eine zentrale Untersuchungsstelle ist dringend zu empfehlen. Dazu ist festzustellen, daß ein solches Vorgehen in bestimmten EDV-Bereichen, man denke an betrieblich geförderte Heimarbeit, nur sehr schwer und die betrieblichen Abläufe behindernd umsetzbar wäre.

Bei Mehrbenutzersystemen, insbesondere im Zusammenhang mit der Entwicklung von Datenbanksystemen, war die Vergabe von Zugriffsrechten von Anfang an ein Mittel zur Unterstützung der Datensicherheit. Dabei wird in der Regel zumindest der Zugang zur Rechenanlage durch eine

Benutzerkennung und ein Paßwort geschützt. Sicherheitsrelevante Systeme erlauben es, den Zugriff auf Disketten- und Festplattenlaufwerke, auf Bootsektoren, auf Netzwerkanschlüsse und auf Dateien (manchmal sogar auf Sätze in den Dateien) auszudehnen. Im Bereich der Personal-Computer wird eine solche Zugriffskontrolle erst allmählich realisiert. Das liegt an der ursprünglichen Bedienungsphilosophie der Personal-Computer, die davon geprägt war, daß die Person, die den Computer einschaltet, Besitzer aller Daten und Programme (des ganzen Systems) wird. In vernetzten Rechnerumgebungen läßt sich diese Philosophie jedoch nicht mehr sinnvoll aufrechterhalten. Inzwischen werden Zusatzkarten für Personal-Computer angeboten, mit denen eine solche abgestufte Zugriffskontrolle realisiert werden kann.

Wenn davon ausgegangen werden muß, und das wird in der Regel der Fall sein, daß ein Virus eingeschleust werden kann, dann muß jetzt ein Befall des Rechners durch das Virus verhindert werden. Es ist naheliegend, dazu die bereits bei der Vorstellung der Virenbeseitigungswerkzeuge vor wenigen Absätzen genannten Virensuchprogramme einzusetzen, jetzt aber vorbeugend. Damit ist gemeint, daß ein Programm, das ausgeführt werden soll, zuerst nach Viren durchsucht wird. Wird ein Virenbefall festgestellt, wird die Ausführung blockiert und eine entsprechende Meldung an den Benutzer erzeugt. Es wäre nicht praktikabel, diese Untersuchungen benutzerbezogen auszulösen. Dafür bieten sich speicherresidente Programme (TSR-Programme) an, die von allen Herstellern von Virenbekämpfungswerkzeugen angeboten und als *Monitore* bezeichnet werden.

Wieder werden zwei Ausprägungen unterschieden. So gibt es residente Scanner und residente Integritätsprüfprogramme. Wenn letztere die Prüfzahl zu jedem Programm im Programm selbst abspeichern, zum Beispiel im Programmsegmentvorsatz [KIN83], dann nennt man diesen Vorgang *Impfung* des Programms. Es soll hier noch einmal darauf hingewiesen werden, daß Integritätsprüfungen eine Dateiveränderung und damit einen Virenbefall mit Sicherheit erkennen, aber leider für Anwenderprogramme, die sich konstruktionsbedingt selbst verändern, nicht in Frage kommen.

Monitore benötigen Hauptspeicherplatz und Rechenzeit, die sie den Anwendungsprogrammen vorenthalten. Es sind deshalb Zusatzkarten für Personal-Computer im Handel, die Virensuchprogramme enthalten und den Hauptspeicher und den zentralen Prozessor entlasten.

Eine spezielle Ausprägung ist im Herbst 1994 erstmals vorgestellt worden, bei der Zusatzkarten für Netzwerkanschlüsse, speziell für Ethernet [BRE92], herstellerseitig durch ein Virensuchprogramm in ihrem Funktionsumfang erweitert werden.

Eine weitere Methode, um eine Ausbreitung von Viren zu verhindern, ist in vernetzten Arbeitsumgebungen durch das Netzwerk selbst gegeben. Dort werden in der Regel Mehrbenutzersysteme, häufig mit dem UNIX-Betriebssystem, als (Datei-)Server eingesetzt. Ein UNIX- (oder UNIX-ähnliches) System kann eine ausgezeichnete Virensperre sein. Ein Netzwerkdienst, wie beispielsweise NFS, das Network-File-System der Firma Sun MicroSystems, erzeugt auf einem Personal-Computer unter MS-DOS ein virtuelles Laufwerk, z.B. E:, das in Wirklichkeit ein schreibgeschütztes Verzeichnis eines Servers sein kann. Von dort kann dann ein Programm zwar gestartet werden, es ist jedoch nicht möglich, auf das Laufwerk zurückzuschreiben. Wenn der Personal-Computer, vielleicht über eine Diskette, infiziert worden ist und in seinem Hauptspeicher alle geladenen Programme verändert, können die veränderten Programme nicht auf das schreibgeschützte virtuelle Laufwerk geschrieben werden. Die Infektion greift nicht auf den Server über.

Als Beispiel sei auf das Hochschulrechenzentrum der Technischen Fachhochschule Berlin verwiesen. Dort wurde die Standard- und Ausbildungssoftware, das waren im wesentlichen die externen Betriebssystemkommandos, Compiler für die gängigen Programmiersprachen und einige Textsysteme, über ein virtuelles Laufwerk in einem schreibgeschützten Verzeichnis eines Servers zentral gehalten. Ein Benutzer eines der Personal-Computer konnte dann ein Programm laden und bewußt oder unbewußt infizieren. Er konnte es jedoch nicht auf das virtuelle Laufwerk zurückschreiben. Die Infektion blieb lokal. Der nächste lokale Benutzer und dessen Disketten waren gefährdet, nicht jedoch der Server.

Ein weiterer Vorteil eines Server-Konzeptes liegt darin, daß die gefährdeten Programme der Personal-Computer auf dem Server lediglich Daten ohne Programmcharakter sind. Wenn über ein Backup ein infiziertes Programm zum Server gelangt ist, wird es dort nicht gestartet. Das Virus bleibt inaktiv. Auf der anderen Seite können alle Backups auf dem Server systematisch, zum Beispiel nachts, von einem Virensucher auf Befall geprüft werden.

Die Ergebnisse können direkt von der Systemverwaltung ausgewertet werden oder in den zum Sicherungsverfahren gehörenden Wiederherstellungsmechanismus einfließen, so daß ein Zurückschreiben zum Personal-Computer verhindert wird.

Manchmal wird gerade im Bereich privat genutzter Personal-Computer übersehen, daß es sehr einfach zu handhabende und durchaus wirksame systembedingte Hard- und Softwaremethoden gibt, die zwar nicht mit den professionellen Virenbekämpfungswerkzeugen konkurrieren können, aber dennoch eine erste Sperre gegen Viren darstellen, auf die nicht verzichtet werden sollte. Ein einfacher Hardwareschutz besteht aus einer mechanischen (oder optisch-mechanischen) Schreibsperre für Disketten. Ist eine Diskette auf diese Art schreibgeschützt, kann sie von Viren nicht befallen werden. Werden bei einer Datensicherung die Programme von den Daten getrennt gesichert, können die Programme oft (vielleicht nur am Anfang einmal) auf einer danach schreibgeschützten Diskette gespeichert werden. Kein Virus kann diese Programme befallen.

Umfassender als ein Schreibschutz für einzelne Disketten ist die (vorübergehende) Verriegelung ganzer Diskettenlaufwerke. Der Zubehörmarkt bietet dafür diskettenähnliche Schlösser an. In einen nichtvernetzten Personal-Computer kann bei verriegelten Laufwerken ein Virus nur durch interaktive Programmierung (am laufenden Gerät durch den Virusprogrammierer) eingebracht werden. Eine extreme Hardwarelösung, die in der Fachpresse diskutiert worden ist, besteht darin, den Schreibdraht zu den Laufwerken zu unterbrechen bzw. schaltbar zu machen. Es wird sicher spezielle Anwendungen geben, bei denen dann ein praktikables Arbeiten mit dem Rechner noch möglich ist, im allgemeinen wird dies jedoch nicht mehr der Fall sein.

Das Betriebssystem MS-DOS erlaubt es, Dateien softwaremäßig mit einem Schreibschutz zu versehen. Dafür stellt es das Kommando ATTRIB zur Verfügung. Mit dem Kommandoaufruf

```
ATTRIB +R *.EXE
```

werden alle Dateien im aktuellen Dateiverzeichnis, deren Namen mit EXE enden, vor einem Überschreiben geschützt. Man beachte jedoch, daß dadurch der zugehörige Datenträger keineswegs vor Bootsektorviren und Angriffen auf die Dateiverzeichnisse und Dateizuordnungstabellen geschützt worden ist. Auch umgehen einige Viren diesen Schreibschutz, indem sie ihn, vielleicht sogar ebenfalls mit dem ATTRIB-Kommando, (vorübergehend) wegnehmen. Dennoch sollte nicht übersehen werden, daß im praktischen Rechenbetrieb viele Programmviren durch diesen Überschreibschutz an ihrer Ausbreitung gehindert werden. Der Schutz mit dem ATTRIB-Kommando gehört zu den einfachen und empfehlenswerten Vorsichtsmaßnahmen und sollte auf alle ausführbaren Dateien angewendet werden, die nicht konstruktionsbedingt ihre Programmdatei als Speicher benutzen.

Die Betrachtungen über den Umgang mit Computerviren sollen durch eine kleine plakativ gehaltene Liste von Regeln abgeschlossen werden, wobei es von der aktuellen Betriebsumgebung abhängt, welche dieser Regeln praktikabel sind.

1.   Niemals einen Personal-Computer mit Festplatte von einer Diskette booten. Muß dies, warum auch immer, doch getan werden, dann eine vorbereitete, virenfreie Bootdiskette benutzen (nie von einer Fremddiskette booten).

2.   Keine Diskette in einem Laufwerk lassen. Laufwerke nach dem Ausschalten verriegeln.

3.   Alle ausführbaren Dateien mit dem ATTRIB-Kommando vor Überschreiben schützen.

4.   Alle eingehenden Disketten (auch Datendisketten) auf Befall prüfen. Neue Software (Programme) nur von schreibgeschützten Originaldisketten oder schreibgeschützten Sicherungskopien installieren. Disketten mit neuer Software erst schreibschützen, dann auf Virenbefall untersuchen, dann installieren.

5.   Einen Monitor (hauptspeicherresidenten Virensucher) einsetzen.

6.   Hauptspeicher und Festplatten regelmäßig auf Virenbefall untersuchen. Den Virensucher immer erst nach einem garantiert virenfreien Bootvorgang mit der Bootdiskette von einer schreibgeschützten Diskette laden.

7.   Nach Möglichkeit, wie bei Netzwerken und Mehrbenutzersystemen üblich, differenzierte Zugriffsrechte vergeben. Die Server dem öffentlichen Zugang entziehen. Den Zugang zu Einzelgeräten durch Paßwörter schützen.

8.   Der Datensicherung einen hohen Stellenwert einräumen.

Mit diesen Regeln soll das sechste und letzte Kapitel dieses Buchs abgeschlossen werden. Mit ihm, wie auch schon mit dem Kapitel über Nebenläufigkeit (Kapitel 5) sollte gezeigt werden, daß, ausgehend von grundsätzlichen Sachverhalten aus der Theorie der Algorithmen, auch sehr spezielle Gebiete der Informatik als Anwendungsgebiete der theoretischen Informatik verstanden und entsprechend erschlossen werden können. Vielleicht ist es für interessierte Leser(innen) ein Ansporn, weitere Informatikanwendungen unter diesem Gesichtspunkt zu studieren.

6.5 Übungen

6.1   Welche der folgenden Aussagen sind richtig?

     o   Bugs sind Fehler in der Hard- und Software, die in der Regel unbeabsichtigt entstehen.

     o   Viren sind Teile eines (Wirts-)Programms.

     o   Würmer sind spezielle, als logische Bomben angelegte trojanische Pferde.

6.2   Was ist ein Pascalprogrammvirus?

6.3   Man schreibe ein UNIX-Shell-Script namens `mydate`, das sich durch Selbstmodifikation merkt, wie oft es aufgerufen worden ist, dann das Shell-Kommando `date` startet und danach prüft, ob dies der zehnte Scriptaufruf war. War es der zehnte Aufruf, soll `mydate` sich selbst löschen.

6.4   Welche Anforderungen werden an eine Bootdiskette gestellt?

6.5   Warum ist ein Schreibschutz für Dateien in Mehrbenutzersystemen wirksamer als in Einbenutzersystemen?

Lösungen zu den Übungen

1.1

Wenn f injektiv ist, dann folgt aus $f(x_1)=f(x_2)$, daß $x_1=x_2$ für alle x_1, x_2 aus M_1 ist. Sei $y \in M_2$. Wenn $f^{-1}(\{y\})$ mehr als ein Element hat, dann gilt für je zwei dieser Elemente (sie sollen x_1 und x_2 heißen), daß $f(x_1)=f(x_2)=y$ und damit $x_1=x_2$ ist, so daß $f^{-1}(\{y\})$ höchstens ein Element enthalten kann. Enthält umgekehrt $f^{-1}(\{y\})$ für jedes $y \in M_2$ höchstens ein Element, dann folgt aus $f(x_1)=f(x_2)=y$, daß $x_1=x_2$ sein muß und f demnach injektiv ist.

Wenn f surjektiv ist, dann ist $M_2=f(M_1)=W(f)$ und jedes $y \in M_2$ ist Bild von wenigstens einem $x \in M_1$. Das heißt, daß $f^{-1}(\{y\})$ für kein $y \in M_2$ leer ist und demnach mindestens ein Element enthält. Enthält umgekehrt $f^{-1}(\{y\})$ für jedes $y \in M_2$ wenigstens ein Element, dann ist $M_2=f(M_1)$ und f ist demnach surjektiv.

Wenn f bijektiv ist, dann ist f injektiv und surjektiv. Dann hat die Menge $f^{-1}(\{y\})$ höchstens ein und mindestens ein Element. Das heißt, sie hat genau ein Element. Hat umgekehrt $f^{-1}(\{y\})$ genau ein Element, dann heißt das, daß diese Menge höchsten ein und mindestens ein Element hat. Das bedeutet, daß f injektiv und surjektiv und demnach bijektiv ist.

1.2

Um zu zeigen, daß die Menge der rationalen Zahlen abzählbar ist, werden alle positiven Brüche in ein zweidimensionales Schema geschrieben und diagonal abgezählt, so wie das im folgenden skizziert worden ist. In diesem Schema kommt jeder positive Bruch wenigstens einmal vor. Die Erweiterung auf 0 und symmetrische Anlage der negativen Brüche zeigt die Abzählbarkeit der rationalen Zahlen insgesamt.

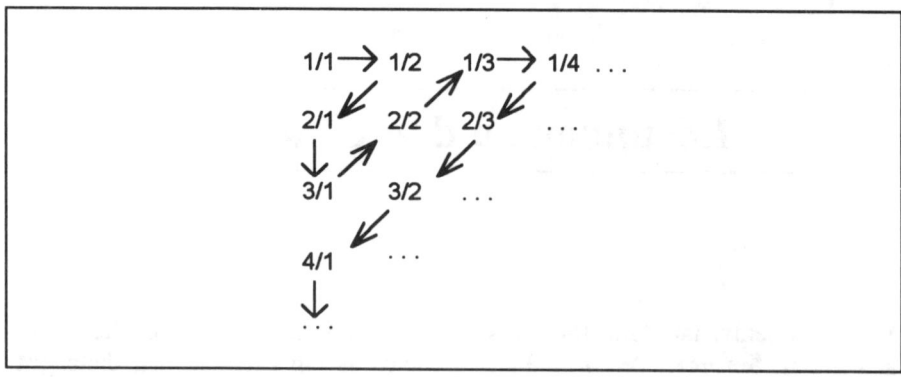

1.3

Daß die Menge der reellen Zahlen zwischen 0 und 1 nicht mehr abzählbar ist, geht aus einem (nach Cantor benannten) Diagonalverfahren hervor. Dazu wird angenommen, diese Menge sei abzählbar und könne in irgendeiner Reihenfolge angegeben werden:

```
0.a₁a₂a₃...
0.b₁b₂b₃...
0.c₁c₂c₃...
...
```

Wenn es eine solche Abzählung gibt, dann muß die Zahl $0.x_1x_2x_3\ldots$ mit $x_1 \neq a_1$ und $x_2 \neq b_2$ und $x_3 \neq c_3$ (und so weiter) darunter vorkommen. Das jedoch ist konstruktionsbedingt nicht möglich.

1.4

Daß $y=5x+2$ nicht homomorph ist, erkennt man bei dem Versuch, die Gleichung $f(x+y)=f(x)+f(y)$ zu verifizieren. Einerseits ist $f(x+y)=5(x+y)+2=5x+5y+2$ und andererseits $f(x)+f(y)=5x+2+5y+2=5x+5y+4$.

1.5

Für Wörter w_1, w_2, w_3 und w_4 über einem Alphabet A ist:

$W_1=a_1a_2\ldots a_n$ mit $n \geq 0$ $W_2=b_1b_2\ldots b_m$ mit $m \geq 0$
$W_3=c_1c_2\ldots c_k$ mit $k \geq 0$ $W_4=d_1d_2\ldots d_i$ mit $i \geq 0$

Nach Voraussetzung ist $w_1w_2=w_3w_4$ und damit $n+m=k+i$. Wenn $|w_1|\leq|w_3|$ ist, dann ist $n\leq k$. Das heißt, daß es eine natürliche Zahl $p\geq 0$ gibt, so daß $k=n+p$ ist. Damit wird $n+m=n+p+i$ und es gibt ein Wort x mit $|x|=p$ und $w_1w_2=w_1xw_4$ oder $w_2=xw_4$. Aus $w_1w_2=w_3w_4$ folgt auch $w_1xw_4=w_3w_4$ oder $w_3=w_1x$.

1.6

In den angegebenen Thue-Relationen kommt kein c vor. Die Relation $ab\sim ba$ gestattet eine Sortierung benachbarter Zeichen a und b. Die Relationen $aa\sim E$ (leeres Wort) und $bb\sim E$ verkürzen a- und b-Folgen. Damit läßt sich ein Wort w über A immer in die Form

$$w=a^{0/1}b^{0/1}c^{m_1}a^{0/1}b^{0/1}c^{m_2}\ldots$$

bringen, wobei $0/1$ bedeutet, daß der Exponent 0 oder 1 ist, und m_i $(i=1,2,\ldots,n)$ für eine natürliche Zahl steht. Zwei auf Äquivalenz zu prüfende Wörter werden in die oben angegebene Form gebracht und dann miteinander verglichen. Das heißt, daß das Wortproblem hier lösbar ist.

2.1

Dem euklidischen Algorithmus liegen die folgenden drei Regeln zugrunde, bei denen $x,y\in\mathbf{N}$ und $x,y>0$ sind:

```
(1)  x=y  ⇒ ggt(x,y)=x  (oder y)
(2)  x<y  ⇒ ggt(x,y)=ggt(y,x)
(3)  x>y  ⇒ ggt(x,y)=ggt(x-y,y)
```

Zu (1): Wegen $\mathrm{ggt}(x,x)=x$ und $x=y$ ist $\mathrm{ggt}(x,y)=x$ (oder y).

Zu (2): Ist $a=\mathrm{ggt}(x,y)$, dann ist a Teiler von x und y und ist die größte Zahl mit dieser Eigenschaft. Damit ist $\mathrm{ggt}(x,y)=\mathrm{ggt}(y,x)$.

Zu (3): Ist $a=\mathrm{ggt}(x,y)$, dann ist a Teiler von x und y und ist die größte Zahl mit dieser Eigenschaft. Das heißt, daß es zwei natürliche Zahlen n_1 und n_2 gibt, so daß $x=n_1a$ und $y=n_2a$ ist. Weiterhin ist $x-y=(n_1-n_2)a$, was bedeutet, daß a auch Teiler von $x-y$ ist. Angenommen, es gebe einen Teiler b von $x-y$ und y, der größer als a ist. Dann müßte es natürliche Zahlen m_1 und m_2 geben, für die x-y=m$_1$b und y=m$_2$b ist. Das heißt, daß dann x=(m$_1$+m$_2$)b wäre. Damit wäre b Teiler von x und y und größer als a. Das ist nicht möglich, was bedeutet, daß a=ggt(x-y,y) ist.

2.2

Die Argumente der ggt-Funktion fallen streng monoton und bleiben dennoch stets größer als Null.

2.3

Die linke Zahl heiße a, die rechte b. Beide bestehen aus mindestens einem Strich. Zuerst wird das trennende Nummernzeichen zwischen den beiden Zahlen durch das Zeichen M (für Mitte) markiert. Dann wird fortlaufend und paarweise von a von links und von b von rechts je ein Strich durch ein Nummernzeichen überschrieben. Das Verfahren hat folgende Abbruchbedingungen:

```
1)       ... # M # ...         , falls a=b ist
2)       ... | M # ...         , falls a>b ist
3)       ... # M | ...         , falls a<b ist
```

In den Fällen 1) und 3) ist als Ergebnis genau ein Strich zu hinterlassen, was der Zahl 0 entspricht, im Fall 2) wird die verbliebene Strichfolge um einen Strich verlängert. Dazu wird M durch einen Strich ersetzt. Das folgende Programm soll im Zustand 1 auf dem ersten Strich von a gestartet werden:

```
( 1 | R  1)        Trenner suchen und markieren
( 1 # M  2)

( 2 M L  2)        Abbruchbedingung prüfen
( 2 | R  3)        | M
( 2 # R  4)        # M
( 3 M R  3)
( 3 | R  5)        | M |  ⇒  weitermachen
( 3 # L 20)        Abbruch mit | M #  (a>b)
                   Weiter auf der nächsten Seite
```

```
( 4 M R   4)
( 4 | R 30)          Abbruch mit # M |   (a<b)
( 4 # L 40)          Abbruch mit # M #   (a=b)

( 5 | R   5)         weitermachen: zuerst nach rechts
( 5 # L   6)
( 6 | #   6)         b rechts verkürzen
( 6 # L   7)         dann nach links
( 7 | L   7)
( 7 M L   7)         über die Mitte hinweg zu a
( 7 # R   8)
( 8 | #   8)         a links verkürzen

( 8 # R   9)         Mitte suchen
( 9 | R   9)
( 9 M M   2)         zur Prüfung der Abbruchbedingung

(20 M |   0)         a>b; Stop

(30 | R 30)          a<b; Ende vom b-Rest suchen
(30 # L 31)
(31 | # 30)          b-Rest löschen
(31 M |   0)         M durch | ersetzen; Stop mit Wert 0

(40 M |   0)         a=b
                     M durch | ersetzen; Stop mit Wert 0
```

2.4

Eine Realisierung einer Experimentiermaschine ist im Abschnitt 2.1 vorgestellt worden.

2.5

Seien $T=\{a,b,c,d\}$ ein **Alphabet** (terminale Zeichen) und $N=\{s,x,y,z,$ $A,B,C,D\}$ ein **Hilfsalphabet** (nichtterminale Zeichen). Dabei soll s Axiom sein, und x, y, z sollen als temporäre Trenner dienen. A, B, C und D werden für a, b, c und d eingesetzt, um zu verhindern, daß zu früh terminale Wörter erzeugt werden. Die Grammatik hat folgende Produktionen:

```
(1)     s → A C s | B D s | A B C D x y z
```

Damit werden die Ersatzbuchstaben in der richtigen Anzahl hergeleitet, aber ihre Reihenfolge stimmt noch nicht. Die folgenden Produktionen schaffen Abhilfe:

```
(2)    B A → A B        C B → B C        D C → C D
       C A → A C        D B → B D
       D A → A A
```

Links von xyz kann jetzt sortiert werden. Danach muß mit jeweils richtigem Trenner zurückgewandelt werden. Dazu dienen die nächsten Produktionen:

```
(3) D x → x D      C x → x C      B x → b      A b → a b
    D y → y D      C y → c        B b → b b    A a → a a
    D z → d        C c → c c
    D d → d d
```

Als Beispiel wird eine Ableitung angegeben:

```
s  →  A C s
      A C A B C D x y z
      A A C B C D x y z
      A A B C C D x y z
      A A B C C x D y z
      A A B C x C D y z
      A A B x C C D y z
      A A b C C D y z
      A a b C C D y z
      a a b C C D y z
      a a b C C y D z
      a a b C c D z
      a a b c c D z
      a a b c c d
```

2.6

Mit T={a,b} und N={s} und dem Axiom s erzeugen die Produktionen

```
s → a b | a s b
```

die Sprache $\{a^n b^n \mid n>0\}$. Mit T=$\{a,b\}$ und N=$\{s,x\}$ und dem Axiom s
wird durch

```
s → a s | a x
x → b   | b x
```

die Sprache $\{a^m b^n \mid m,n>0\}$ erzeugt.

2.7

Das folgende Programm für einen Kellerautomaten akzeptiert die Sprache
$\{a^n b^n \mid n>0\}$.

```
(1 a # PUSH(a) 1)
(1 b # POP     1)
(1 # # PUSH(#) 0)
```

2.8

Der Ablaufgraph zu dem angegebenen Programm hat folgendes Aussehen:

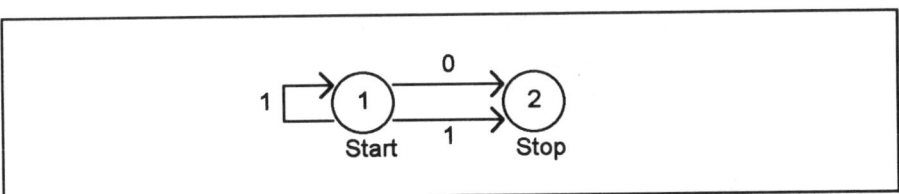

Ein äquivalentes deterministisches Programm wird anhand folgender Überlegung konstruiert:

Das Wort	0	führt in den Zustand	2,
jedes Wort	1^n	führt in die Zustände	1 und 2,
jedes Wort	$1^n 0$	führt in den Zustand	2.

Das ergibt einen Automaten mit den drei Zuständen 1, 2 und 1/2. Dabei
ist 1 Startzustand, und 2 und 1/2 sind Stopzustände. Das folgende Programm ist deterministisch und dem angegebenen äquivalent:

```
( 1   0   2 )
( 1   1  1/2)     Weiter auf der nächsten Seite
```

```
(1/2 0   2 )
(1/2 1   1 )
```

3.1

Mit der folgenden Funktion kann für jede Zahl $n \in \mathbb{N}$ festgestellt werden, ob
sie prim ist:

```
prim(n) {
  if(n==0 OR n==1) return(nicht prim);
  if(n==2) return(prim);
  i=2;
  while(1==1) {
    if(mod(n,i)==0) return(nicht prim);
    if(i≥div(n,i))  return(prim);
    i=i+1;
    }
  }
```

3.2

Als Gödelisierungsmethode wird das von Gödel selbst angegebene Verfahren mit Primfaktoren verwendet. Mit den Werten $a=1$, $b=2$, $c=3$ und $d=4$ wird

```
adac =   2a*3d*5a*7c
```
$$2^1 * 3^4 * 5^1 * 7^3$$
```
         277830
```

Bei diesem Verfahren muß 17196 in Primfaktoren zerlegt werden, wobei
die Zerlegung abgebrochen werden kann, wenn keine relevanten Werte
mehr erreichbar sind.

```
17196 =  2*8598
         2*2*4299
```
$$2^2 * 3 * 1433$$

1433 ist weder durch 3 noch durch 5 teilbar. 17196 kann deshalb bei der
verwendeten Gödelisierung keine Gödelnummer sein.

3.3

Der folgende Algorithmus kann zur Berechnung der charakteristischen Funktion der geraden Zahlen (relativ zu **N**) herangezogen werden:

```
gerade(n) {
  if(mod(n,2)==0) return(1);
            else return(0);
  }
```

3.4

Sei **P** die Menge der Primzahlen. Die folgende Abbildung **f** von **N** in **P** ist surjektiv und berechenbar:

```
f(n)=2    für alle n, die nicht prim sind
f(n)=n    für alle n, die prim sind
```

Diese Abbildung ist surjektiv, da jede Primzahl (wenigstens) ein Urbild hat. Die Berechenbarkeit beruht auf der bereits bekannten Berechenbarkeit der `prim()`-Funktion (vgl. Übung 3.1). Das heißt, daß die Menge der Primzahlen aufzählbar ist.

3.5

Die Summe der ersten n natürlichen Zahlen kann unter anderem folgendermaßen berechnet werden:

```
summe(n) {              /* Iterative Lösung */
 i=0; sum=0;
 while(1==1) {
  sum=sum+i;
  if(i==n) return(sum);
  i=i+1;
  }
 }

summe(n) {              /* Rekursive Lösung */
  if(n==0) return(0);
      else return(n+summe(n-1));
  }
```

3.6

Die These von Church bezieht sich auf einen intuitiven Algorithmusbegriff und nicht auf einen mathematisch exakten.

4.1

Das Programm
```
(1 | # 2)
(2 # R 1)
(1 # # 0)
```

löscht unter den angegebenen Bedingungen eine nichtleere Strichfolge und benötigt für eine einelementige Strichfolge 2 Befehle, für eine zweielementige 4 Befehle, für eine dreielementige 6 Befehle, usw. Allgemein sind für n Striche `2n` (`=2*n`) Befehle erforderlich. Das heißt, daß die Zeitkomplexität in der Ordnung `o(n)` liegt. Zur Bestimmung der Speicherkomplexität ist die Anzahl der bearbeiteten Felder anzugeben. Das sind genau n Felder und die Speicherkomplexität liegt ebenfalls in der Ordnung `o(n)`.

4.2

Es ist `sin²(x)+cos²(x)=1` für alle $x \in \mathbf{R}$. Damit ist `f(x)=1` (für alle $x \in \mathbf{R}$) sowohl obere als auch untere Schranke.

4.3

Beim direkten Einfügen ist der Fall `a[i]>a[i-1]` am günstigsten. Dabei fällt jeweils genau ein Vergleich an. Zusammen sind es `n-1` Vergleiche. Beim direkten Auswählen ist beim günstigsten Fall wie beim ungünstigsten das Minimum zu suchen, was $\frac{1}{2}(n^2-n)$ Vergleiche erfordert. Dasselbe gilt auch für den Bubble-Sort, der im günstigsten wie im ungünstigsten Fall $\frac{1}{2}(n^2-n)$ Vergleiche benötigt.

4.4

Beim ersten Durchlauf endet von links der Laufindex `i` auf dem Element `07` und von rechts der Index `j` auf `01`.

```
07   36   01   19   27
i         j
```

Diese beiden Zahlen werden vertauscht und der Lauf wird fortgesetzt, endet jedoch sofort mit i und j auf der Zahl 36.

```
01   36   07   19   27
     i
     j
```

Dies führt zu einer Zerlegung in die beiden Teilfolgen:

```
01     und     36   07   19   27
```

4.5

Der Algorithmus zur binären Suche beruht auf einer fortgesetzten Intervallhalbierung. Dabei wird stets die Anzahl der noch zu prüfenden Elemente halbiert. Waren es zu Beginn n Elemente, dann sind es nach dem

1-ten Zugriff noch	$n/2$,
2	$n/4$,
3	$n/8$,
...	...
m	$n/2^m$.

Das Verfahren ist zu Ende, wenn $n/2^m = 1$ und damit das letzte zu prüfende Element erreicht ist. Dann ist $n = 2^m$ und $m = \log_2(n) = \lg(n)$. Das heißt, daß die binäre Suche über n Elementen stets höchstens $\lg(n)$ Zugriffe erfordert.

5.1

Die angegebenen Befehle haben folgende Input- und Outputmengen:

```
a=read()   :  I=∅      und    O={a}
print(a)   :  I={a}    und    O=∅
```

Das heißt, daß $O(Befehl_1) \cap I(Befehl_2) \neq \emptyset$ ist. Nach den Regeln von Bernstein dürfen die beiden Befehle nicht nebenläufig durchgeführt werden. Sie sind sequentiell abzuarbeiten.

5.2

Das folgende Programm soll im Zustand 1 auf dem ersten Strich von links
starten. Es erweitert nichtdeterministisch eine Strichfolge um zwei Striche.

```
(1 | R 2)        Nach rechts gehen
(1 | L 3)        Nach links gehen (nichtdeterministisch)
(2 | R 2)
(2 # | 0)        Rechts einen Strich anfügen
(3 # | 0)        Links einen Strich anfügen
```

5.3

```
/* Lösung mit fork und join */
main() {
    float x,y,z;
    int i;
    x=3.14;
    i=2;                    /* Zähler für join */
    fork A;
    y=sin(x)+cos(x);
    goto B;
A:  z=tan(x)+0.5;
B:  join i;
    print(x+y+z);
    }


/* Lösung mit parbegin und parend */
main() {
    float x,y,z;
    x=3.14;
    parbegin
        y=sin(x)+cos(x);
        z=tan(x)+0.5;
    parend
    print(x+y+z);
    }
```

5.4

Dazu vergleiche man die Programmskizzen und die Ausdrucke in den
Abschnitten 2.1 und 5.2.

5.5

Es kann passieren, daß der ADD-Prozeß als erster das rechte Ende der Strichfolge erreicht und vom nächsten Befehl um ein Feld nach rechts geschickt wird, um einen Strich zu schreiben. Es kann weiter passieren, daß der ADD-Prozeß, bevor er seinen Strich schreiben kann, vom Time-Sharing unterbrochen und der SUB-Prozeß bearbeitet wird oder daß der SUB-Prozeß aus anderen Gründen den ADD-Prozeß einholt und überholt. So kann der SUB-Prozeß ebenfalls das bisher unveränderte rechte Ende der Strichfolge finden und das letzte Feld löschen. Wenn dann der ADD-Prozeß seinen Strich schreibt, entsteht eine unterbrochene Strichfolge und die Aufgabenstellung ist nicht erfüllt worden.

5.6

Die folgenden beiden Programme realisieren ein Rendezvous mit send() und receive():

```
prog₁() {                       prog₂() {
   float x,y;                      float x;
   x=2.38;                         x=receive();
   send(x);                        x=cos(x);
   y=sin(x);                       send(x);
   x=receive();                 }
   print(x+y);
}
```

6.1

Die ersten beiden Antworten sind richtig, die letzte ist falsch.

6.2

Ein Pascalprogrammvirus ist ein Pascalprogramm, das nach dem Übersetzen, Binden und Starten den oder die Datenträger nach Pascalprogrammen durchsucht, um eine Infektion vorzunehmen. Wird eine Pascalquelle gefunden, bringt das Virus sich selbst als Prozedur samt einem zugehörigen Prozeduraufruf dort ein.

6.3

Das im folgenden angegebene Shell-Script `mydate` verwendet eine Shell-Variable namens `merke`, um durch Selbstmodifikation die Zahl der Aufrufe zu registrieren.

```
# mydate
merke=a
ed $0 > /dev/null <<+
2s/=a/=aa/
w
q
+
#
date
#
if [ "$merke" = "aaaaaaaaaa" ]
    then rm $0
    fi
# Ende des Scripts mydate
```

6.4

Eine Bootdiskette ist virenfrei und schreibgeschützt. Sie enthält alle wichtigen DOS-Kommandos zusammen mit einer einfachen Startup-Datei AUTOEXEC.BAT und einer Konfigurationsdatei CONFIG.SYS. Alle darin genannten Treiber sind ebenfalls auf der Bootdiskette vorhanden.

6.5

In Mehrbenutzersystemen sind die Dateien eines Benutzers vor Zugriffen anderer Benutzer schützbar. Bei Einbenutzersystemen gibt es keine anderen Benutzer, deren Daten zu schützen wären. Alle Dateien, gleich woher sie kommen, gehören dem Benutzer, der den Rechner einschaltet.

Abbildungen

Literaturverzeichnis

[ADL89]   Adleman
An Abstract Theory of Computer Viruses
In: Computers & Security, 8/1989, Seite 149-160

[AXF89]   Axford
Concurrent Programming
John Wiley & Sons 1989

[BAL93]   Balzert (hrsg.)
CASE
Auswahl, Einführung, Erfahrungen
BI 1993

[BAR83]   Barnes
Programming in Ada
Springer 1983

[BEC89]   Becker/Dörfler
Dynamische Systeme und Fraktale
Vieweg 1989

[BOE92]   Börger
Berechenbarkeit, Komplexität, Logik
3. Auflage
Vieweg 1992

[BRA90]   Brauer
Grenzen maschineller Berechenbarkeit
Informatik-Spektrum (1990) 13: 61-70
Springer 1990

[BRE92]   Brecht
               Verteilte Systeme unter UNIX
               Vieweg 1992

[BRE93]   Brecht
               Einführung in UNIX
               Vieweg 1993

[BRZ92]   Bretz
               Algorithmen und Berechenbarkeit
               Vieweg 1992

[BRR93]   Breuer (Hrsg.)
               Der Flügelschlag des Schmetterlings - Ein neues Weltbild
               durch die Chaosforschung
               DVA 1993

[BUR88]   Burger
               Das große PC-Viren-Schutzpaket
               Data Becker 1988

[CHA73]   Chang/Lee
               Symbolic Logic and Mechanical Theorem Proving
               Academic Press 1973

[CLO84]   Clocksin/Mellish
               Programming in Prolog
               Springer 1984

[COH87]   Cohen
               Computer Viruses: Theory and Experiment
               In: Computers & Security, 6/1987, Seite 22-35

[DEI94]   Deitel/Deitel
               C: How to program
               Prentice-Hall 1994

[DIJ72]   Dijkstra
            Notes on Structured Programming
            In: Structured Programming
            Academic Press 1972

[DOE88]   Dörfler/Peschek
            Einführung in die Mathematik für Informatiker
            Hanser 1988

[FEI92]   Feistenhammer
            VIRLAB
            Ein Simulationsprogramm für Computerviren im MS-
            DOS
            (Deutsch-Österreichischer Hochschul-Software-Preis
            1992)
            Perchastraße 4; 82 319 Starnberg

[FEL93]   Felscher
            Berechenbarkeit
            Rekursive und Programmierbare Funktionen
            Springer 1993

[FER92]   Ferbrache
            A Pathology of Computer Viruses
            Springer 1992

[FUH93]   Fuhs
            Computerviren und ihre Vermeidung
            Vieweg 1993

[HÄR78]   Härder
            Implementierung von Datenbanksystemen
            Hanser 1978

[HAR87]   Harel
            Algorithmics: The Spirit of Computing
            Addison-Wesley 1987

[HER61]   Hermes
            Aufzählbarkeit, Entscheidbarkeit, Berechenbarkeit
            Springer 1961

[HOA85]   Hoare
            Communicating Sequential Processes
            Prentice-Hall 1985

[HOF85]   Hofstadter
            Gödel, Escher, Bach
            Klett-Cotta 1985

[JAM92]   Jamin
            Computerviren
            Merkmale und Gegenmittel
            Rowohlt 1992

[KIE93]   Kiemle
            VirTutor
            Ein interaktives Lernprogramm über Computerviren im
            MS-DOS
            (Deutsch-Österreichischer Hochschul-Software-Preis
            1993)
            Brodwastlweg 9; 82 061 Neuried

[KIN83]   King
            IBM PC-DOS Handbuch
            Sybex 1983

[KNU73]   Knuth
            The Art of Computer Programming
            Volumes 1, 2 and 3, Second Editions
            Addison-Wesley 1973, 1981, 1975

[KOP88]   Kopp
            Compilerbau
            Hanser 1988

[MAU77]   Maurer
           Theoretische Grundlagen der Programmiersprachen
           BI 1977

[POS92]   Posthoff/Schulz
           Grundkurs Theoretische Informatik
           Teubner 1992

[REI86]   Reisig
           Petri-Netze - Eine Einführung
           Springer 1986

[SCH66]   Schmidt
           Mengenlehre
           Band 1: Grundbegriffe
           BI 1966

[SCH74]   Schnorr
           Rekursive Funktionen und ihre Komplexität
           Teubner 1974

[SCH88]   Schütte
           Programmieren in Occam
           Addison-Wesley 1988

[SCH92]   Schöning
           Theoretische Informatik kurz gefaßt
           BI 1992

[SED90]   Sedgewick
           Algorithms in C
           Addison-Wesley 1990

[STA89]   Staubach
           UNIX-Werkzeuge zur Textmusterverarbeitung
           Awk, Lex und Yacc
           Springer 1989

[STE88]   Stetter
               Grundbegriffe der Theoretischen Informatik
               Springer 1988

[SZS66]   Scholz/Schoeneberg
               Einführung in die Zahlentheorie
               Walter deGruyter 1966

[WEG93]   Wegener
               Theoretische Informatik
               Teubner 1993

[WIR83]   Wirth
               Algorithmen und Datenstrukturen
               Teubner 1983

Register

Numerik

von Helmuth Späth

1994. X, 301 Seiten (Mathematische Grundlagen der Informatik; herausgegeben von R. Möhring u.a.) Kartoniert. ISBN 3-528-05389-5

Das Buch bietet Mathematikern und Informatikern gleichermaßen eine geeignete Einführung in die Numerik, die den Anforderungen der gängigen Grundvorlesungen entspricht. Dabei ist es einerseits wesentliches Ziel, die Konstruktion von Algorithmen und deren computergerechte Umsetzung in Programme zu vermitteln. Andererseits wird durch die Stoffauswahl sichergestellt, daß sowohl Hauptfach- wie auch Nebenfachstudenten eine solide Basis auch für weiterführende Vorlesungen erhalten. Das Buch entstand auf der Grundlage von Vorlesungen, die an der Universität Oldenburg gehalten wurden. Das Buch ist das erste einer Reihe, die sowohl von Mathematikern wie auch Informatikern herausgegeben wird und es sich zum Ziel gesetzt hat, der Neubewertung von Mathematik, gehalten in beiden Fächern, Rechnung zu tragen.

Über den Autor: Dr. Helmuth Späth ist Professor für Angewandte Mathematik am Fachbereich Mathematik der Universität Oldenburg.

Verlag Vieweg · Postfach 58 29 · 65048 Wiesbaden

Einführung in UNIX

von Werner Brecht

1993. XII, 236 Seiten. Kartoniert.
ISBN 3-528-05329-1

Aus dem Inhalt: Systemcharakteristika – Erste Kommandos und Werkzeuge – Dateisystem – Interaktives Arbeiten mit der Bourne-Shell – Einfache Kommandoprozeduren (Shell-Scripts) – Shell-Variablen – Kommandoausführung – Kontrollstrukturen – Kommandoprozeduren mit Eingaben – Textmusterverarbeitung – C-Schnittstelle – UNIX in Lokalen Netzen – Systemverwaltung.

Ein weiteres Buch im Dschungel der UNIX-Literatur? Keineswegs, denn hier liegt ein Buch vor, das konkret auf die Bedürfnisse von Informatikstudenten und Anwendern eingeht, und die Nachfrage nach einem modernen auch die neuen Anwendungsbereiche ansprechenden, an der Praxis orientierten Lehr- und Arbeitsbuch für UNIX-Ein- und Umsteiger erfüllt. Die langjährige Lehr- und Seminarerfahrung des Autors mit der praktischen Handhabung des Systems als Schwerpunkt kommt dem Leser zugute. Angesprochen werden aber ebenso Anwender und Anwendungsprogrammierer sowie Personen, die in UNIX nur „hineinschnuppern" wollen, oder die für ihr weiteres Arbeiten grundlegende UNIX-Kenntnisse benötigen. Das Buch führt den Leser in handlicher und kompakter Form an UNIX heran. Übungsaufgaben mit zugehörigen Lösungen und eine ASCII-Tabelle komplettieren das Werk ab.

Über den Autor: Professor Dr. Werner Brecht vertritt u.a. das Fachgebiet Betriebssysteme an der Technischen Hochschule in Berlin und hält seit Jahren Vorlesungen zum Thema UNIX.

Verlag Vieweg · Postfach 58 29 · 65048 Wiesbaden

Analysis

von Gerald Schmieder

1994. VIII, 215 Seiten (Mathematische Grundlagen der Informatik; herausgegeben von R. Möhring u.a.) Kartoniert. ISBN 3-528-05418-2

Aus dem Inhalt: Reelle Zahlen – Komplexe Zahlen – Folgen und Konvergenz – Reihen – Stetigkeit – Differenzierbarkeit – Mittelwertsätze – Riemann-Integrale – Funktionenfolgen – Differentialrechnung im IR^n – Extrema – implizite Funktionen – Kurvenintegrale – Riemann-Integrierbarkeit im IR^n – Integralsätze.

Das Buch behandelt die Hauptthemen der Grundvorlesung „Analysis", wie sie vor allem für Informatiker, aber auch für Mathematiker und Physiker geeignet ist. Das Buch beruht auf Vorlesungen, die an der Universität Oldenburg vom Autor gehalten wurden.

Über den Autor: Prof. Dr. Gerald Schmieder lehrt am FB Mathematik der Universität Oldenburg. Sein Arbeitsgebiet ist die Funktionentheorie.

vieweg